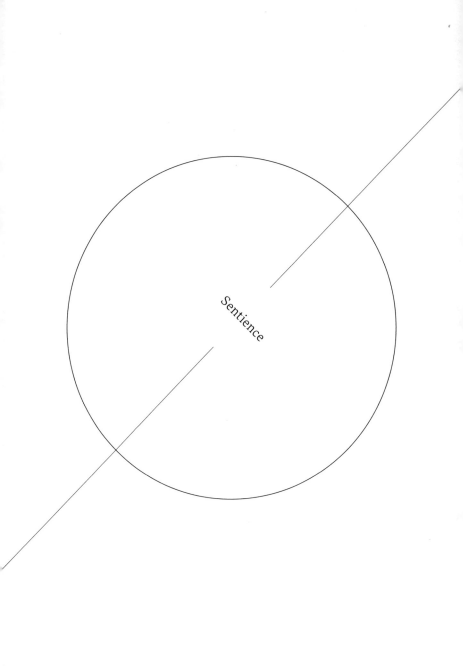

일러두기

— 이 책은 Nicholas Humphrey의 *SENTIENCE: The Invention of
  Consciousness*(Oxford University Press, 2022)를 완역한 것이다.
— 원문에 등장하는 주요 용어 중 sentience, sensation, consciousness,
  perception은 각각 지각, 감각, 의식, 인식으로 옮겼다.
— 도서명은 겹낫표(『 』)로, 짧은 글이나 논문은 홑낫표(「 」)로, 잡지나 신문 등의
  정기간행물은 겹화살괄호(《 》)로, 음악이나 영화 등의 작품명은
  홑화살괄호(〈 〉)로 표시했다.
— 본문에 언급된 도서 중 국내에 번역된 것은 국내 번역서의 제목을 따랐다.
  국내에 번역되지 않은 도서는 그 제목을 번역하고 원제를 병기했다.
— 본문 하단의 각주는 모두 옮긴이 주이다.
— 강조(진한 글씨)는 원문에 따른 것이다.

Philos 022

센티언스
의식의 발명

Sentience:
The Invention of
Consciousness

니컬러스 험프리 지음

박한선 옮김

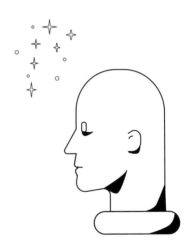

arte

안녕하세요? (안녕하세요) (안녕하세요)

큰 생각을 하기 좋은 장소로 모하비 사막 가장자리의 야
외 온천에 견줄 곳이 없다. 인간 진화에 관한 회의를 마치고
샌디에이고에서 몇 시간 운전해서 도착한 숙소다. 주변에는
모르몬교 신자들이 '조슈아 나무'라고 불렀던, 선인장처럼 생
긴 나무가 자라고 있다. 가지를 팔처럼 하늘을 향해 뻗은 모습
이 인상적이다. 살랑살랑 흐르는 온천 물속에 누워 밤하늘의
별들을 쳐다보며 우주의 광대함 속으로 빠져들었다.

거기 누구 있나요?

만약 은하계 어딘가에 외계 지적 생명체가 있다면 그들도
같은 별을 바라보고 있을지 모른다. 그들도 나처럼 시각적 감
각을 인식하는지, 이 먹먹한 어둠 속에 점들이 반짝이는 느낌
을 경험하는지 궁금해진다.

온천 가장자리에 누워 욕조 테두리를 붙잡으며 몸을 뒤로

기울였다. 뜨거운 물이 피부에 닿는 느낌, 사막의 풀 향기가 느껴진다. 그래, 나는 피와 살, 그리고 영혼을 가진 존재다. 도대체 어떻게 이런 일이 가능할까?

만약 내 말을 들을 수 있다면, 외계 생명체, 안녕? 너희도 나와 같은 이중적 본성을 가지고 있니? 네 머릿속에도 불빛이 켜져 있어? 네 감각도 나처럼 기이한 비물질적 속성이 있어?

그랬으면 좋겠다. 그리고 그 이야기를 나누고 싶다.

코요테가 짖는 소리가 들렸다. 한 마리가 더 짖는다. 지구 어딘가에 지각을 가진 존재가 또 있을까? 개는 나와 비슷한 고통을 느낄까? 지렁이는 냄새를 즐기는 걸까? 기계는 언제 의식적 감정을 가지게 될까? 혹시 이미 그렇게 된 건 아닐까? 그걸 우리는 어떻게 알 수 있을까?

코요테가 다시 짖는다. 이번에는 토끼를 잡은 것일까? 가없은 토끼. 귀를 긁적이다가 느닷없이 코요테에게 목을 물렸을지 몰라.

의식의 이면에 대해 어떻게 얘기할 수 있을까? 철학자 쇼펜하우어는 "세상에서 기쁨과 고통 중 무엇이 더 중요한지 알아보려면, 먹이가 된 동물과 그걸 먹고 있는 동물의 감정을 비교해 보라"라고 했다.

근처 계곡에는 풍화작용으로 인해 커다란 두개골 모양으로 깎여 나간 바위가 있다. 예루살렘에서 예수님이 십자가에 못 박힌 골고다 언덕. 아람어 골고다는 라틴어로 갈보리 calvary라 한다. 두개골이라는 뜻이다. 쇼펜하우어라면, 십자가에 못 박는 자와 못 박히는 자의 감정을 비교해 보라고 했을

지 모른다. 십자가형이 진행되는 동안 낮이 밤으로 바뀌었단다. 지금처럼 하늘에 별이 반짝였을 것이다.

하지만 인간 외에는 의식을 가진 존재가 어디에도 없을지 모른다.

지구에 존재하는 인간의 의식. 그것이 진화의 우연한 일회성 결과라고 생각해도 될까? 아폴로 8호의 우주 비행사 프랭크 보어먼Frank Borman은 우주선 창문을 내다보며 이렇게 말했다. "우주에서 색을 가진 유일한 존재는 지구뿐이다." 엄밀히 말하면 사실이 아니다. 하지만 색깔을 느낄 수 있는 생명체가 있는 유일한 장소가 지구일지도 모른다. 혹은 달콤함, 따스함, 쓴맛, 고통과 같은 감각이 존재하는 유일한 곳일지도 모른다. 즐거움과 슬픔이 모두 존재하지 않는 우주, 그리고 둘 다 존재하는 우주. 고를 수 있다면 무엇이 좋을까? 철학자 토마스 메칭거Thomas Metzinger는 쇼펜하우어의 말에 동의했다. 효용과 비용을 합친 순효용은 음의 값을 가진다는 것이다. 만약 전지전능한 '초지능체'가 쾌락과 고통의 세계를 바라보고 있다면, 의식을 가진 생명체를 제거해야 할 도덕적 의무가 있다고 결론 내릴 것이라고 했다.

그는 틀렸다. 우리는 빵으로만 사는 것이 아니다. 고통과 쾌락이 **전부**는 아니다. 물론 아주 중요하긴 하다. 누군가 고통을 겪고 있다면 도와주어야 할 의무가 있다. 어떤 이는 우리가 인간, 비인간, 심지어 로봇을 포함한 모든 지각 생명체에게도 같은 의무가 있다고 주장한다. 뭐, 자명한 일은 아니다. 지각을 가진 존재를 도와야 한다는 의무는 그저 우리 스스로 만든 규칙인지도 모른다. 아무튼 우리에게는 지각을 가진 존재와 가지지 않은 존재를 어떻게 구분할 수 있는지 좀 더 잘 이해해야 할 무거운 의무가 있다.

노르웨이 정부는 번식기 암컷 고래를 포함해 고래 1000여 마리를 잡을 수 있는 끔찍한 포경 허가를 내주었다. 하지만 스위스 정부는 바닷가재를 산 채로 조리하는 것을 불법으로 지정했다. 영국 정부도 곧 비슷한 법안을 낼 것 같다.

데카르트는 인간만이 감정을 갖고 있다고 믿었다. 비인간 동물은 모두 의식이 없는 기계라는 것이다. 좀처럼 동의하기 어려운 주장이다. 물론 **어떤** 동물은 의식이 없을지도 모른다. 방금 나방이 온천물에 빠졌다. 나는 나방이 빠진 물을 퍼내 버렸다. 데카르트의 주장은 나방에 관해서는 옳을 수도 있다. 뭐, 내가 방금 나방을 죽였으니…… 나방은 지각을 가진 동물이 아니라면 좋겠다.

데카르트의 주장을 외계 지적 생명체에도 적용할 수 있을까? 만약 그곳에 존재하는 생명체가 단지 강화된 곤충이라면 어떨까? 굉장히 똑똑하지만 의식적 감정은 없을 수도 있다. 나는 지성과 지각 사이의 연결이 필연적이라고 생각하지는 않는다.

유명 철학자를 비롯해서 많은 이가 이것을 좀처럼 이해하지 못한다. 문어가 네 살 아이보다 더 능숙하게 그림 퍼즐을 풀어낸다면, 문어는 인간과 비슷한 감각을 가졌다고 간주해 버리는 것이다.

그러나 프란스 드발Frans de Waal은 이렇게 묻는다. "우리

7

는 동물이 얼마나 똑똑한지 알아낼 수 있을 정도로 충분히 똑똑한가?" 드발은『동물의 감정에 관한 생각』이라는 멋진 책에서, 동물이 우리와 같은 수준의 감정을 가지고 있다고 확신한다. 그러나 단지 영리한 속임수를 증거랍시고 늘어놓고 있을 뿐이다.

그러면 연속성continuity으로 설명하는 것은 어떨까? 갑작스러운 불연속적 변화 없이 서서히 의식이 진화했다는 주장이다. 하지만 의식과 무의식을 분명하게 구분할 수 있는 시기가 없었다면, 사실상 가장 먼 과거에도 의식이 일정 수준 이상 있었을 것이다.

영은 어디에나 약간smidgeon은 존재한다는 범심론자panpsychist의 주장, 즉 의식은 물리적 매질의 기본 속성이라는 믿음이 있다. 커피 잔조차 '약간'의 의식적 감정을 갖고 있다는 것이다. 그러나 범심론은 터무니없는 주장이다. 그들이 말하는 '약간'은 도대체 어느 정도의 '약간'인가? 그리고 그 '약간'의 의식은 **누가** 가지고 있는가?

의식은 완전하거나 전혀 없거나 둘 중 하나여야 한다. 적어도 내 경험으로는 그렇다. 잠에서 깨거나 다시 잠에 빠질 때 의식은 순식간에 생겼다가 사라진다. 오래전 과거, 우리 조상들이 갑자기 깨어나며 의식의 불이 켜진 순간, 진화 과정에서도 비슷한 일이 일어난 건 아닐까? 뇌로서는 작은 발걸음이었지만, 마음에게는 위대한 도약이었을까?

느리게 호를 그리며 움직이는 빛나는 별이 보인다. 아니, 별이 아니라 인공위성이다.

우리 인류는 스스로 외계인이 될 준비를 하는 중이다. 곧 지각을 가진 생명체가 우주를 누빌 것이다. 하지만 인간의 몸 자체가 태양계를 벗어나기는 매우 어렵다. 태양계 밖의 별을 탐험하고 싶다면 똑똑한 로봇을 대신 보내야 할 것이다. 지각을 가진 로봇을 보낼 수 있을까? 그들은 우리처럼 자신의 의식을 중하게 여길까? 그렇게 하려면 로봇을 설계하는 요리사는 어떤 재료가 더 필요할까?

대니얼 힐리스Daniel Hillis는 월드와이드웹이 복잡성의 결과로 이미 의식을 가지게 되었다고 주장한다. 단지 그걸 우리에게 알릴 방법이 없을 뿐이다. 그렇다면 월드와이드웹은 고통을 느낄까? 우리는 인터넷에 보살핌을 제공할 의무가 있을까?

로봇이 점점 더 복잡해질수록 어느 순간 의식은 자동으로 나타나게 된다는 주장이 있다. 어떤 임계점에 도달하면 지각이 짠 하고 등장하는 창발적 현상이 벌어진다는 것이다. 모르겠다. 하지만 진화 과정에서는 분명 그랬을 리 없다. 지각을 추가하는 특별한 목적의 내장 프로그램은 자연선택의 진화 과정을 통해서 우리 조상의 뇌 회로에 설치되었을 것이다.

이러한 내 주장에 반대하는 이들이 많다. 지각이 진화적으로 선택되었다면, 분명 그것은 생존에 유의미한 이득을 주었어야만 한다는 것이다. 그러나 도대체 지각이 생존에 무슨 이득을 주냐는 것이다.

지각이 있으나 없으나 그 차이가 **전혀** 없다고? 내 생각은 다르다. 이는 세상을 완전히 바꾸어 놓는 엄청난 차이다. 즉 나는 내가 될 수 있느냐 없느냐의 차이다! 뭐, 그저 떠들어 댄다고 해서 그게 사실이라고 할 수는 없는 일이다. 내 생각도 사실 내가 나를 속이고 있는 것인지 모르겠다. 내가 나 자신을 속이는 것뿐이라고 주장하는 사람도 엄청나게 많다.

음…… 여기서 다시 처음 이야기로 돌아가 보는 것이 좋겠다.

영국에서 새로운 '동물복지법'이 의회에서 심사 중이다. 제1조는 '동물 지각animal sentience' 조항이다. 국무장관은 "동물은 고통과 기쁨을 느낄 수 있는 지각을 가진 존재임을 영국 법안에 명문화할 것"이라고 했다. 이에 대해 전 의회 법안 자문관이었던 스티븐 로스 경Sir Stephen Laws은 위원회 회의에서 "제1조에 포함된 모든 개념은 몇 가지 면에서 문제가 있다고 말하는 것이 바람직하다"라는 의견을 내비쳤다.

그가 옳았다. 이는 철학적, 과학적, 윤리적, 법적으로 혼란스러운 문제다. 아직 직접적 증거도 없고, 의견을 모으기도 어렵다. 우리 자신, 즉 인간이 지각을 가지고 있다는 사실은 의심할 여지가 없다. 그러나 다른 모든 존재에 대해서는 지각의 존재를 의심할 만한 합리적 이유가 있다. 답을 확실하게 모르면 섣불리 행동해서는 안 된다.

시인 메리 올리버Mary Oliver는 돌, 나무, 구름이 의식적 감정을 가지고 있는지에 관한 멋진 시「돌은 느낄 수 있을까?Do Stones Feel?」에서 돌은 느낄 수 없다 하더라도 자신은 그 사실을 받아들이지 않겠다는 구절로 시를 마쳤다. "돌이 느낄 수 없다면 너무 슬픈 일이다."

시인의 마음을 이해할 수 있다. 불가능에 굴복하지 않는 시인의 태도다. '만약? 만약 돌이 느낄 수 있다면?'이라는 강력한 시적 호기심이다. 물론 세상 사람들은 이에 관해 거의 이견이 없다. 돌은 느낄 수 없다는 합의는 쉽게 이끌어 낼 수 있다. 그러나 바닷가재와 문어라면?

우리가 잘못하고 있는 것이라면 정말 끔찍한 일이다. 그러나 무엇이 옳은지 알고 있는데도 옳지 않게 행동하는 것은 무책임한 일이다. 어떻게 뇌에서 의식 경험이 생성되는지, 그리고 동물의 행동에 의식이 어떻게 나타나는지 알아낼 수 있다고 가정해 보자. 그러면 지각 여부 진단 테스트도 가능해질 것이다.

아르키메데스가 목욕탕에서 왕의 왕관이 순금인지 확인하는 방법을 깨닫고 그 깨달음을 보여 주기 위해 벌거벗고 시러큐스 거리를 달려 나갔던 것처럼, 나는 사막 속 욕조에서 그러한 깨달음을 기다리고 있다. 철학자 제리 포더Jerry Fodor는 "우리는 뇌(또는 다른 어떤 종류의 물리적 실체)가 의식 경험의 중추가 될 수 있는지에 대해 전혀 알지 못한다. 이것은 분명 형이상학적 궁극적 미스터리다. 이 수수께끼는 누구도 풀 수 없다는 쪽에 돈을 걸겠다"라고 했다.

욕조에서 아주 오래 있어야 할 것 같다.

차례

1

지각과
의식

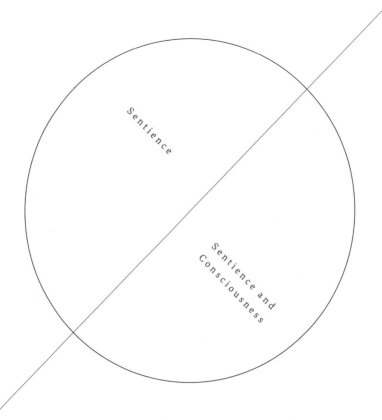

Sentience

Sentience and
Consciousness

'들어가는 말'에서 '지각'과 '의식'이라는 용어를 정확히 정의하지 않고 대충 썼다. 목욕탕에서 편안하게 쉬고 있었으니 말이다. 솔직히 말해 책상에 앉아 학술논문을 쓸 때도 가끔 그러지만 말이다. 종종 나도 혼동할 때가 있다.

그러나 이번에는 다르다. 지금 얼마나 중요한 문제를 다루고 있느냐 말이다. 정신을 바짝 차려야 한다. 그래서 앞으로는 더욱 신중하게 사용할 것이다. 글은 더 길어질 테지만.

먼저 '지각 있는sentient'과 '지각sentience'이라는 단어부터 시작해 보자. '지각 있는'이란 현재 존재하는 모든 생물, 인간이든 아니든 감각자극에 반응하는 생명체를 뜻하는 형용사로, 17세기 초에 사용되기 시작했다. 그러나 이후 의미가 좁아져 경험의 내적 퀄리아, 즉 감각이 주는 **느낌**을 더 강조하게 되었다. 그리고 '지각' 즉 '지각 있는' 상태에 대한 논의는 1839년에 출간된 동물 학대에 대한 책[01]에서 특히 두드러지는데, 아무튼 다른 동물이 **우리와** 동일한 느낌을 경험하는지에 관한 논의가 시작되었다.

즉 최소한 처음에 '지각'은 명시적 직시에 의해 의미를 획득했다. 예를 들어 다른 생물이 '지각'을 가지고 있는지 묻는다면, 그 대답은 **우리가 그것을 어떻게 느끼는지**에 관한 개인적 사례에 의거하여 결정된다는 것이다.

15

'지각하는'의 뜻은 대략 **이렇다**. 양귀비를 볼 때 우리가 **감각하는** 빨간 색감이나 각설탕을 먹을 때 우리가 **감각하는** 단맛 같은 경험이다.

그러나 과학자로서, 우리는 주관적인 경험에서 한발 물러설 줄 알아야 한다. 우리는 감각sensation이 객관적으로 무엇인지를 이해해야 한다. 앞으로 계속 이에 대해 다룰 것이다. 일단 시작해 보자. 감각적 경험은 기본적으로 감각기관에서 일어나는 일을 추적하는 정신 상태인 '생각ideas'이다. 눈에서는 빛, 귀에서는 소리, 코에서는 냄새다.

이들은 우리에게 감각자극의 질, 분포 및 강도, 몸의 위치 등을 제공한다. 특히 어떻게 평가되는지, 예를 들어 **발가락**이 아파서 **끔찍하다**거나 빨간 불빛이 **눈**에 비치며 **전율하게 한다**는 등의 평가 정보도 제공한다.

하지만 정보의 추적과 평가는 이야기의 절반에 불과하다. 우리가 느끼는 아픔, 냄새, 시각 등은 다른 모든 종류의 정신 상태나 태도와 구별되는 특별한 특성이 있다. 뭐랄까, 독특한 '차밍charming'**i**이 있다. 아주 다르다.

이 '차밍'이 **무엇**인지 정확하게 이해하기는 어렵다. 하지만 우리는 이러한 차밍이 존재한다는 **것**은 확실하게 안다. 예

---

i 매력이나 멋짐으로는 뜻을 전달하기 어려워서 차밍으로 옮겼다. 어린 시절에 차밍 샴푸를 쓰곤 했는데, 그때도 그 뜻을 정확하게 이해하기 어려웠다. 조금은 마술적인 방식으로 주의를 확 끄는 흥미로운 느낌을 말하는데, 머리칼에서 풍겨 오는 향기로운 샴푸 향이 문득 느껴질 때의 경험적 느낌이다.

를 들어 새로운 종류의 감각기관(예: 자기장을 감지하는 감각기관)을 획득한다면, 그 감각은 시각, 촉각, 청각과는 다른 방식으로 느껴질 것이다. 그러나 새로운 감각은 그 나름의 방식으로 차밍할 것이고, 우리는 다른 감각이 그렇듯 즉시 인지할 수 있게 될 것이다.

비인간 동물의 '지각'에 대해 물을 때도 마찬가지로 이 원리가 적용된다. 동물의 감각이 우리의 감각과 모든 면에서 정확하게 일치할 필요는 없다. 동물은 우리가 갖고 있지 않은 감각기관을 가질 수도 있다. 그러나 동물의 감각적 특성은, 우리가 그것을 가지고 있을 때에도 동일한 차밍한 범주charmed class에 속할 것이라고 인식될 수 있어야만 한다.

철학자들은 '차밍'이라는 말보다 더 어려운 말을 쓰기 좋아하는데, 그래서 '현상적 속성phenomenal quality'이라는 말을 쓴다. 현상적 빨강이나 현상적 단맛과 같은 예를 들면서 이를 '퀄리아qualia 혹은 감각질'이라고 부른다.[ii] 그리고 우리가 퀄리아를 경험할 때 가지는 '그 어떤 것과 비슷하다it's like something'는 것이다. 예를 들어 벌에 쏘여서 아파하는 그 어떤 것과 비슷하다. 아마 자기장을 감지하는 그 어떤 느낌도 그럴 것이다. 아, 용어가 너무 어렵다. 하지만 이상적인 용어는 없다. 나도 다른 학자들처럼 해야겠다. 자기 자신이라는 그 어떤 것, 그런 비슷한 것의 도움으로 퀄리아를 의식적으로 느낄 수

[ii] 이 책에서는 퀄리아로 옮겼다.

있어야만 생물체는 비로소 지각할 수 있다고 규정된다.

●

　이제 '의식consciousness'이라는 용어를 살펴보자. 현상적 속성이 있는 경험을 인식할 때, 우리는 '현상적 의식phenomenal consciousness'이 있다고 말할 수 있다. 많은 철학자가 현상적 의식이 실제로 의미가 있는 유일한 형태의 의식이라고 한다. 예를 들어 데이비드 차머스David Chalmers는 "나는 '경험experience' '의식적 경험conscious experience' '주관적 경험 subjective experience'이라는 용어들을 현상적 의식의 동의어로, 거의 상호 교환적으로 사용한다"라고 했다.[02]

　그러나 용어를 좀 더 조심해서 써 보자. 의식이라는 단어는 지각이나 현상적 의식보다 훨씬 오래전부터 쓰인 말이다. 일상생활에서나 심리학에서나 훨씬 넓은 의미로 사용된다. 고대 그리스 시대부터 쓰인 가장 오래된 의미는 자아 인식 self-knowledge과 관련된다. 어떤 사람이 자신이 어떤 정신 상태에 있다는 것을 **알** 때, 그 사람은 그 정신 상태에 대해 의식 conscious한다는 것이다. 인지과학에서는 의식을 정보처리와 관련 지어 이해한다. 뇌의 **전역 작업 공간**의 내장 콘텐츠가 가동 가능한 상황일 때, 그 상태를 의식적conscious이라고 한다. 두 가지 의미 모두 앞서 말한 뜻과 다르다. 현상적 속성을 가진 어떤 상태를 의식으로 한정하고 있지 않다.

　현상적 의식은 의심할 여지없이 의식의 한 형태다. 우리는 우리의 감각에 대해 알고 있다. 그리고 감각은 우리의 판단과 결정에 영향을 미친다. 그러나 의식적인 다른 정신 상태와 비교할 때, 감각은 분명히 독특한 클래스에 속한다. 그것이 특별한 이유를 이해하려면 현상적 의식 이야기를 의식 전체 이야기와 분리해서 다뤄야 한다.

좋다. 이제 시작이다. 현상적 의식이 어디에 들어맞는지 알아보자. 그림 전체를 조망해 보자.

의식의 원래 의미로 돌아가 보면, 간단한 정의로 시작할 수 있다. 의식이란 자신의 마음에 무엇이 있는지 알고 있는 것이다. 의식적 정신 상태는 언제든지 **내관적 접근**introspective access이 가능하고 그 **주체가 자기 자신**인 정신 상태로만 구성된다.

이들은 기억, 감정, 바람, 생각, 감정 등 모든 종류의 정신 상태를 포함할 수 있다. 내관적으로 관찰할 때, 이러한 다양한 상태를 내부의 눈으로 바라본다. 그래서 우리는 어디에서나 의식을 마음의 창문과 비슷한 것으로 이해하는 것이다. 자신의 정신생활이 진행되는 무대, 그러나 남에게는 공개하지 않은 어떤 공간으로 생각한다.

그런데 도대체 누구의 시각에서 본다는 걸까? 당연히 '당신'이다. 우리가 가진 의식적 **자아**self의 시각이다. 당신의 자아가 무엇인가에 주목할 때마다 그건 그 상태의 단일한 주체로서 역할을 수행한다. 바로 **통일**된 자아다. 다른 상태와 다른 시간을 종횡하면서도 의식의 주체는 동일하다. 창문을 들여다보는 '당신'은 오직 하나이며, 그것이 유일한 자아다. 고통을 느끼거나 아침 식사를 원하거나 어머니의 얼굴을 기억할 때, 그들은 모두 동일한 '당신'이다.

당연한 말 아니냐고? 그러나 이러한 통일성은 논리적 필연성의 결과가 전혀 아니다. 뇌는 마음의 서로 다른 부분을 대표하는 여러 독립적 자아를 가질 수 있다. 사실 이것이 심리학적으로 더 타당한 주장이다. 아마 출생 당시에는 당신의 자아가 이렇게 조각난 상태로 시작되었을지도 모른다. 그러나 다행히도, 이러한 조각난 상태로 계속 분열되어 있지는 않았다. 삶이 시작되고 몸, 즉 하나의 몸이 외부 세계와 상호작용하기 시작하면서 별개의 자아들은 당신의 삶을 구성하는 하나의 선율에 맞춰 조율되기 시작했다.

자아의 통일성은 의식의 가장 명백한 인지 기능이자, 마빈 민스키Marvin Minsky가 '마음의 사회'라고 부른 독특한 현상의 원인이다. 창가에 있는 당신은 유일한 당신이다. 그러니 창문을 통해 보이는 마음은 단 하나다. **의식 안에** 무엇이 있든 그것은 다른 그 무엇과도 공유된다. 여러 행위자가 가져온 정보는 같은 책상 위에 놓인다. 책상 위에서 여러 하위 자아가 만나고, 악수하고, 유익한 대화를 나눌 수 있다. 이제 계획과 결정을 위한 전체 포럼, 즉 마음 규모의 포럼이 열린다. 의식이라는 작업 공간 내에서 패턴을 인식하고, 과거와 미래를 결합하며, 우선순위를 지정하는 등의 작업이 이루어진다. 컴퓨터 엔지니어라면 이것을 환경을 예측하고 지능적 결정을 내리는 '전문가 시스템expert system'으로 이해할 것이다. 당신은 컴퓨터 기술자가 아니므로 이것을 그냥 '당신'이라고 여긴다.

그러면서 여기서 새로운 가능성이 보일 것이다. 단일 무대에서 상호작용하는 마음의 여러 부분을 관찰할 수 있다면, 그 상호작용을 **이해**하고 그 역사를 추적할 수도 있을 것이다. 예를 들어 '믿음'과 '욕구'가 '바람'을 생성하고, 이는 다시 '행동'으로 이어진다는 사실을 관찰하는 것이다. 마음이 명확한 심리 구조를 이룬다는 사실을 깨닫는 것이다. 이를 통해 우리는 자신의 생각과 행동의 **이유**를 이해할 수 있게 된다. 즉 자기 자신에게 자기 자신을 설명할 수 있게 되고, 물론 다른 이에게도 자기 자신을 설명할 수 있을 것이다. 다른 사람을 만날 때도, 그들의 마음이 자신의 마음과 유사하게 작동한다고 가정할 수 있다. 그러므로 그들이 어떻게 생각하고 행동할지 예측할 수 있다. 즉 의식은 '마음 이론Theory of Mind'을 만들어 낸 토대다.

간단히 요약하면, 의식은 두 가지 수준에서 당신의 마음이 작동하는 방식을 변화시킨다. (a) 인지 작업 공간을 만들어 지능적 동작을 해내고 (b) 일관된 자기 서사self-narrative를 엮어 내어 자신과 타인의 행동을 이해하도록 돕는다.

아직 현상적 경험phenomenal experience의 특별 임무에 대해서는 논의하지 않았다. 이제 이런 현상적 경험과 감각이 어디에 맞물려 있는지 알아보자.

감각은 다른 의식 상태와 여러 공통점이 있다. 내관을 통해 접근할 수 있고, 당신의 통합된 자아가 그것의 주체다. 작업 공간에서 쉽게 이용할 수 있고, 감각자극에 대한 감각적 정보는 마음이 진행하는 전문적 연산에서 중요하게 활용된다. 또한 감각은 당신의 자기 서사에서 중요한 역할을 한다.

하지만 여기서 문제가 생긴다. 감각은 추가적인 현상적 경험이 **없더라도** 앞서 말한 여러 역할을 해낼 수 있다. 현상적 경험이 동반되지 않아도 감각자극 정보를 이용할 수 있다. 자기 서사를 위해서 현상적으로 의식되는 자아가 꼭 중심에 자리할 필요도 없다.

현상적 의식이 어떤 역할을 하느냐고? 너무 섣부른 대답이지만, 사실 필요한 역할이 없을지도 모른다. 어떤 생물이 가진 감각이 인간이 당연하게 여기는 자질, 즉 현상적 느낌을 가지지 않는다고 하더라도 여전히 그 생물은 높은 지능과 목표 지향성, 동기, 감지percipience 능력 등이 있는 의식을 가질 수 있다.

우리의 정의에 따르면 이러한 생물은 의식의 형태를 가질 것이 분명하다. 그러나 감각적 퀄리아를 느끼지 못하므로 지각하지 못할 것이다.

물론 이러한 가능성은 우리 인간으로서는 좀처럼 상상하기 어렵다. 데이비드 차머스가 말했듯이 현상적 경험이 없는 의식은 쇠약한 의식이 아닐까? 그것을 진정한 '의식'으로 불러도 될까? 그러나 정신적 조직화 수준에서 의식이 달성할 수 있는 상태에 관심을 가진 과학자라면, 그것도 분명 의식이라고 부를 것이다. 아까 나열했던 여러 인지능력을 가지고 있으나 여전히 현상적 경험이 없는 생명체, 즉 의식을 가진 생명처럼 걷고, 의식을 가진 생명처럼 수영하고, 의식을 가진 생명처럼 꽥꽥 소리를 낼 수 있지만 여전히 지각을 하지 못하는 생물을 가정해 보자. 그렇다고 해서 어떻게 진정으로 의식을 가진 생명체가 아니라고 단언하겠는가?

하지만 뭔가 좀 이상하게 들린다. 그것은 아마도 **우리가 생각하는** 의식을 가진 생명은 아닐 것이다. 애매모호한 상황에서 벗어나 보자. 의식을 가진 오리에게 결여된 것이 뭘까? 아까 나열했던 인지 작업의 매개자로서 의식에 대해 이야기할 때는 이를 '인지적 의식cognitive consciousness'이라고 부르자. 하지만 특정한 현상적 퀄리아를 가진 감각에 대해 논할 때는 '현상적 의식phenomenal consciousness'이라고 부르는 것이 좋겠다.

✦

이 용어에 대해 말할 때는 철학자 네드 블록Ned Block을 언급해 두는 것이 좋겠다. 1995년 '접근 의식 access consciousness'과 '현상적 의식'[03]이라는 용어를 제안한 학자다. 내가 제안한 용어 구분과 비슷해 보이지만, 그렇지 않다. 서로 다른 개념이다.

블록은 현상적 의식이란 감각의 현상적 속성이나 퀄리아를 경험하는 것이라고 했다. 그러나 그는 퀄리아가 다른 정신 상태와 구별되어 있으며 사고, 말, 행동을 이끄는 데 어떤 역할도 하지 않는다고 주장했다. 그러나 이런 주장은 이치에 맞지 않는다. 즉 그는 실제로 의식의 통일성에 반대하고 있다. 퀄리아의 주체인 '당신'은 다른 모든 정신 상태의 주체인 '당신'과 다른 존재라는 것이다. 이는 직관에 어긋날 뿐 아니라 퀄리아를 독특하게 만드는 핵심을 놓치는 것이다. 중요한 것은 접근 모드가 아니라 내용, 즉 **그것이 어떤 것인가**에 관한 것이다.

비유를 들어 보자. 당신은 책이 가득한 책장이 늘어서 있는 도서관을 가지고 있다. 모든 책에는 텍스트가 적혀 있고 일부 책에는 그림도 그려져 있다. 당신은 한 번에 여러 책을 책상 위에 펼쳐 놓고 둘러볼 것이다. 펼쳐진 책은 모두 동일하게 접근 가능하다. 그러나 그림책의 **질적 내용**은 그 책을 다른 책과 구분해 준다. 텍스트만 쓰인 책에 비해 훨씬 가치 있게 보일 것이다.

현상적 속성을 가진 감각을 그림책이라고 해 보자. 우리는 펼쳐진 텍스트를 인지적으로 의식하겠지만, 그림책을 볼 때는 현상적으로 의식할 것이다.

사실 우리 인간은 항상 현상적 속성을 가진 어떤 종류의 감각을 경험하고 있기 때문에, 인지적 의식이 현상적 의식 없이 단독 발생하는 경우는 드물다. 즉 우리는 항상 그림책을 읽고 있는 것이다. 물론 몽유병처럼 현상적 의식이 결여된 경우도 있다(5장에서 논의).[04] 여기서 확 끌리는 가능성이 떠오른다. 인간이 아닌 동물은 늘 몽유병에 걸린 상태라고 할 수 있을까?

우리는 아직 감각이 현상적 속성을 가지게 된 시기, 즉 그림책이 발명된 시기를 알지 못한다. 사실 과학자는 그걸 찾아 열심히 연구하고 있다. 하지만 고개를 갸웃거리는 독자도 있을 것이다. 아마도 현상적 의식은 비교적 늦게 나타났을 것이다. 인지적 의식이 이미 형성되어 있는 상태에서 오랜 시간이 지난 후에야 현상적 의식이 생겨난 것이 아닐까? 그렇다면 오랜 인류사의 대부분의 시간 동안, 우리 조상은 인지적으로 의식적이었지만 현상적으로 의식적이지는 않았을 것이다. 즉 의식할 수는 있으나 지각할 수는 없는 존재였을 것이다. 아마 지금도 많은 동물은 여전히 그럴 것이다.

그런데 여기서 질문. 동물의 행동만 보고 그들이 인지적 의식만 있는지, 현상적 의식도 있는지 알아낼 수 있을까?

✦

문어가 금고 비밀번호를 풀고 탈출한다. 까마귀가 아침 식사를 위해 계획을 세운다. 침팬지가 기억력 과제에서 인간을 능가한다. 이러한 지적 성과는 거의 확실히 인지적 의식이 작용하는 증거다. 그러나 현상적 의식에는 직접적 영향을 미치지 않는다. 아마 컴퓨터 과학자는 곧 지능적 기계에 인지적 의식과 유사한 것을 구현할 것이다(이미 구현했는지도 모른다). 그리고 그 기계는 우리보다 영리할 것이다…… 뭐, 그래서 어쩌라고?

1820년, 철학자 제러미 벤담Jeremy Bentham은 이렇게 말했다. "문제는 그들이 이성적인지, 말할 수 있는지가 아니다. 그들이 고통을 느낄 수 있는지 여부다."[05] 우리의 일반적 관심사를 반영해서 이를 수정해 보자. '문제는 그들이 전역 작업 공간이나 자기 서사를 가지고 있는지가 아니다. 그들이 지각할 수 있는지 여부다.' 인지적 의식의 징후를 통해 이에 답할 수 없다면 어떻게 해야 할까?

천문학자 칼 세이건Carl Sagan은 "비범한 주장에는 비범한 증거가 필요하다"라고 말했다. 인간이든 아니든 어떤 생물이 지각할 수 있다는 주장은 우리가 할 수 있는 가장 비범한 주장이다. 심지어 우리 자신에 대해서도 마찬가지다. **'내가 확실히 알고 있는 한 가지 사실은 내가 지각할 수 있다는 것이다.'** 우리 자신에 대해서는, 내관적으로 지각의 현상적 속성을 직접 인식하여 존재를 입증할 수 있는 충분한 증거가 있다. 물론 내가 지각할 수 있다는 사실이 다른 사람에게도 여전히 자명한 것은 아니다(같은 종이므로 다른 이도 지각할 가능성이 매우 높겠지만). 외부에서 지각 여부를 연구하려는 과학자는 다른 이의 지각 여부를 직접 느낄 수는 없을 것이다. 그렇다면 지각 경험이 어떤 것인지 **연역**할 수 있는 **공개적** 근거가 있을까?

나는 확실히 그렇다고 생각한다. 물론 이건 믿음의 문제다. 그러나 매우 강력한 논증으로 지지할 수 있다. 바로 진화적 논증이다. 우리는 역사적으로 인간과 다른 감각을 가진 종의 마음에, 놀라운 내적 속성으로서의 지각이 어느 시점엔가 나타났다는 것을 알고 있다. 또한 우리는 새로운 종의 특성이 생물의 진화 과정에서 어떻게 나타나고 안정화될 수 있는지를 설명하는 단 하나의 방법이 있다는 생각에도 강력한 근거를 가지고 있다. 바로 다윈이 발견한 **자연선택**이다. 이는 생존과 번식 경쟁에서 승리한 유전적 형질이 집단 전체에 퍼지는 현상을 말한다. 이런 과정을 통해 선택된 형질이라면 분명 어느 정도 겉으로 드러나는 표현형적 효과를 가져야만 마땅하다.

이 장 초반에, 나는 우리가 각자 개인적 경험을 들어 지각이라는 **아이디어**를 규정한다고 말했다. 물론 우리는 그런 방식으로 지각 여부를 인식할 수 있을 것이다. 그러나 자연선택은 지각이라는 **사실**적 현상을 그런 식으로 내관하여 인식하지 않는다. 자연선택은 마음이 없는 데다가, 설령 있다고 해도 마음속으로 생각만 하는 것으로는 생존과 번식에 영향을 미칠 수 없기 때문이다.

그렇다고 해서 당신의 내적 경험을 다른 이가 느낄 수 있어야 진화의 논리가 작동한다는 것은 아니다. 다른 사람에게 경험을 보여 줄 필요는 없다. 그러나 진화의 수레바퀴가 돌아가려면 개인적 경험이 유발하는 외부적 결과, 특히 생물학적 생존에 영향을 미치는 외부적 결과가 반드시 있어야 한다. 이러한 결과가 자연선택을 작동시킬 수 있다면 과학자, 철학자, 시인 등의 외부 관찰자도 그 결과를 관찰할 수 있을 것이다. 이제 무엇을 찾을 것인지만 알아내면 될 테다.

이러한 점을 고려하면 인간 외에도 지각할 수 있는 존재가 있는지 알아낼 실마리를 찾을 수 있을 것이다. 용기를 내보자. 직관에 반하는 일이지만, **지각의 표면적 가치**를 확립하려는 시도를 해 보는 것이다. 순전히 인지적 의식만 가진 존재에 비해 현상적 의식을 가진 존재는 마음의 용모가 어떻게 다른지, 그리고 그것이 생존에 어떤 영향을 미치게 되는지 추론해 보려는 노력이다.

이제 뇌와 몸으로 구성된 생리적 기반 위에서 어떻게 현상적 의식이 발생할 수 있는지에 관해 타당한 이야기를 제시해야 할 것이다. 물리적 설명을 제시할 수 없다면, 철학적 반대론자가 기승을 부릴 것이다. 그들은 아마 생물학적 현상으로서 지각이 진화했다는 설명보다는, 비물리적 기원을 가진 지각에 관한 설명을 더 좋아할 것이다.

✦

여기서 잠깐 쉬자. 이런 질문은 참 어려운 것이다. 나는 50년 동안 이 질문을 생각해 왔다. 그리고 내가 상상하는 방식, 그리고 질문에 답하는 방식에 동의하는 사람은 별로 없었다.

우리는 각자의 방식으로 이러한 질문에 접근한다. 아마 다들 최대한 객관적으로 접근하려 하겠지만 우리의 '정신적 세트', 즉 기존에 가진 개념과 신념에 따라 접근 방법이 결정될 것이다. 이전에 노출되었던 아이디어와 사례에 따라서도 달라질 것이다. 정신적 세트에 대한 고전적 연구를 들어 보자.

다음 그림에서 맨 왼쪽은 쥐 그림이고, 맨 오른쪽은 사람 얼굴 그림이다. 무엇을 먼저 보았는지에 따라 가운데 그림에 대한 평가가 달라진다.

자료 1.1

비슷한 편견은 이론 수준에서도 작동한다. 『창세기』를 읽은 후 종의 기원을 생각하면 '지적 설계론'이 떠오를 것이고, 비글호 항해를 마친 후 종의 기원을 생각하면 자연선택이 떠오를 것이다. 마찬가지다. 각자 뇌과학, 불교, 진화심리학, 닭 사육, 베아트릭스 포터Beatrix Potter의 책을 읽은 다음에 지각의 문제를 생각하면 모두 다른 답을 내놓을 것이다.

그러면 내가 하려는 말도 역시 편견에 의한 여러 설명 중 하나에 불과한 것 아닐까? 뭐 그럴 수도 있지만 나는 좀 더 진전된 이야기를 나누려고 노력할 것이다.

2

등산로
초입

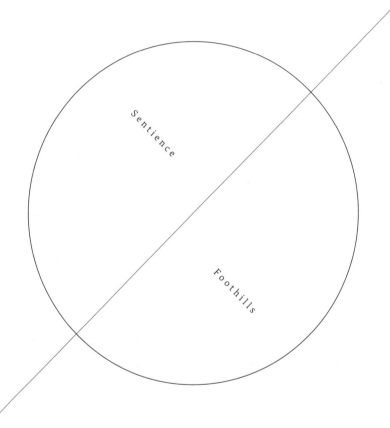

Sentience

Foothills

하루 종일 명상을 했지만 차라리 공부를 하는 편이 나았을
것이다. 더 멀리 보려고 까치발을 들었지만 차라리 언덕에
오르는 편이 나았을 것이다.

— 중국 속담

2006년, 내 경력의 초창기에 쓴『빨강 보기』라는 책의 서
평에서 철학자 대니얼 데닛Daniel Dennett은 "저자는 시각과 시
각 경험 사이의 불분명한 경계라는 묘한 경험을 했다. 의식
을 연구하는 사람들도 그러한 지적 모험을 할 수 있으면 좋겠
다!"라고 썼다. 그러나 뒤이어서 "이 유혹적이면서도 난해한
질문에 대답하는 것은 정말 어려운 일이다. 저자가 겪은 경험
은 정말 우리가 아직 상상하지도 못하며, 그래서 진지하게 생
각하지 못했던 중요한 사실을 알려 주고 있는 것일까? 아니면
저자는 그저 이론적 궁지에 빠져 버린 것은 아닐까?"[06]라고
썼다.

데닛은 아주 똑똑하면서도 따뜻한 학자다. 그러나 철학자
가 되는 것은 어려운 일이다. 열정도 없는 이들이 손쉽게 언덕
을 오르며 멋진 경치를 즐기고 있을 때, 철학자는 까치발을 들
고 그 너머를 들여다보려고 노력해야 한다. 만약 다른 분야를
연구했다면 데닛은 매우 뛰어난 과학자가 되었을 것이다. 그
러나 철학의 세계는 다르다. 마음의 철학을 연구하려면 다른

수많은 과학자의 연구 결과를 응용해야 하는데, 물론 데닛은 이 일을 아주 잘해 낸다.

1988년, 나는 터프츠대학에서 채용 제안을 받았다. 대학에서는 내가 데닛에게 새로운 연구 결과를 알려 주기 원했고, 반대로 데닛은 나에게 올바른 철학자의 방향을 안내해 주고자 했다. 하지만 결과적으로 그렇게 아름다운 상부상조 관계는 되지 않았다. 나는 뇌과학에서 동물 행동으로 연구를 확장해 가면서 의식의 문제에 관해 여러 번 관점을 바꾸었다. 그러나 데닛은 1965년 박사학위를 받을 때의 시각을 끝까지 고수했다. 그는 끝까지 견해를 고수한 자신의 태도를 자랑스러워했지만, 나는 여러 차례의 변절이 자랑스러웠다.

그의 농장은 메인주에 있었는데, 나는 데닛과 함께 보스턴과 그의 농장을 오가는 여행을 여러 차례 했다. 그때 나는 시각 능력을 가진 눈먼 원숭이, 마음을 읽는 고릴라, 죽은 자와 대화하는 인간에 관한 이야기를 해 주었다. 하지만 데닛은 그런 이야기에 "네, 네" 혹은 "그렇지만"이라고 대답할 뿐이었다. 데닛은 나의 주장의 기저를 이루는 몇몇 논의가 "상상하기 어렵거나 진지하게 받아들일 수 없는" 것이라고 생각했다. 앞서 쓴 그의 서평에서 데닛은 자신뿐 아니라 '나머지 독자들'도 자신과 비슷한 입장일 것이라고 주장했다.

만약 이 책의 독자도 데닛과 비슷한 입장이라면 일단 그것부터 바꾸어 보자. 그래서 앞으로 몇 장에 걸쳐서 새로운 이야기를 제시할 것이다. 내가 과학자로서 경력을 시작하면서 만났던 몇몇 사람, 동물, 실험에 관한 이야기다. 그리고 그때

겪은 경험을 통해 지난 50년간 내가 추구하고 있는 생각에 대해 설명할 것이다.

●

　　　　이런 식으로 이야기를 써 내려가는 것은 상당히 위험한 일이다. 아마 당신은 이야기가 어떻게 진행될지 걱정될 것이다. 내가 너무 이상한 이야기를 하는 것은 아닐지 불안할지도 모른다. 처음에는 그렇겠지만, 책을 읽어 나가는 동안 이렇게 개인사로 이야기를 시작한 목적이 잘 전달되기를 바랄 뿐이다.

　그래서 이렇게 책을 써 내려가고 있다. 책을 덮으면서 세상에서 우리 외에 누가, 혹은 무엇이 지각할 수 있는지에 관한 질문에 답을 얻기 바란다. 그러려면 자연선택이 추동하는 생물학적 현상의 일환으로서 지각이라는 놀라운 경험이 어떻게 생겨나는지에 관한 이론부터 공부해야 한다. 이론은 어렵다. 어려운 이야기가 많다. 복잡한 수식이나 난해한 사전 지식이 필요한 이야기는 아니다. 하지만 1장에서 밝혔듯이 직관에 반하는 부분이 많을 것이다. 아마 바로 동의하기 어려운 이야기도 있을 것이다(물론 곰곰이 생각해 보면 처음에 느낀 당황스러움이 사라질 것이다).

　이야기와 사실, 이론 사이에서 왔다 갔다 할 것이다. 사실에 기반해 설명하고, 다시 설명에 기반해서 사실을 들여다볼 것이다. 아코디언을 생각해 보라. 늘였다 줄였다 하면 공기가

달막거린다. 리드는 양쪽 방향에서 바람을 맞으며 소리를 낸
다. 질문에 대한 답, 답에 관한 질문, 그리고 이를 엮어 가면서
연주되는 곡을 즐길 수 있을 것이다.

3

빛의 촉각

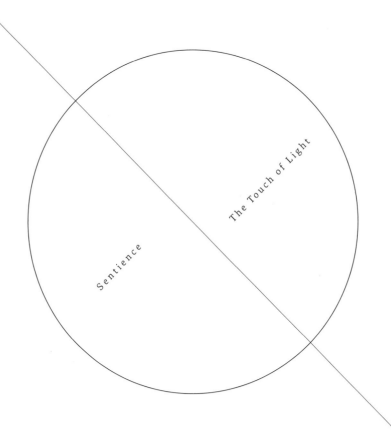

Sentience

The Touch of Light

1961년, 나는 케임브리지대학교에 입학
했다. 사실 수렁에 빠진 것 같았다. 생리학 교수 자일스 브린
들리Giles Brindley의 지도를 받았는데, 연구실에서 만나자는
연락을 받았다. 약속 시간에 가서 노크를 했다. 멀리서 "들어
와"라는 소리가 들렸다. 방문을 열자 어두운 방이 보였다. "여
기로"라는 소리가 들렸다. 멀리 구석에서 음극선 관에서 나오
는 희미한 빛이 보였다. "불을 켜도 돼"라고 했다. 내 눈앞에
반바지만 입은 채 통 안에 있는 남자가 보였다. 헬멧에는 금속
막대가 달려 있었는데, 교수의 오른쪽 눈을 향하고 있었다. 교
수는 손에 전기 버튼을 들고 있었다.

교수는 "자네가 험프리 군인가? 일찍 왔군"이라고 말했
다. 물론 나는 제시간에 딱 맞춰 갔다. 분명 브린들리 교수는
일부러 내가 올 시간에 맞춰서 이런 상황을 연출한 것이었다.
"괜찮아. 내 실험실 세팅을 볼 수 있겠군. 나는 뉴턴의 안내섬
광phosphens[i] 현상을 재현해 보고 있지. 이 버튼을 누르면 막
대를 향해서 망막 뒤쪽으로 전기가 흘러"라고 말하고는 버튼
을 눌렀다. "이것 보라고. 방에 불이 켜져 있지만, 여전히 눈
에서 둥근 빛이 보인다네. 물론 아까는 빨간색이었는데, 이제

---

i 안내섬광이란 눈을 누를 때 눈에서 빛이 느껴지는 현상을 말한다.

는 파란색이지만"이라고 했다. '도대체 뭐가 보인다는 거죠?'라고 물어보고 싶었지만 참았다. 교수는 옷을 입으며 말했다. "자네도 이 실험을 직접 해 보고 싶을 테지. 나는 늘 학생들에게 이렇게 말해. 이론보다 사실이야. 물론 직접 관찰한 사실이 최고지." 그랬다. 나도 그 학생들 중 하나였다.

나중에 알게 된 일이지만, 브린들리 교수는 자가 실험으로 유명했다. '이중 통증double pain' 현상에 관한 고전적 실험이 있다. 발에 강한 전기충격을 받으면 두 종류의 통증이 느껴지는데, 하나는 거의 즉시 뇌로 전달되는 빠른 신경섬유에 의한 것이고, 다른 하나는 2~3초 후에 전달되는 느린 신경섬유에 의한 것이다. 물론 브린들리 교수는 자신을 대상으로 직접 그 실험을 했다.

그는 무대 체질이기도 했다. 1983년, 발기부전에 관한 국제회의에서 그는 발기 상태로 연단에 올랐다. 누구라도 그의 바지 속에 뭔가 묵직한 것이 솟아 있음을 알 수 있었다. 그는 청중을 향해 강연 직전에 호텔에서 파파베린ii을 직접 주사했다고 말했다. 이 당혹스러운 상황에 대해 한 참석자는 이렇게 말했다.

그는 바로 바지와 팬티를 벗었어요. (……) 그리고 잠시 가만히 있었죠. 뭘 할지 고민하는 것 같았어요. 회의장에 긴장감

---

ii 혈관 확장제.

이 흘렀습니다. 그는 엄숙하게 이렇게 말했죠. '원하신다면 발기 정도를 직접 확인할 기회를 드리고 싶습니다.' 내린 바지를 발에 걸쳐 끌면서 계단을 내려가 맨 앞줄에 있는 비뇨기과 의사, 그리고 학회장에 같이 따라온 그들의 아내 앞으로 다가갔습니다. 공포스러웠죠. [07]

다시 안내섬광 이야기로 돌아가 보자. 이는 눈에 기계적 압력이나 전기적 자극을 통해 시각적 현상을 유발하는 것이다. 고대 이래로 안내섬광에 관한 언급이 여러 번 있었다. 1670년, 24세의 뉴턴도 이 현상을 연구한 바 있다. 사실 뉴턴은 브린들리보다 더 심하게 자신의 몸을 사용한 실험을 했다. 다음은 트리니티칼리지의 연구실에서 뉴턴이 남긴 노트의 일부다. [08]

나는 상아로 만든 큰 못bodkin을 가져와서 눈과 눈 주변의 뼈 사이에 넣고, 눈 뒷부분에 못이 닿도록 하였다. 그리고 눈을 눌러 보았다. 눈앞에 둥근 빛 여러 개가 보였다. 희거나 검거나 혹은 색깔이 있는 둥근 원이었다. (……) 밝은 곳에서 실험하면 눈을 감아도 눈꺼풀을 통해 외부의 빛이 들어와서 커다란 파란색 빛이 나타났다. (……) 하지만 어두운 곳에서 실험하면 둥근 원은 빨간색으로 보였다.

뉴턴은 이렇게 결론 내렸다. "시각은 망막에서 만들어진다. 왜냐하면 눈의 뒷면을 누르면 색이 보이기 때문이다."

자료 3.1

뉴턴의 안내섬광 실험 스케치, 실험 노트 1665, 케임브리지대학도서관.

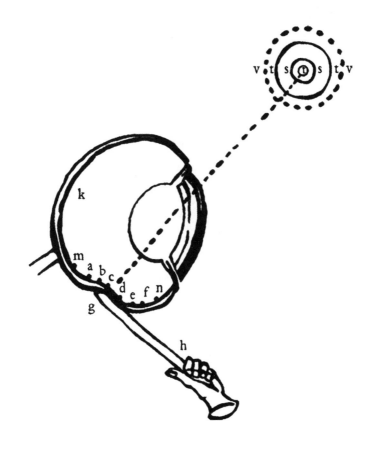

일주일 후, 나는 브린들리의 연구실에서 헬멧을 쓰고 눈에 막대를 대고 있었다. 그랬다. 나도 그 빛을 보았다. 그 느낌은 분명 시각적이었다. 나는 왜 안내섬광에 관심을 가져야 할지 즉시 깨달았다. 시각 경험의 신체적 측면에 관해 알 수 있었다.

다섯 감각 중 시각은 가장 우월한 것으로 간주된다. 그 뒤를 청각, 후각, 미각, 촉각이 따른다. 플라톤은 이런 식으로 감각의 순위를 매겼는데, 우리 몸을 넘어서 멀리 다다를 수 있는 정도가 그 기준이었다. 시각은 먼 곳의 별을 보게 해 주지만 촉각은 피부에 닿아야만 느낄 수 있다. 즉 시각은 동물적 본성에서 가장 멀리 벗어난 감각이다.

하지만 안내섬광 현상은 시각을 천상에서 지상으로 다시 추락시켰다. 분명 시각적 경험이지만, 그 경험이 일어나는 망막은 피부의 일부라는 사실을 깨닫게 해 준다. 눈의 뒷면을 자극하여 만든 감각은 손등을 때릴 때 느껴지는 촉각과 비슷하다. 사실 해부학적으로도 그렇다. 망막의 광수용체인 원추세포와 간상세포는 빛을 감지하여 반응하도록 진화한 모세포 sensory hairs의 일종이다.

안내섬광 현상은 눈에서 일어나는 감각이다. 우리 몸 자체에서 일어나는 현상으로 느껴진다. 우리의 원시 조상, 즉 눈이 만들어지기 이전의 생물은 피부를 통해 시각 정보를 얻을 수 있었다. 그것과 비슷하다. 물론 시각을 통해 우리는 하늘의 **별**을 볼 수 있다. 그러나 그건 엄밀히 말하면 시각적 **인식** perception이다. **감각**sensation이 아니다. 시각적 감각은 후각이

나 미각, 촉각처럼 육체적인 것이며, 플라톤의 주장과 달리 하등한 것이다.

도서관에서 책을 보다가 18세기 스코틀랜드 철학자 토머스 리드Thomas Reid가 쓴 글을 보았다. 리드는 감각을, 인식을 위한 하위 현상이자 디딤돌이 아니라 그 자체로 중요한 현상으로 봐야 한다고 했다.

외부 감각에는 두 가지 기능이 있다. 하나는 느낌feeling이고, 다른 하나는 인식perception이다. 다양한 느낌이 있다. 즐거운 느낌, 고통스러운 느낌, 무감각한 느낌. 그들은 동시에 외부 대상의 존재에 관한 개념을 가질 수 있도록, 아니 의심할 수 없는 확신을 가지도록 해 준다.[09]

너무 와닿는 말이었다. 나는 시각의 두 가지 측면을 직접 경험했다. 하나는 빛이 눈에 도착해서 망막 이미지를 만드는 것이다. 다른 하나는 외부 세상 어딘가에 존재하는 그것에 관한 것이다. 사실 나는 눈을 누르면서 이 두 표상이 왔다 갔다 하는 것을 즐기고 있었다. 주관적 감각과 객관적 인식을 교대로 경험하는 실험이 즐거웠다. 대학에 오기 전, 크럼플러 선생님이 가르치던 화학 수업이 기억났다. '으흐흐. 크럼플러 선생, 당신은 이제 내 손안에 있지. 내가 오른쪽 눈을 누르면 당신을 당신이 좋아하던 분젠버너 위로 옮길 수 있다고.'

리드는 이렇게 말했다. "(감각과 인식처럼) 본성이 전혀 다른 것들은 서로 구분해야 한다." 물론이다.

4

경쾌한
정령들

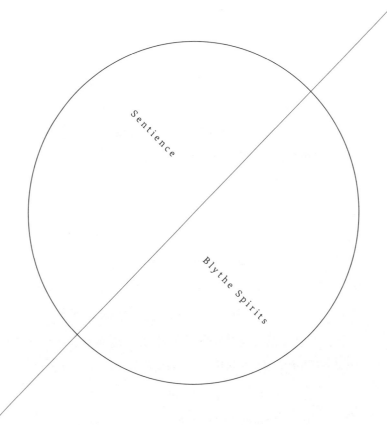

Sentience

Blythe Spirits

나는 초자연정신현상연구회의 대학생 분과에 가입했다. 그곳의 원로였던 철학자 찰리 브로드Charlie Broad와 친구가 될 수 있었다. 그의 트리니티칼리지 연구실에 차를 마시러 종종 방문했었다. 우리는 주로 유령에 대해 이야기했다.

브로드는 뉴턴이 쓰던 방을 쓰고 있었는데, 창가에 가져다 둔 팔걸이 의자에 앉아서 이야기하곤 했다. 그곳은 뉴턴이 프리즘으로 창문으로 들어온 햇빛을 받아 바닥에 무지개를 그리던 바로 그 자리였다. 언젠가 한번 브로드는 그 의자에 앉아서 20세기 중반의 영적 세계는 점점 아름다운 색채를 잃어가고 있다는 걱정을 나한테 털어놓은 적이 있었다. 요즘 영혼들은 예전처럼 멋지게 행동하지 않는다는 것이다. 유령들의 행동이 점점 세속적으로 변해 간다는 것이었다. 전날 그가 들었던 이야기 중 하나는 바로 그레이트야머스 근처에 있는 한 휴양지에서 카라반을 옮기는 폴터가이스트poltergeist[i]에 관한 이야기였다. 만약 이런 상황이 계속된다면 뱅코[ii]는 곧 텔레비전에서 타탄[iii]을 광고하게 될 거고, 햄릿의 아버지는 엘시노어[iv]에서 단체 관광객을 인솔할지도 모르는 일이었다.

늙은 철학자의 표정은 울적했다. 기존의 기준이 무너지는 것을 보며 실망했던 것이다. 그는 유명한 '초자연적 연구 강의'를 마치면서 다음과 같이 말했는데 나는 그걸 이해할 수 있었다. "네. 저는 제가 죽은 이후에도 어떤 형태로든 제 존재가 유지된다면 놀라기보다 화가 날 것 같습니다."[10]

그럼에도 불구하고 브로드는 브린들리와 마찬가지로 직접 관찰하는 것을 좋아했다. 실망감을 억지로 이겨 내고 그다음 주에 그는 나와 함께 노퍽 연안에 있는 그레이트야머스로 직접 기차를 타고 갔다. 정말 카라반을 옮기는 폴터가이스트가 있는지 확인하고 싶었기 때문이었다.

그는 당시 80세에 가까웠고 나는 스무 살이었다. 카라반 속에서 춥고 불편한 밤을 보냈지만 아무 일도 일어나지 않았다. 카라반은 바로 그 자리에 계속 있었다. 그는 부끄러워하면서 이건 실망스럽지만 예상했던 일이라고 말했다. 안타까운 일이지만, 그는 초자연적 현상을 억제하는 힘을 가진 것 같았다. 브로드의 존재 때문에 유령들이 나타나지 못했는데, 즉 그는 일종의 초자연현상 억제제였다. 합리적 태도를 취한 그가 영혼들을 겁나게 한 것이었다.

하지만 그는 나에게 희망을 잃지 말라고 했다. 나를 위한 계획이 하나 있었다. 그는 엘바섬에 살고 있던 영국 신사 휴 사토리우스 휘터커Hugh Sartorius Whitaker에게 연락했다. 휘터

Sentience

④ 경쾌한 정령들

---

i 물건을 자유자재로 옮기는 유령이나 현상.

ii 셰익스피어의 희곡 「맥베스」에 나오는 인물.

iii 스코틀랜드 전통 직물.

iv 셰익스피어의 희곡 「햄릿」의 배경.

커는 지난 여러 해 동안 죽은 사람으로부터 다양한 메시지를 받는 중이라고 했다.

●

휘터커는 시칠리아에서 와인 제조를 하던 귀족 가문 출신이었다. 그의 증조할아버지는 마르살라 와인을 발명한 사람이었다. 휘터커는 청년 시절에 돈 많은 멋쟁이 생활을 즐겼다. 한편으로는 파시즘적 경향도 있었다. 그의 영광스러운 기억 중 하나는 그가 선물한 고속정을 무솔리니가 기꺼이 받은 일이었다.

그런데 1930년대 후반 한 교구의 사제가 막대나 링을 들고 지하수나 광물이 있는 것을 찾아내는 이른바 다우징 dowsing을 하는 것을 보고는 영적인 현상에 관심을 쏟기 시작했다. 자신의 땅에 있던 성당에서 아그레사라라는 티베트 수도사를 사도로 삼고 영적 존재와 소통하기 시작했다.

아그레사라는 이른바 자동 글쓰기라는 방식으로 그의 교리를 기록하라고 권유했다. 휘터커는 그것을 일생의 임무로 받아들였다. 그는 아그레사라의 서기가 돼서 교리서 총 세 권을 출판했다.[11] 주로 신의 기원과 본성, 영혼의 삶, 믿음, 기도, 기독교, 저승, 환생, 생각의 힘, 영적 진화를 비롯해 인류가 이 위기의 시대에 필요로 하는 여러 가지 주제를 다룬 책이었다.

브로드의 도움을 받아서 휘터커는 케임브리지학회에 자신의 일을 검증해 달라고 요청했다. 그래서 1963년 여름, 나는 두 친구와 함께 오래된 낡은 트라이엄프 헤럴드 자동차를 타고 케임브리지를 떠났다. 일주일 동안 엘바섬에서 휘터커와 함께 지내기 위해서였다. 가는 길에 우리는 알프스산맥과 트라시메노 호숫가에서 캠핑을 했다. 그리고 엘바섬으로 가는 페리를 타고 산악 도로를 지나 휘터커의 저택 '빌라 일 타소'에 도착했다. 북쪽 호숫가에 위치한 그의 저택은 숲으로 둘러싸여 있었다.

휘터커는 정말 완벽한 호스트였다. 70대에 접어든 흰머리 신사로, 눈빛에는 경계심이 있었고 태도는 꽤 까다로웠지만 우리를 마치 성지를 찾은 순례자처럼 대접했다. 그리고 앞으로 우리가 볼 것에 대해 마음을 열어 달라고 요청했다.

하지만 도착 직후 긴급한 문제가 발생했다. 나는 가는 길에 벌레 한 마리를 손으로 집었는데 그 때문인지 점점 배가 아프기 시작했다. 나의 건강 문제가 긴장을 깨뜨리는 역할을 했다. 휘터커는 즉시 진단 절차에 착수했다. 종잇조각에 여러 가지 대안적 진단명을 적었다. 그리고 줄이 달린 백금 공을 늘어뜨렸다. 그 공은 여러 진단명 중 이질을 향했다. 그러자 휘터커는 종이에 여러 가지 약물 이름을 적더니 다시 다이아몬드 공을 늘어뜨렸다. 이번엔 코데인으로 공이 향했다. 그가 정령으로부터 도움을 받는 방법이었다. 나는 매우 감명받았고 몸도 곧 좋아졌다.

다음 날 아침 우리는 그의 연구실에서 정확히 9시 5분 전에 만나기로 했다. 이제 좀 더 심각한 일이 시작될 단계였다. 그는 여느 때와 같이 책상에 앉아서 펜을 들고 있었다. 정각 9시가 되자 그는 눈을 감고 기도문을 몇 마디 외치더니 혼미한 상태에 빠졌다. 그러더니 한 시간 내내 글을 썼다. 그러다 갑자기 글쓰기를 멈추고 다시 정신을 차렸다. "이제 가 보자고. 소풍 가는 거야."

소풍은 정말 대단했다. 우리는 롤스로이스를 타고 산에서 가장 아름다운 곳으로 갔다. 다른 차도 뒤따랐는데 음식과 와인을 싣고 있었다. 멋진 산책을 한 후 우리는 밤나무 그늘 아래에서 식사를 했다. 연구가 너무 좋았다. 그곳에 계속 머무를 이유를 만들어 주기 때문이었다. 나는 우리의 훌륭한 호스트에게 그날 아침에 무슨 이야기를 썼는지 물었다. "제 비서가 곧 그걸 타이핑해 줄 겁니다. 그럼 모든 게 분명해지겠죠. 이제 그만 물어보세요. 모든 걸 망칠 수도 있습니다."

나는 깨달았다. 휘터커가 우리를 부른 이유는 그의 능력을 조사해 달라는 것이 아니었다. 그것을 목격해 달라는 것이었다. 그 글의 깊은 의미는 아마 우리가 이해할 수 없었을 것이다. 여기 예시가 있다. 그가 『가르침Teachings』이라는 교리서 제1권에 쓴 글이다.

과학적 지식으로는 아직 설명할 수 없는 특정한 신비한 일들이 있다. 그러나 우리는 이 신비한 작용체가 최고로 높은 정신에 의해 좌우된다는 것을 짐작할 수 있을 것이다. 하지만 영혼이 어디에 있으며 어떻게 만들어지는지 묻는다면 아마 누구도 대답할 수 없을 것이다. 다만 영혼과 자신을 합일하면, 그리하여 독립적인 존재로서 인간적 이해를 잠시 내려놓고 동물, 새, 물고기 및 모든 성장하는 존재의 특성뿐 아니라 인간의 모든 특성을 포함하는 우수한 존재의 일부가 될 수 있다면 이를 깨달을 수 있을 것이다.

내가 본 세션 중 하나를 타이핑한 글을 힐끔거리며, 나는 아그레사라가 현대 정치에도 관심이 많다는 것을 알 수 있었다. 그는 영국 총리였던 해럴드 윌슨, 그리고 사회주의의 악을 비난하기도 했다.

그 후 며칠 동안 어떤 깨달음도 없었다. 바람 부는 카라반보다는 분명 더 머무르고 싶은 곳이었다. 하지만 영혼은 보이지 않았다. 그러나 나는 돌아오는 길에 좀 더 현명해질 수 있었다. 인간의 정신이 얼마나 괴상해질 수 있는지를 직접 목격한 것이다. 혹은 인간의 마음에 관해 인간의 마음이 품은 생각이 얼마나 괴상한지에 관한 것인지도 모르겠다.

이런 것을 믿는 마음은 어떤 마음일까? 바로 **우리의 마음**이다. 나는 인간의 의식이 어떤 면에서 꿈처럼 약간 미친 것일 수도 있다고 생각했다. 우리가 가진 현상학적 중요성을 엄청나게 과장되게 인식하도록 하는 원인이 바로 우리의 의식이다. 휘터커는 자신이 죽은 티베트 승려와 소통하고 있다고 진심으로 믿었다. 브로드 교수는 화난 아이들의 영혼이 카라반을 움직일 수 있다고 믿었다. 전 세계 수많은 사람이 텔레파시, 투시, 예지 등을 믿는다. 무엇보다 그들은 마음이 물질의 세계를 초월한다고 믿는다.

브로드는 『자연에서 마음의 위치The Mind and Its Place in Nature』라는 대작 철학서를 썼다.[12] 그는 이 책에서 마음은 부분적으로 물질적이고 부분적으로 정신적이라고 주장했다. 그는 초자연정신현상연구회가 수집한 증거, 즉 사후에도 인간의 마음이 지속된다는 여러 증거에 깊은 인상을 받았다. 특히 그는 영혼과의 교감을 통해, 죽은 사람이 다른 누구에게도 알려지지 않은 정보를 밝힐 수 있는 신령주의 접촉 현상에 확신이 있었다. 그러나 신중한 사상가였던 그는 중요한 의문이 들었다. 마치 죽고 난 뒤 마음이 도덕적인 면이나 지적인 면에서 뭔가 손상된 것처럼 보였던 것이다. 사자의 메시지는 확실히 어색했다. 좀 더 쉽게 말해서 그들의 메시지는 대부분 쓸데없는 이야기였다. 그는 다음과 같이 결론지었다. 죽음을 넘어 살아남은 마음의 일부인 '정신적 요소'는 비록 삶의 경험을 통해 형성되기는 하지만, 살아 있을 때 가졌던 전체 자아보다는 작다는 것이다.

정말 미친 이야기가 아닌가? 그러나 그 덕분에 나는 한 가지 생각에 도달했다. 혹시 의식이 인간의 존재를 거대하게 인식하게 해 주려는 목적으로 진화에 의해 설계된 것은 아닐까? 그래서 우리는 자신의 초인적 중요성이라는 화려한 신화에 취약해지고, 그걸 보여 주는 기회라면 무엇이라도 붙잡으려 하는 것은 아닐까?

그렇다면 그것은 오직 우리만 그런 것일까? 만약 인간처럼 감각이 있는 비인간 동물도 자신의 존재에 경탄하게 된다면 어떻게 될까? 너무 순진한 질문인지도 모르겠다. 하지만 이 질문은 이후에도 계속 내 머릿속을 맴돌았다.

●

나는 초자연 정신 연구에 대한 학부 시절의 관심을 계속 유지했다. 확실히 비판받을 여지가 많은 연구였지만 그 점이 오히려 매력적으로 다가왔다. 하지만 브로드가 쓴 『마음Mind』의 서문을 보고 충격을 받았다.

나는 분명 일부 과학자들, 그리고 불행하게도, 어떤 철학자들로부터 비난을 받을 것이다. 초자연 정신 연구자들이 주장하는 사실들을 진지하게 고려한 덕분이다. 하지만 이에 대해 전혀 후회하지 않는다. 나는 이들이 자연의 창조자와 《네이처》의 편집자를 혼동하고 있다고 생각한다. 적어도 그들은 전자의 작품이어야만 후자가 출판할 수 있다고 생각하는 것 같다. 그러나 나는 동의하지 않는다.[13]

과학 분야에서 경력을 쌓으려는 야심은 확고했지만, 나는 결코 **그런** 과학자가 되고 싶지 않았다. 즉 현재 알려진 자연의 법칙은 절대 수정되어서는 안 된다고 가정하는 사람이 되고 싶지 않았다. 그렇지만 나는 브로드가 말한 "주장하는 사실들"에 대해서는 대체로 회의적이었다. 매력적이지 않다는 것이 아니었다. 내가 읽고 조금 경험한 바로는, **주장** 자체의 사실이, 사실들의 진실성보다 더 흥미로웠다.

나는 철학가가 아닌 심리학과 학생이었다. 사람들이 사실이 아닌 것을 믿을 준비가 되어 있으며, 특히 자연적인 사건의 초자연적 기원을 믿고 싶어 한다는 사실 때문에 실제로 심리적 설명을 물리적 설명보다 더 좋아하는 이유를 알고 싶었다. 더 큰 목표는 의식 자체가 우리를 어떻게 속이고 있는지 이해하는 것이었다. 인간의 잘 속는 성향의 다른 예를 연구하면 의식이 겪은 진화적 궤적을 이해하는 데에 도움이 될지 궁금했다.

●

박사과정을 시작하면서 더 전통적인 과학적 질문들에 몰두하게 되었다. 하지만 몇 년 후 직장을 옮기면서 잠시 휴식기가 있었다. 초자연적이라 추정되는 사건에 대한 실제 조사를 추적해 볼 기회를 얻었다. 1985년이었다. 나는 초자연적인 현상에 대한 믿음을 다루는 텔레비전 다큐멘터리 제작에 참여했다.[14] 이 프로그램에서 살펴본 모든 사건은 어떤 방식으로든 **초자연적인 개입이 있다는 착각**을 일으켰다.

나는 그러한 착각이 형성되는 두 가지 뚜렷한 경로를 깨닫게 되었다. 일부는 우연의 경로를 따라 일어났고 일부는 그렇게 될 수밖에 없는 경로였다. 이 다큐멘터리에서 우리는 아일랜드에서 발생한 두 가지 대조적 사례를 조사했다. 이 일은 나중에 지각에 관한 나의 견해에 영향을 미쳤는데, 그 이야기를 해 보자.

첫 번째로, 우연한 착각의 경우를 살펴보자. 1985년에 성모마리아 동상이 아일랜드 코르크카운티의 발린스피틀 마을 근처의 우묵한 동굴에 세워졌다. 동상이 설치된 후, 사람들은 해 질 무렵 동상에 기도하러 가면 동상이 좌우로 흔들리는 것처럼 보인다고 말하기 시작했다. '움직이는 성모'는 곧 전국적인 화제가 되었다. 신의 기적으로 여기는 많은 사람이 이를 보기 위해 큰 군중을 이루었다.

나는 촬영진과 함께 이를 취재하러 갔다. 도착한 날 저녁, 마을에서 동상을 직접 살펴봤는데 동상은 아래에서 전등으로 희미하게 비춰지고, 머리 주위에는 밝은 후광이 있었다. 어둠 속에서 동상을 뚫어져라 바라보는데, 동상의 얼굴이 후광을 따라 움직이는 것 같았다. 전체 동상이 좌우로 흔들리는 것처럼 보였다. 놀랍게도 나는 다른 사람들이 주장한 현상을 정확하게 목격했다.

우리는 동상에 비디오 카메라를 세팅해서 촬영했다. 비디오에서 동상은 완전히 정지한 상태로 보였다. 나는 팀이 숙소로 돌아간 후에야 실험을 할 기회를 얻었고, 비로소 어떤 일이 일어나고 있는지 파악할 수 있었다. 컴퓨터 화면에 성모의 얼굴을 희미한 빛으로 비추고, 밝은 후광으로 둘러싸인 부분을 따로 표시했다. 어둠 속에서 화면의 이미지를 좌우로 움직이면 머리가 후광 안에서 마치 움직이는 것처럼 보였다.

시각생리학에 관한 내 수업을 상기하면서, 나는 이러한 현상의 이유를 추정할 수 있었다. 눈의 수용체 세포가 어두운 빛보다 밝은 빛에 더 빨리 반응한다는 사실은 잘 알려져 있다. 따라서 밝은 물체와 어두운 물체의 이미지가 함께 망막을 가로질러 움직이면, 밝은 물체의 움직임이 먼저 감지되어 어두운 물체가 뒤처지는 것처럼 보일 것이다. 동상은 컴퓨터 시뮬레이션에서 보인 것처럼 움직이지 않았다. 하지만 어둠 속에서 동상을 바라보는 사람들의 발걸음은 다소 불안정할 것이며, 눈은 이를 보정하기 위해 움직일 것이다. 이러한 무의식적인 눈의 움직임과 밝기에 따른 지연이 결합되어, 나와 참배자들이 관찰한 '기적의' 흔들림을 만들어 냈다.

'움직이는 성모' 착각은 예기치 않은 것이었다. 동상의 창작자가 계획한 것이 아니다. 분명 우연한 결과였다. 그러나 다음에 조사한 사례는 전혀 달랐다.

✒

1879년, 아일랜드 메이오주의 노크 마을에서 마을 주민들이 기적의 신령을 목격했다. 해 질 무렵 교회의 측벽에 성모마리아와 두 성인이 높이 약 3미터의 상으로 나타났다. 이 이미지는 약 2시간 동안 그 자리에 머물렀으며 밤이 깊어지면서 점점 더 밝아졌다. 이 환영은 움직이지도 않았고 말하지도 않았다. 목격자 15명의 증언이 있었고, 그들은 이 현상에 경탄하며 서로 이야기를 나누었다고 했다.

소식이 전해지자 사람들이 교회 벽을 만져 보려고 멀리서 찾아왔다. 기도에 응답받았고, 기적의 치유가 있다는 보고가 잇달았다. 지금 상황은 어떨까? 노크는 유명한 기독교 순례지가 되었고 심지어 국제공항도 생겼다. 당시 마을 사제였던 대신부 캐버너Cavanagh는 이제 성인으로 시성되는 과정을 밟고 있다.

이번에는 앞선 사례와 달리 목격된 것이 진짜 광학 현상임을 의심하기 어렵다. 벽에서 정말 빛이 나타난 것이다. 그러나 처음부터 그 이미지가 속임수의 결과라고 주장하는 사람이 많았다. 아마 속임수의 범인은 사제였을 것이다.

당시 캐버너는 정치적으로 굉장히 어려운 상황에 처해 있었다. 그는 영국의 대지주들과 동맹하는 바람에 교구 주민의 지지를 잃었다. 추방 위협마저 받았다. 그는 하느님의 은총이 여전히 그에게 임재한다는 공개적 징표가 절실히 필요했다. 1870년대 유럽의 여러 곳에서는 기적적 현신이 교회의 권위 회복에 매우 효과적인 전략이었다. 하지만 그런 일은 누구에게 부탁할 수 있지 않았다. 그래서 캐버너는 직접 일을 꾸미기 시작했을 것이다.

당시에도 그랬고, 지금도 풀기 어려운 문제는 도대체 그가 어떤 트릭을 썼는지이다. 상에 관한 증언을 고려하면 마술 랜턴에 의해 투영되었을지도 모른다는 소문이 파다하다. 그런데 랜턴은 어디에 숨겨져 있었을까? 그리고 벽을 향해 걸어온 사람들은 랜턴의 빛줄기를 어떻게 가로막지 않을 수 있었을까?

텔레비전 다큐멘터리를 찍으면서 우리는 측벽의 높은 곳에 작은 창문이 있다는 것을 알아차렸다. 아마도 교회 안에 랜턴을 설치해 바깥쪽으로 투영하면 거울을 통해 빛줄기가 벽까지 반사되었을 것이다.

실험에 착수했다. 케임브리지 근처 마을에 있는 내 부모님 집 옆에는 그와 비슷한 창문이 달린 오래된 곡물 저장고가 있었다. 나는 빅토리아시대의 랜턴과 종교적 이미지를 담은 슬라이드를 빌렸다. 그것을 안쪽에서 사다리 위로 올려 창문 밖으로 투영되게 설정했고, 면도용 거울을 사용해 빛줄기를 바깥쪽 벽으로 반사시켰다. 밤이 되면서 성모마리아와 성인들의 빛나는 이미지가 나타났다. 이를 목격한 이웃들은 놀라면서 감탄했다.

✦

나는 우연히 발생한 초자연적 착각과, 사람들이 고의적으로 만든 착각 사이에는 분명한 차이가 있어야 한다고 생각했다. 발린스피틀과 노크의 경우가 이를 완벽하게 보여 준다. 그러나 뒤늦게 깨달은 것은 실제로 두 요소가 섞인 경우도 있을 수 있다는 것이다. 우선 우연한 착각이 사람들의 호기심을 자극한 다음 기회를 노리는 사기꾼이 나타나 그것을 과장하는 것이다. 예를 들어 발린스피틀의 동상처럼 움직이는 듯 보이는 동상이 있다고 가정하자. 사람들은 모두 움직이는 성모를 좋아하지 않는가? 머리에 뭔가 떠오른

인근 교구의 사제는 그것을 실현하려고 시도할지도 모른다.

꼭 사기의 결과일 필요는 없다. 예술일 수도 있다. 우연히 발견한 현상에서 영감을 받은 예술의 멋진 예로는 구석기시대 동굴벽화를 들 수 있다. 라스코와 쇼베 동굴과 같은 동굴 벽을 꾸민 최초의 화가들이 바위의 기존 특징을 동물 그림에 도입했다는 것은 잘 알려져 있다. 화가들은 아마 처음 보는 바위 면에 이미 말의 머리, 들소의 어깨, 사자의 갈기가 나타나 있음을 깨닫고 놀라워했을 것이다. 그리고 그들은 조심스럽게 물감을 바르며 그 일시적 인상을 확고하게 고정하고 또 과장했다.

좀 더 나아가 보자. 현상적 의식의 특성이 유쾌한 운명적 우연에 의해 발생했고, 이러한 심리적 경향이 자연선택에 의해 고정되었을 수 있을까? 예술 작품은 초현실적 수준에서 애호가의 삶을 풍요롭게 만드니 말이다.

올더스 헉슬리는 그의 소설 『멋진 신세계』에서 철학자를 "천지에 존재하는 수많은 일을 무시하고 몽상 속에 존재하는 몇몇 일에만 신경 쓰는 사람들"이라고 조롱했다. 그러나 인간에게 이 상황이 반대로 적용될 수 있을지도 모른다. 의식이란 어디에도 존재하지 않을 수 있는 것에 관한 꿈인지도 모른다. 그럼에도 불구하고 우리 삶을 가치 있게 만들 수 있다.

④ 경쾌한 정령들

5

개구리 눈이
원숭이 뇌에 말하는 것

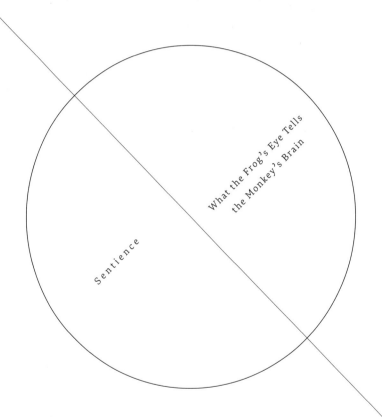

Sentience

What the Frog's Eye Tells
the Monkey's Brain

1964년, 나는 심리학 박사과정을 시작했
다. 당시 지도 교수는 래리 바이스크란츠Larry Weiskrantz였는
데 그는 브린들리와는 성격이 전혀 달랐다. 브린들리처럼 매
우 영리하지는 않았지만 자신과 타인에게 훨씬 친절했다.

래리는 독일 이민자 부모 아래 미국 뉴욕에서 태어났다.
여섯 살 때 아버지가 죽었고 가족은 생계를 유지할 방법이
없었다. 어머니는 래리를 '가난한 백인 남자 고아'를 위한 무
료 기숙학교에 보낼 수밖에 없었다. 하지만 그의 말에 따르면
'미국에서만 가능한 일'이 일어났다. 래리는 이 학교에서 크
게 성장했으며 장학금을 받아 하버드, 옥스퍼드, 케임브리지
까지 진학할 수 있었다.

케임브리지에서 그는 원숭이 뇌에서 시각과 관련된 메커
니즘을 연구하는 프로그램을 시작했다. 중요한 연구 질문은
대뇌피질이 시각에 어떤 역할을 하는지였다. 모든 포유류는
눈으로부터 온 정보를 처리하는 두 가지 뇌 경로가 있다. 한
경로는 진화적으로 오래된 것이고 다른 하나는 더 최근 것이
다. 오래된 경로는 뇌피질이 없는 물고기와 개구리 같은 척
추동물에도 존재하며, 눈에서 중뇌의 시개optic tectum까지 연
결된다. 다른 경로는 일차 시각피질로 이어진다.

래리는 원숭이 뇌에서 시각피질을 제거한 후의 영향을 연
구했다. 그의 연구는 대부분 일반적 상식을 확인하는 데 그치

지만, 아무튼 제거 수술 후 원숭이가 사실상 완전히 실명 상태에 빠진다는 것을 보여 주었다. 물론 원숭이는 여전히 밝기가 다른 카드를 선택하거나, 단색 회색 카드와 체크무늬 패턴 카드를 구별할 수 있었다. 하지만 물체의 위치나 모양을 구별할 수는 없었다. "이 원숭이가 보여 준 시각 능력에 관한 가장 간단한 설명은, 그것이 망막 내 세포 활동 전체에만 반응한다는 것이다. 하지만 망막 내 세포 활동 변화의 분포 양상에 반응한다는 증거는 없다."[15] 다시 말해서 원숭이의 눈은 망막의 공간 패턴에 대한 정보 없이 단순히 빛을 수집하는 역할만 하는 것처럼 보였다.

이러한 결과는 이전의 연구 결과와 일치했다. 그러나 여전히 의문이 남았다. 원숭이의 중뇌 시각 시스템은 여전히 정상이었다. 물고기와 개구리는 시개만 사용해도 잘 볼 수 있다. 그렇다면 수술 후 원숭이의 시력은 왜 이토록 떨어지는 것일까?

✎

나는 원숭이의 시개, 즉 상구superior colliculus에서 단일 신경세포를 연구하여 이 보조 시스템이 처리할 수 있는 시각 정보의 종류를 살펴보기로 했다. 그러나 연구실의 누구도 단일세포의 자극을 기록하는 방법을 몰랐으므로 래리는 저명한 신경과학자인 데이비드 휘터리지David Whitteridge에게 나를 보내서 에든버러에서 몇 달 동안 실험 기술을 배우게 해 주었다.

휘터리지는 친절하게 도와주었다. 그는 뇌세포의 전기 활동을 기록하는 미세 바늘 전극을 만드는 방법을 가르쳐 주었다. 그다음 마취된 고양이의 머리에 수술로 작은 구멍을 내고, 바늘을 뇌에 넣어 시각 시스템의 적절한 위치에 닿게 하는 방법을 알려 주었다. 세포가 활성화되면 전극이 이를 감지해 확성기를 통해 증폭되어 소리를 들을 수 있었다.

케임브리지로 돌아와 원숭이 상구의 세포 활동을 기록해 보았다. 마취된 원숭이를 작은 검은색 타깃이나 발광하는 타깃을 조종할 수 있는 화면 앞에 놓았다. 타깃의 위치가 오실로스코프에서 점으로 표시되도록 하고, 전기 활동이 발생할 때만 점이 밝아지도록 세포의 반응과 연결했다. 이 방식으로 세포의 수용 영역, 즉 세포가 '볼 수 있는' 공간을 오실로스코프에 그릴 수 있었다.

내 업무는 세포가 어떤 시각 자극에 흥분하는지 찾는 것이었다. 세포는 이동하는 대상이 어떤 방향으로든 화면을 가로질러 초속 약 10도로 움직일 때 가장 잘 반응했다. 상구의 표면 근처 세포는 수용 영역이 매우 작아서 대상의 정확한 위치를 잘 파악했다. 그러나 전극이 깊어질수록 영역이 훨씬 커졌다. 대상의 정확한 위치와 무관하게 활성화되었다.[16] 자료 5.1은 다양한 세포들에 대한 실험 결과를 요약하고 있다.

새롭고 흥미로운 발견이었다. 연구 결과는 상구의 표면층이 대상 위치에 관한 정보를 뇌의 다른 부분으로 전달할 수 있다는 것을 보여 주며, 이론적으로 공간 인식을 지원할 수 있음을 시사했다. 비록 이것이 바이스크란츠가 수술한 원숭이의

자료 5.1

원숭이의 상구 세포의 수용 영역: 움직이는 1.5도 크기의 검은 원반
또는 1도 크기의 발광 원반에 대한 반응.[16]

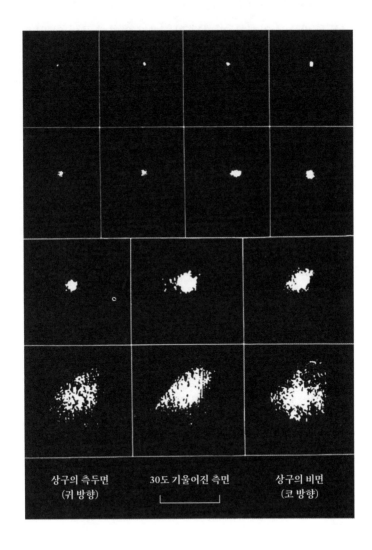

상구의 측두면   30도 기울어진 측면   상구의 비면
(귀 방향)   (코 방향)

행동과 일치하지는 않았지만, 이는 중요한 연구 단서가 될 것이 확실했다. 그러나 실험을 진행하는 동안 솔직히 말해 좋은 '결과'만이 항상 내 관심사였던 것은 아니다. 아, 그때를 돌이켜 보니 다시 가슴이 두근거린다.

스물세 살의 학생인데도 나는 혼자서 종종 늦은 밤까지 어두운 방에서 일했다. 마취된 원숭이가 의자에 묶여 있었다. 화면을 가로지르는 대상과 깜빡이는 오실로스코프에서 나오는 시그널이 유일한 빛이었고, 간헐적으로 들리는 스피커 신호가 유일한 소리였다. 실험이 끝나면 원숭이는 영구히 잠들 것이다. 나는 마지막으로 '보고 있는' 뇌세포의 이야기를 듣고 있었다. 이 경계 상황에서 기묘한 생각이 내 마음에 들어왔다.

원숭이가 깨어 있었다면 망막에 움직이는 자극으로 인해 시각적 감각을 느꼈을 것이다. 하지만 감각은 사적인 것이라 외부에서는 도무지 알 수 없다. 그러나 이제 이 개인적 경험 중 일부가 외부에 드러났다. 원숭이의 빛에 대한 반응이 오실로스코프에 표시되고 스피커를 작동시켰다. 마치 원숭이가 자극에 대한 감정을 소리 내어 표현하는 것처럼 말이다. 빛이 망막을 쓸어내릴 때 발생하는 소리였다. 그리고 나는 그것을 듣고 있었다. 그런데 만약 내가 원숭이의 시각 자극에 대한 감정을 들을 수 있다면 원숭이도 그 소리를 듣고 있을까?

이어서 시적 상상력이 머리를 감쌌다. 움직이는 목표물에 일련의 스파이크식 폭발로 반응하는 특정 세포를 이미 발견한 적이 있지 않은가? 규칙적인 연속이 아니라 **후아!** 하고 잠깐 멈추고, 다시 **후아!** 하는 식이다(자료 5.2 참조). 이게 도대체 무슨 의미일까? 직감에 따라, 다음번에는 이상한 방식으로 반응하는 세포를 찾고 나서 바로 원숭이의 귀를 붕대로 덮어 보았다. 그러자 후아! 하는 소리가 멈추고, 세포는 꾸준히 방전하는 식으로 목표물에 반응했다. 그다음 원숭이의 귀를 드러내고 스피커 볼륨을 조금 낮추었다. 역시, 후아! 하는 소리는 없었다.

자료 5.2

원숭이 상구에 있는 세포의 수용장, 0.5도 형광 디스크에 대한 반응.
(a)에서는 여러 번 건너간 경우, (b)에서는 두 번만 건너간 경우로,
속도는 약 10도/초. 여기서 각 점은 단일 스파이크가 아닌
고빈도 스파이크 폭발이다. 각 스파이크가 뚝뚝 떨어지는 것에 주목하라.[16]

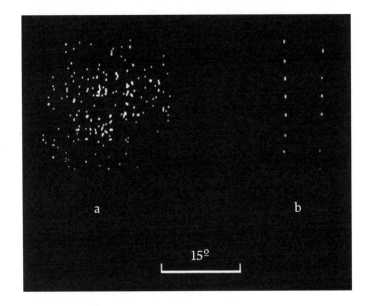

이것은 '다중 모드multimodal' 세포였을 것이다. **눈과 귀 모두로부터** 입력을 받는 세포를 말한다. 비록 상대적으로 드물긴 하지만 비슷한 예가 없지 않았다. 스피커 볼륨이 커지면 세포가 먼저 시각적 목표물에 스파이크 폭발로 반응한 뒤 **이로 인해** 발생하는 소리에 더 많은 스파이크로 반응하고 다시 그 소리에도 반응했다. 그 결과 정적 피드백이 발생하여 활동이 잠시 급증하고 소멸했다. 후아…… 쉬! 이것을 확인하기 위해 시각적 목표물 없이 손뼉을 쳐 보았다. 그 결과, 세포는 손뼉 소리에 후아! 하는 소리로 반응했다. 청각적 피드백의 영향으로 세포의 모든 자극에 대한 반응이 시간에 걸쳐 길어지게 되어, 일종의 여운 현상이 발생한 것이다.

물론 실험실 환경은 완전히 인공적이었다. 그러나 이런 예상치 못한 현상은 나에게 새로운 생각의 씨앗을 주었다. 우리는 감각을 외부에서 받아들이는 경험이라고 생각하는 경향이 있다. 그러나 만약 우리의 감각이 자극에 대한 활발한 신체 반응으로부터 시작된다고 상상해 보면 어떨까? 스피커로 전송되는 신호와 같은 것 말이다. 그리고 이러한 반응을 직접 듣듯이 스스로 신체의 반응을 감시함으로써 인식한다면 어떨까? 그리고 이후에 쉽게 발생하는 피드백 루프가 우리의 감각에 깊은 표현력을 부여하고 이를 통해 놀라울 정도로 아름답게 느끼는 것은 아닐까? 이 아이디어는 나중에 퀄리아 이론으로 뿌리를 내렸다. 물론 당시에는 몰랐지만.

그때 나는 이러한 실험을 그다지 좋아하지 않았다. 과학적 가치에 의문을 품은 것은 아니었다. 이것은 원숭이의 상구에서 처음으로 수행된 실험이었으며 이를 다룬 1968년 논문은 수백 번 인용되었다. 또한 원칙적으로 생명체를 실험 대상으로 삼는 것이 잘못됐다고 생각한 것도 아니었다. 원숭이들은 모두 마취 상태였고 고통을 받지 않았다. 그럼에도 불구하고 내가 하고 있는 일에는 우려스러운 권력 문제가 있었다. 간단하게 말해서 원숭이 뇌의 작동 원리에 대한 내 호기심을 위해 원숭이가 뇌를 사용하는 즐거움을 희생시킨 것이나 다름없었다. 누구도 이를 비난하지는 않았지만 내 마음은 그랬다. 물론 내 연구 결과가 원숭이와 인간의 시각신경심리학에 대한 이해를 돕는 더 큰 프로젝트에 기여하기를 바랐다. 그러니 적어도 **어리석은** 호기심은 아니었다. 하지만 그 결과가 정말로 중요한 일에 기여할 수 있을까?

아무튼 연구하던 세포들이 공간 속 물체의 위치에 대한 정보를 전달하는 능력이 충분하다는 증거는 분명했다. 매력적인 일이었다. 이 점에서 원숭이의 상구는 확실히 개구리의 시신경막과 유사했다. 사실 연구하던 세포가 반응하는 자극 패턴은 1959년에 제리 레트빈Jerry Lettvin과 동료들이 발표한 「개구리 눈이 개구리 뇌에게 말하는 것」[17]이라는 유명한 논문 내용과 상당히 유사했다.

원숭이의 시각피질을 제거한 후에도 상대적으로 원시적

인 시각 경로는 여전히 작동할 수 있었다. 이 경우 원숭이는 개구리와 같은 공간적 시각 능력을 유지할 수도 있다. 그러나 바이스크란츠의 연구는 그러지 않음을 증명한 것처럼 보였다. 뭔가 의심스러웠다. 바이스크란츠는 무언가를 놓치고 있는 것일까? 어쩌면 눈에 띄지 않는 어떤 **다른 종류의 시각이** 숨겨져 있는 것은 아닐까?

6

맹시

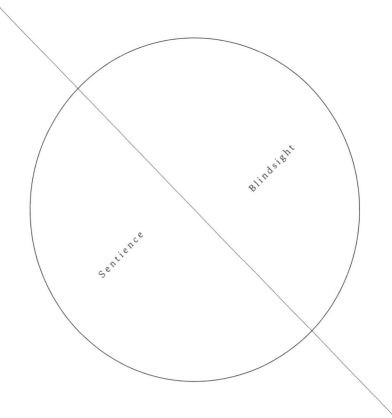

Blindsight

Sentience

1966년 여름, 케임브리지 연구실에는 시각피질을 1년 반 전에 제거당한 원숭이 헬렌이 있었다. 수술 후 헬렌은 눈을 사용하는 데 관심을 잃은 것처럼 보였다. 혼자 있을 때면 멍하니 멀리 볼 뿐 주위를 둘러보지 않았다. 테스트를 해 보면 밝기가 다른 카드를 구별하는 것이 최선이었다. 사람으로 치면 사실상 맹인이었다.

그해 가을, 바이스크란츠가 스위스 바젤의 회의에 참석하는 동안 나는 며칠을 헬렌의 우리 옆에 앉아 같이 놀았다. 그러면서 헬렌이 완전히 눈이 멀지 않았다는 단서를 찾고자 했다. 헬렌도 그렇게 믿고 있을지 모르겠다고 생각했다.

손을 흔들거나 손가락을 튕기며 헬렌의 주의를 끌려고 했다. 헬렌은 처음에는 꺼리는 반응을 보였지만 조금씩이나마 내 움직임을 따라 하고 올바른 방향을 보는 듯한 표정을 보였다. 헬렌을 재미있게 하기 위해 사과 한 조각을 손에 들고 있다가 내가 시키는 것을 제대로 해내면 상으로 주었다. 헬렌은 이를 금방 알아채고 머지않아 막대기 끝에서 흑백 정육면체, 깜박이는 녹색 전구, 고정된 불이 켜진 전구, 움직이지 않는 흑백 정육면체를 골라내기 시작했다.

스위스 바젤로 전보를 보냈다. **래리. 중단.[i] 교수님 못 믿을 거예요. 제가 헬렌을 보게 했어요. 중단.** 그러나 래리는 믿지 않았다. 래리는 케임브리지로 돌아온 후에도 바쁘게 지내다가

마침내 시간을 내어 내가 무엇을 하고 있었는지 직접 확인했다. 물론 그는 이미 확인된 결과를 학생이 무너뜨리는 것을 좋아하지 않았다. 그러나 직접 확인하고 나서는 관찰한 사실에 열광하며, 이것이 어디까지 발전할지 알아보고자 했다. 우리는 힘을 합쳐 시각피질이 없는 원숭이가 시각적으로 현저한 물체의 공간 위치를 인식할 수 있다는 내용의 논문을《네이처》에 제출했다.[18]

하지만 우리는 너무 서둘러서 일을 벌인 것이었다. 헬렌의 시각은 점점 더 좋아졌다.

🖊

헬렌은 수술 후 뇌 검사를 위해 죽이기로 예정되어 있었다. 하지만 바이스크란츠는 내가 헬렌과 계속 일하는 것에 동의했다. 나는 1967년 옥스퍼드 심리학 실험실로 헬렌을 데리고 갔고, 그 후 1971년 매딩글리빌리지 동물 행동학부로 돌아왔다. 일곱 해 동안 나는 거의 매일 헬렌의 가정교사나 다름없었다. 나는 헬렌을 격려하고 장려하며 헬렌이 자기 능력을 인식할 수 있도록 가능한 모든 방법을 시도했다.

옥스퍼드와 케임브리지 심리학 실험실에서는 헬렌이 살고 있던 작은 우리에서만 실험했다. 그러나 매딩글리에 와서

---

i 영어 전보에서는 긴급 상황에 관한 메시지 전후에 STOP(중단)을 삽입한다.

는 관점이 다른 과학자와 함께했다. 전형적인 심리학 실험실에서는 원숭이를 연구하여 인간의 마음이 어떻게 작동하는지 이해한다. 하지만 매딩글리에서는 원숭이를 연구하여 원숭이의 마음이 어떻게 작동하는지를 알아내려고 했다. 자연환경에서의 총체적인 동물, 그리고 개체로서의 동물을 강조하는 분위기였다.

나의 출신 배경이 부른 말버릇 중 하나가 내가 논문에 쓴 언어로 나타났다. 《네이처》 논문에서 나는 헬렌의 이름을 Helen이 아니라 Hln으로 축약했다. 헬렌을 암컷이 아니라 수컷으로 부르기도 했다. 하지만 이후의 논문에서는 Helen이란 이름과 성별을 다시 사용했다. 그럼에도 불구하고 나는 헬렌이 실험을 수행할 때 영향을 미치는 중요한 한 가지 사실을 생각도 하지 못했다. 그것은 매 30일마다 헬렌의 기분이 변화하고 꽤 '곤란'해진다는 것이다. 바로 월경 때문이었다. 그것까지 고려하면 분석이 너무 어려워졌다.

우연히 아프리카에서 야생 원숭이를 연구하는 젊은 프랑스 여성 영장류학자 미레유 베르트랑Mireille Bertrand이 매딩글리를 방문했다. 미레유는 헬렌을 우리에 가둔 것에 분개했다. "왜 헬렌을 밖으로 내보내지 않죠? 그러면 헬렌은 자기 눈을 더 열심히 사용하려고 할 겁니다." 나는 미심쩍었다. "하지만 헬렌이 그걸 감당할 수 있을지 모르겠네요. 우리 안에 머무른 지 몇 년이나 지났어요. 길들여지지 않았죠." 미레유가 대답했다. "그럼 내가 길들여 보죠."

나는 유리문을 통해 미레유가 헬렌의 우리가 있는 방으로 들어가는 것을 보았다. 미레유는 헬렌이 살던 우리의 출입문을 열어 놓고 한쪽에 서서 기다렸다. 헬렌은 문턱에서 망설였다. 그러다 조심스럽게 기어 나와 우리 벽을 치고 올라가더니 다시 바닥으로 떨어졌다. 그러고는 어쩔 줄 몰라 했다. 공중으로 뛰어올라 미레유 위에 올라탔다. 미레유는 헬렌의 팔을 잡았다. 헬렌은 미레유를 물려고 했는데 미레유가 역으로 헬렌을 물었다. 두 사람은 씨름을 벌였다. 마침내 미레유가 헬렌을 이기고 헬렌을 땅에 내려놓았다. 그 순간, 그들 사이에 평화가 찾아왔다.

다음 날, 미레유는 헬렌에게 개 목줄을 채웠고 우리는 헬렌을 건물 밖으로 산책시켰다. 헬렌은 완전히 길들여진 것은 아니었지만 빠르게 목줄에 적응했고 곧 실험실 주변의 목초지와 숲을 탐험할 수 있게 되었다. 처음에는 예상대로 산책이 꽤 위험했다. 헬렌은 계속해서 장애물에 부딪히고 내 다리와 충돌했으며 몇 차례 연못에도 빠졌다. 그러나 이후 몇 주 동안 상황은 크게 개선되었고, 헬렌은 곧 자기가 가는 길에서 장애물을 예상하고 피할 수 있게 되었다. 더욱 놀라운 것은 헬렌이 들에서 나무 하나를 골라 향해 가서는 기어올랐다는 것이었다.

헬렌이 특별히 좋아하는 오래된 노란 단풍나무가 있었는데, 헬렌이 그 나무 구멍에 늘어져 있는 동안 나는 헬렌이 닿을 수 있는 거리에 과일과 견과류를 들였다. 그러자 헬렌은 전혀 예상치 못한 일을 해냈다. 목표물이 팔 길이 이내에 있으면 잡으려고 노력했지만 **멀리 있으면 무시했다**. 헬렌이 3차원 공

자료 6.1

넓은 곳을 활보하는 헬렌.

간을 경험하게 되면서 3차원 시각 인식을 할 뿐 아니라 시각 인식을 스스로 내관introspection한다는 것이 분명해졌다. 헬렌 은 무엇이 손에 닿지 않을지 **알고** 있었다.

•

　　큰 실내 체육관에 이동식 가구를 세팅했 다. 헬렌은 그곳에서 이내 완전히 편안해졌다. 방해물과 장애 물을 피하면서 바닥에서 작은 건포도를 찾아냈다. 시력은 매우 예민하여 먼지 조각을 피해 건포도를 집어 낼 정도였다. 5제곱 미터의 영역에 건포도 25개가 무작위로 흩어져 있을 때 1분 도 채 걸리지 않아 모든 건포도를 찾아냈다. 상황을 모르는 사 람에게는 보통의 시력을 가진 것처럼 보였을 것이다.[19]

　그러나 나는 헬렌이 보통의 시력을 가지고 있지 **않다**고 점점 확신하게 되었다. 벌어지는 일을 너무나 잘 알기 때문 이었다. 함께 많은 시간을 보내면서 항상 헬렌이 어떤 기분인 지 궁금했지만 좀처럼 파악하기 어려웠다. 그러나 시각을 활 용하고 있다는 여러 증거에도 불구하고 헬렌은 여전히 자신 에게 시력이 있다는 것을 **모르는** 것 같았다. 이상하게도 자신 에게 확신이 없었다. 예를 들어 불안하거나 두려워할 때마다 헬렌은 자신감이 사라지고 어둠 속에 있는 듯 비틀거렸다. 신 경심리학의 명망 있는 전문가인 한스 루카스 튜버Hans Lukas Teuber가 매사추세츠공과대학에서 와서 헬렌의 시각 회복을 관찰했을 때였다. 우리는 당황했다. 새로 나타난 그의 존재로 인해 너무 긴장해서인지 헬렌은 시력을 사용할 수 없었다. 헬렌의 시력은 자신이 시력을 잃었다는 사실을 인식하지 못할 정도로 편안할 때만 가능해지는 것 같았다.

나는 1972년에 《뉴사이언티스트》 잡지에 기사를 하나 썼다. 표지에는 헬렌의 초상과 함께 '**모든 것**을 보는 눈먼 원숭이'라는 제목이 붙었다. 그러나 이 제목은 정확한 것이 아니었다. 헬렌이 **모든 것**을 보는 것은 아니었다. 내가 지은 제목은 '보이는 것과 없는 것Seeing and Nothingness'이었고, 헬렌의 시력은 상상할 수 있는 범위를 넘은, 이상한 종류의 시력일 수 있다고 했다. 나는 다음과 같이 썼다. "시각피질에 광범위한 손상을 입은 사람들은 그들의 맹이 완전하고 영구적이라고 믿는다. 시각의 정의를 더 유연하게 사용한다면 의사나 환자 모두가 아직 알지 못한 시력의 본질을 발견할 수 있을 것이다."[20]

하지만 헬렌은 내면세계를 말하지 못하는 원숭이였다. 헬렌의 경험을 정확히 파악할 방법은 없었다. 그것을 알아내려면 인간의 증거가 필요했는데 그 당시 유사한 사례는 보고된 바 없었다. 사실 브린들리의 새로운 연구를 포함한 여러 증거에 따르면, 유사한 뇌 손상을 입은 인간은 영구적으로 맹인이 된다고 알려져 있었다.

그로부터 2년 뒤, 바이스크란츠는 런던 병원에서 두통 치료를 위해 뇌 수술을 받은 환자 D.B.를 연구하면서 극적인 발견을 했다. 수술은 뇌 오른쪽 시각피질을 제거하는 것이었고, 이로 인해 환자는 즉시 시야의 왼쪽 반을 모두 잃게 되었다. 그 영역에 빛이 나타나면 그는 볼 수 없다고 부인했다. 그러나 헬렌의 발견으로 자신감이 생긴 바이스크란츠는 불가능한 것처럼 보이는 시도를 해 보라고 부드럽게 권유했다. 그는 D.B.에게 빛이 나타난 곳을 가리키도록 요청했고 D.B.는 일관되게 맞힐 수 있었다. 모두 놀랐다. 환자 스스로도 놀랐다. 추가 실험에서는 D.B.가 물체의 위치뿐만 아니라 모양과 색상도 추측해 낸다는 사실을 입증했다. 그러나 D.B.는 항상 자신이 시각 감각을 인식하지 못하는 상태라고 주장했다.

바이스크란츠는 이러한 무감각 시각 능력을 '맹시blind sight'[21]라고 명명했다. 1974년 그는 D.B.에 관한 첫 번째 발견을 기술한 논문의 별책을 보내 주었다. 그 위에는 '헬렌이 맞았어HELEN IS VINDICATED'라고 쓰여 있었다. 내가 믿었던 바로 그 사실이었다.

그러나 우리는 다시 한번 서두르고 있었다. 인간의 맹시는 더 멀리 나아갈 여지가 상당했다. 사실 여러 측면에서 헬렌을 통한 발견보다 더 구명할 일이 많았다. 이후의 연구에서 시각피질에 손상을 입은 사람이 시각 영역에서 사물의 3차원 모양을 평가할 수 있으며, 얼굴에서 감정 표현을 인식하고, 확실하지는 않지만 글을 읽고 이해할 수 있다는 것이 밝혀졌다.

첫 연구 대상 환자 중 누구도 헬렌처럼 시각적 네비게이션 능력을 보여 주지 못했다. 그러나 2008년, 반복된 뇌졸중으로 시각피질이 전혀 없는 환자가 모든 장애물을 피해 가며 병원 복도를 걸어갈 수 있는 능력을 보여 주었다. 환자는 자기 자신을 완전히 맹인으로 생각했지만, 그가 복잡한 병원 복도를 걸어가는 모습이 찍힌 영상도 있다.[22] 이 영상을 보면 이제 82세가 된 래리 바이스크란츠가 뒤에서 미소 짓고 있는 모습이 보인다.[23]

●

일찍부터 나는 헬렌의 맹시 현상이 인간과 다른 동물의 지각 진화에 어떤 빛을 비출 수 있는지 궁금했다. 시각피질이 없는 상태에서 헬렌의 시각은 상구를 통해 매개되어야 했다. 이것은 개구리의 시신경막의 진화적 후손인 원추체다. 그러나 이것이 과연 헬렌이 개구리처럼 보는 것을 의미하는 것일까? 또는 반대로 말하면, 개구리는 헬렌처럼 볼까? 개구리에게 맹시가 있는 걸까? 두뇌가 이차 시각 시스템으로 진화하지 않은 척추동물의 시각이 시신경막에 의해 매개된다면, 포유류와 조류를 제외한 모든 동물도 다 그럴까? 시각피질 경로는 출생 후 몇 달 동안 성숙하지 않는데, 그렇다면 인간의 유아도 그럴까? 의식적 감각 없이 볼 수 있다는 것은 놀랍고 흥미로운 일인지 모르지만, 사실 지금도 수많은 동물이 그런 식으로 세상을 바라보고 있다.

다른 차원에서, 나는 맹시를 철학적으로 어떻게 설명할 수 있을지 궁금했다. 다시 토머스 리드가 제시한 감각과 인식에 관한 중요한 개념 구분에 의지하게 되었다. 맹시를 가진 환자는 명백하게 시각적 인식능력이 있다. 즉 물체의 특성을 감지할 수 있다. 그러나 눈에 들어오는 빛에 관한 일반적 감각은 전혀 없다. 그의 관점에서 볼 때 그는 단지 '추측'을 하고 있을 뿐이다. 추측은 사전적으로 '충분한 증거나 근거 없이 내린 판단이나 의견'으로 정의된다. 정확한 말이다. 환자는 자신이 인식할 수 있다는 데에 충분한 근거를 가지고 있다는 것을 더 이상 알지 못한다. 이제 **그**와는 상관없는 일이다. 맹시는 **감각이 결여된 상태에서의 순수한 인식**[24]이다.

책을 더 찾아보았다. 리드가 1764년에 쓴 책에서 감각과 인식을 분리할 수 있다고 주장한 언급을 찾았다. 감격스러웠다. "아마도 당장의 인식은 감각기관에 대한 인상과 바로 연결되어 있으며 우리는 감각의 중재 없이도 존재할 수 있는 이러한 구성으로 만들어진 것인지도 모른다."[25] 그리고 1778년의 한 편지에서 이렇게 언급한 것을 찾아냈다. "인식 없이 다양한 종류의 감각을 가진 존재를 상상해 볼 수 있을 것이다. (……) 또한 모든 것을 인식하면서도 그 인식과 관련된 감각이 없는 존재도 상상할 수 있을 것이다."[26]

리드는 맹시를 이미 추정하고 있었다! 동시에 그러한 현상이 얼마나 상식 밖의 현상인지를 깨달은 최초의 인물이었다. 왜냐하면 그는 이렇게 썼기 때문이다. "(정상적 상황에서) 인식과 그에 해당하는 감각은 동시에 발생한다. 우리는 그들이 분리되어 있는 것을 경험하지 못한다. 따라서 우리는 그들을 하나로 생각하게 되고, 그들에게 하나의 명칭을 부여하고, 그들의 상이한 속성을 서로 혼동하게 된다."[27]

이 지속적인 연관성 때문에 상식적으로 인과관계가 있어야 한다고 생각할 것이다. 아마도 감각이 더 기본적인 것이기 때문에 먼저 나타나고 그것이 인식의 기반이 될 것이라는 추정이다. 그러나 그렇다면 맹시(감각 없는 인식)는 단지 특이한 것이 아니라 논리적으로 아예 불가능한 일이 될 것이다. 맹시의 존재는 우리가 일반적으로 자신의 마음이 어떻게 작동하는지 제대로 이해하지 못한다는 것을 보여 준다. 감각에 인과적 역할을 부여함으로써 인식의 기전에 대한 이야기를 제공하는 '사용자 착각user-illusion'에 속는 것 같다. 맹시는 그저 자신에게서 사라진 시각, 즉 심리적으로 의미를 잃어버린 시각처럼 느껴진다.

그러나 사실 놀라운 일이 아니다. 우리는 여전히 이런 식의 잘못된 인과관계로 감각과 인식을 상상하지만, 엔지니어라면 생각이 좀 다를 것이다. 엔지니어가 카메라 눈을 사용하여 외부 세계를 탐색할 수 있는 로봇을 설계한다고 해 보자. 엔지니어는 이를 감각과 인식이라는 두 단계로 설계하지 않을 것이다. 예를 들어 로봇이 카메라에 맺힌 이미지에 관한 설명을 해낼 수 있도록 설계한 뒤 이 설명을 바탕으로 외부에 벌어진 일을 다시 로봇이 추론하도록 하는 식 말이다. 그 대신

필터를 사용하여 위치, 움직임, 모양, 색상 등 서로 다른 카테고리의 정보를 분리하고, 이러한 구성 요소를 알고리즘적으로 결합하여 로봇이 세계에 대해 알아야 할 것을 제공하는 방식으로 설계할 것이다.

우연인지 모르겠지만, 유명한 논문 「개구리 눈이 개구리 뇌에 말하는 것」은 공학 저널인 《라디오엔지니어협회》의 회보에 게재되었다. 그리고 저자들은 명시적으로 감각과 인식을 구분해서 언급한다. 개구리의 시각 시스템에서 발견한 감지기가 특정 목적을 위해 만들어진 것처럼 보이며 '벌레 감지'와 같은 **인식 작업**에 사용된다고 지적한다. "이러한 작업은 감각보다 인식의 느낌이 훨씬 더 강하다. (……) 즉, 이러한 현상을 가장 잘 설명하는 언어는 시각이미지로부터 복잡한 추론을 이끌어 내는 언어라는 것이다."[28] 이 신경과학의 개척자들은 개구리에게 맹시가 있다는 착상을 받아들이는 데 별로 곤란을 겪지 않았을 것이다.

그렇다면 이런 질문이 떠오른다. 맹시가 정말로 개구리의 자연적 상태이며 아마도 모든 인공 로봇의 상태라고 할 수 있다면, 즉 동물이나 로봇이 현상적 의식을 완전히 결여한 경우라고 해도 도대체 뭐가 문제란 말인가? 귀먹은 청각, 코 막힌 후각, 무감각한 촉각, 아픔이 없는 고통, 뭐, 이런 감각 없는 인식이 생존에 부적당할까? 뭔가 잘못된 일이 일어날까? 이에 대한 극단적 가설 중 하나는 **인식능력은 있지만 감각능력이 없는** 동물들도 전혀 문제없이 잘 살아갈 것이라는 주장이다.

나에게 이 지각 이론은 무너뜨려야만 할 가설이었다.

7

보이지 않는
시각

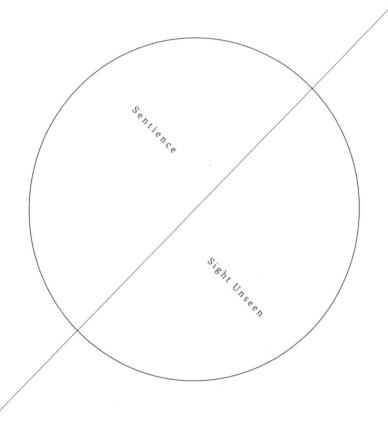

Sentience

Sight Unseen

여러 차례, 나는 헬렌의 시각으로 상황을 이해하려 애썼다. 그저 당연시 여겨 왔던 한 가지는 내 연구가 헬렌의 삶에 어느 정도 가치를 더해 주었다는 것이었다. 헬렌의 일상은 분명히 다양하고 흥미로워졌으며 헬렌은 실험실에서의 테스트에 즐거움을 느끼는 것 같았다. 원숭이가 그러한 감정을 어떤 수준에서 느끼는지 모르겠지만, 헬렌은 다시 눈을 사용할 수 있다는 사실에 기쁨을 느꼈을 것이라 생각했다. **나**는 기뻤고 **헬렌** 또한 분명 그랬을 것이다. 그러나 헬렌이 인간이라면, 시력을 완전히 잃는 것보다 맹시를 가지는 것이 더 나쁠 수 있다는 생각은 전혀 하지 못했다.

1973년, 이란 출신의 젊은 여성 H.D.에 대한 연구에 참여하게 되면서 이에 대해 예상치 못한 비극적 깨달음이 찾아왔다. 데닛은 나의 책 『빨강 보기』 리뷰에서 이를 "시각과 경험의 난해한 경계를 탐험하는 깊이 있는 독특한 만남" 중 하나라고 말했다. 그는 이로 인해 나의 연구가 막다른 골목에 다다를 수도 있다고 생각했다. 앞에서 이미 했던 이야기이지만, 더 적당한 도입이 떠오르지 않아서 다시 그 이야기부터 시작해보겠다.

세 살 때 H.D.는 천연두에 감염되어 양쪽 눈의 각막에 심한 흉터가 생겼고 시력을 거의 잃게 되었다. 나중에 쓴 회고록에 따르면 H.D.는 어린 시절 가족에게 학대받았다. 거리에서

구걸을 강요당했고 성적 학대도 당했다. 그러나 모든 역경에
도 불구하고 열다섯 살 때 기독교 선교 단체에 구조되어 시각
장애인 학교에 입학할 수 있었다. 그곳에서 점자 읽기를 배웠
고 영어로 능숙하게 말할 수 있게 되었다. 6년 후, 테헤란대학
에 입학했다. 거기서 H.D.의 사정이 런던에 사는 한 안과 의사
에게 알려졌고, 그 의사는 H.D.가 각막이식으로 보통의 시력
을 회복할 수 있다고 했다. 지역사회에서 모금이 진행되었고
H.D.는 무어필드안과병원에서 수술을 받을 수 있게 되었다.

1972년, 27세의 H.D.는 기대에 차서 런던에 도착했다. 수
술은 기술적으로 성공이었다. 눈의 광학적 기능이 회복되었
다. 그러나 수술 직후 시력이 전혀 개선되지 않았고 H.D.는 초
기 시각장애인 환자들이 흔히 하는, 무작위로 눈을 움직이는
행동을 계속하였다. 두 달 후에도 여전히 상황은 호전되지 않
았고 H.D.는 국립병원 심리학과로 옮겨져 신경심리학자 엘리
자베스 워링턴Elizabeth Warrington 박사의 검사를 받게 되었다.
나는 워링턴 박사로부터 와 달라는 요청을 받았다.

처음 H.D.를 만났을 때 H.D.는 절망에 빠져 있었다. 수술
이 완전한 실패라고 확신하고 있었다. 여전히 볼 수 없었기 때
문이었다. 워링턴 박사와 나는 그럴싸한 설명을 찾아냈다. 뇌
의 시각피질이 눈으로부터 입력을 받지 않으면 퇴행성 변화
가 발생할 수 있다. H.D.의 시각피질은 어린 시절부터 사용
되지 않아 제대로 작동하지 않을 가능성이 있었다. 그렇다면
H.D.는 수술로 시각피질이 파괴된 원숭이 헬렌과 비슷한 상
태였다. 불행히도 새로운 눈은 새로운 뇌가 도와주지 않으면

앞을 볼 수 없다.

하지만 처음 헬렌을 만났을 때도 그러지 않았는가? 만약 H.D.의 경우가 어떤 면에서 헬렌과 비슷하다면, 헬렌처럼 H.D.도 다시 보는 것을 배울 수 있을지 모른다. 어쨌든 나는 헬렌에게 효과가 있었던 방법을 다시 써 보기로 했다. H.D.를 데리고 런던의 명소를 '구경'하러 갔다. 거리와 공원을 걸으면서 나는 H.D.의 손을 잡고 눈앞에 보이는 것을 설명했다. 그리고 모든 것이 명확해졌다. 정말 기뻤다. H.D.는 시각장애인이 아니었다. 수술 이전과는 분명 뭔가 **다른 일**이 일어났다. 실질적 변화였다. H.D.는 광장에 내려앉은 비둘기를 가리킬 수 있었고 꽃을 집어 올릴 수 있었고 보도블록에 다다르면 발을 올릴 수 있었다. 실제로 눈을 사용해 공간 속을 이동하는 능력을 회복하고 있었다.

그렇게 보니 수술이 결국 완전한 실패는 아니었다. H.D.의 눈과 뇌가 다시 함께 작동하고 있었다. 그러나 H.D. 자신은 이러한 진전에 만족하지 못했다. 어느 정도 시력을 되찾았지만 그것은 기대했던 종류의 시력이 아니었다. 오히려 더 슬퍼졌다. 가장 끔찍한 일은 H.D.가 밝힌 것처럼 바로 맹시였다. H.D.의 시각은 주관적인 감각적 질이 없었다. 20년 동안 다른 사람들처럼 보는 것이 얼마나 멋진 일인지에 대해 항상 상상해 왔다. 시각 경험의 경이로움에 대한 수많은 이야기와 시를 들었다. 그런데 이제 그 꿈의 일부가 이루어진 상태에서 H.D.는 그것이 뭐가 좋은 것인지 도무지 알아차릴 수 없었다.

맹시를 가지는 것이 어떤 기분일지 생각해 보면서 나는

H.D.의 시각이 질을 결여했기 때문에, 즉 시각이 **자기 자신의 것**으로 느껴지지 않았기 때문에 무가치하게 경험된다고 추정했다. 그것은 H.D.의 **정체성**에 기여하지 않았다. H.D.는 속았다고 느꼈다. 그것은 H.D.가 상상해 오던 것을 조롱하는 일이나 다름없었다. 결국 H.D.는 클리닉 검사를 거부하기 시작했다. 더 이상 나와 함께 나가서 명소를 구경하려 하지 않았다. 그것을 불쾌하게 여겼다. 과학 연구 보고서에 적은 대로 "'보기'는 H.D.에게 보람 있는 활동이 아니라 지루한 의무가 되었고, 혼자 있을 때 H.D.는 곧 보는 것에 대한 관심을 잃어버렸다".[29] H.D.는 점점 우울해졌고 자살 직전에 이르렀다. 결국 대단한 용기로 H.D.는 상황을 되돌렸다. 다시 어두운 안경을 쓰고 흰 지팡이를 들어 일반적인 시각장애인의 삶으로 돌아갔다.

이는 확실히 예외적인 경우였다. 이 일을 과도하게 해석하는 것은 위험하다는 데닛의 견해에 동의한다. 그럼에도 불구하고 H.D.의 경우는 정말 인상적이었다. 혹시 잊을까 싶을 때마다 현상적 의식이 한 인간의 정체성에 얼마나 중요한지 상기하곤 한다. 6장 끝부분에서 이뤄 낸 도전을 생각해 보자. 이 일은 인식만 있고 감각이 없는 상태로는 충분하지 않다는 주장의 생생한 사례였다. H.D.는 개구리의 시력으로는 '제대로 살아갈 수' 없었다.[30]

8

어두운 밤,
붉은 하늘빛

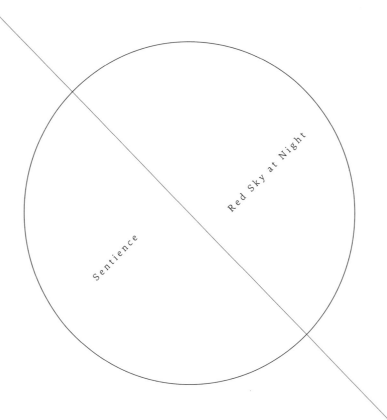

Sentience

Red Sky at Night

　　　　1967년에 나는 바이스크란츠와 함께 옥스퍼드의 심리학 연구소로 이사하게 되었다. 이곳은 파크로드에 있는 빅토리아시대의 아름다운 별장이었다. 헬렌과 함께 연구를 계속 진행했지만 정원 바닥에 있는 작은 오두막에서 새로운 연구 주제도 시작했다. 바로 동물 미학에 관한 연구였다. 붉은털원숭이가 특정한 색상을 좋아하거나 싫어하는지 실험했다. 뇌 연구에서 벗어나 새로운 방향을 찾는 기회였다. 그러나 또 다른 숨겨진 목적도 있었다. 바로 의식 문제를 다른 시각에서 바라보고자 하는 것이있다.

　색상 간 선호도를 테스트하기 위한 실험 장치는 매우 간단했다. 원숭이는 작고 어두운 방에 앉아 있었고, 그 방의 뒷벽에는 프로젝터로 빛을 비출 수 있는 반투명 스크린이 있다. 원숭이가 앞에 있는 버튼을 꾹 누르고 있으면 한 색상이나 다른 색상의 빛이 스크린을 가득 채웠다. 원숭이가 버튼을 놓으면 빛이 꺼지고 어둠 속에 있게 되었다. 다시 버튼을 누르면 이제는 다른 색상의 빛을 받게 되었다. 원숭이는 어두운 곳에 있는 것을 좋아하지 않아 대부분의 시간 동안 버튼을 계속 눌렀다. 그러나 변화도 좋아하기 때문에 가끔씩 버튼을 놓고 여러 색 사이를 여행했다. 각 색상에 머무른 시간을 합산하여 원숭이가 어떤 색상을 선호하는지 알아보려고 했다.

　결과는 극적이었다. 열 마리 원숭이 모두 같은 색에 강한

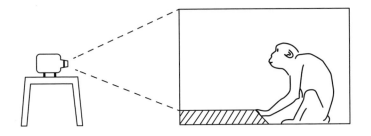

선호를 보였다. 스펙트럼의 파란 부분에서 가장 많은 시간을 보내고 빨간 부분에서는 가장 적게 보냈다(빛의 밝기를 동일하게 조절한 상태에서). 파란색과 빨간색 중에서 선택해야 한다면 원숭이들은 분명 빨간색보다 파란색에서 3배 이상의 시간을 보낼 것이 분명했다.[31]

2년 후, 좀 망설이면서 동료들에게 내가 무엇을 하고 있는지 설명해야 했다. 나는 최근에, 1969년에 열린 학과 세미나에서 발표한 내용을 우연히 얻었다. 그것은 이렇게 시작되었다.

연구소에서 사람들이 지난 몇 년 동안 저 오두막에서 무엇을 하고 있는지 물어봤을 때, 저는 어색한 태도로 "아, 원숭이의 경험적 심미학에 관한 것이죠. 색 감상, 뭐 그런 것을 연구하고 있죠"라고 대답했습니다. 상대방은 공손하게 미소를 보여 주었지만 의아해했죠. "정말 흥미롭네요. 콘래드가 항상 초록색을 선택한다는 것이 재미있네요⋯⋯." 늘 대화는 거기서 어색하게 끝났죠. 제 연구 목적을 제대로 설명하지 않아서 그런 것이라고 생각했습니다.

　　오늘 저는 솔직하게 제 연구를 소개하려고 합니다. 원숭이의 서로 다른 색상과 밝기의 빛에 대한 선호도를 다룬 간단한 실험을 설명하겠습니다. 하지만 실험 목적은 그렇게 간단한 것이 아닙니다. 그리고 연구 목적을 알게 되면 왜 그동안 그렇게 말을 아꼈는지 이해할 수 있을 겁니다. 지난 학기에 존 몰론John Mollon에게 이렇게 말했죠. "존, 나는 원숭이의 의식적 경험에 접근할 방법을 찾은 것 같아." 그러사 존은 "닉, 너 진지하게 말하는 거지?"라고 되물었죠. 저는 그때나 지금이나 진지합니다. 저는 원숭이의 선호도가 원숭이의 시각적 감각, 즉 눈에 들어오는 빛의 색상에 대한 주관적인 감정을 반영한다고 생각합니다. 단지 원숭이가 세상의 다채로운 색을 인식한다는 차원이 아닙니다. 우리가 보고 있는 실험 결과는 의식적 감각의 질에 관한 것입니다. 즉 개인적으로 경험된 감각이 외부에 드러나는 것입니다.

분명 과격한 주장이었을 것이다. 신경과학자 리처드 패싱엄Richard Passingham은 당시 옥스퍼드의 분위기를 회상하며 이렇게 썼다. "학생이었을 때, 의식에 대해 언급만 해도 지도교수들은 경악했다. 오직 래리의 맹시 연구 덕분에 의식 연구가 다시 존중받을 수 있었다."**32** 하지만 내가 발표한 세미나는 맹시가 밝혀지기 이전에 열린 것이었다. 그동안 나는 헬렌의 시력에 대한 내 생각을 혼자서만 몰래 고민할 수밖에 없었다.

발표에서 나는 리드가 했던 것처럼 우회적 논증을 사용했다. 다음과 같았다. 감각은 주체의 감각기관에서 발생하는 것과 관련된 정신 상태다. 인식은 외부 세계 대상의 존재와 관련된다. 가정해 보자. 감각이 인식과 독립적으로 어떤 영향을 미치는지 연구하려면, 신체 표면에서 매우 다른 두 가지 자극 세트가 외부 세계의 동일한 대상을 나타내도록 설정하면 될 것이다. 만약 주체가 이러한 자극을 다르게 평가한다면 이것은 인식이 아닌 감각 때문이라고 할 수 있을 것이다.

그러면 이제 '감각 대체sensory substitution'에 관한 실험을 생각해 보자. 당신이 주체라고 해 보자(1969년에는 아직 이를 실제로 시도한 사람이 없었기 때문에 사고실험이었다). 외부 환경에서 일어나는 소리에 대한 정보가 일반적인 경우처럼 귀로 처리되는 대신, 텔레비전 화면에 있는 자막 형태로 눈에 제공된다고 상상해 보자. 일단 논의를 위해, 충분히 연습하면 시각적으로도 평소에 청각적으로 인식하는 것을 모두 인식해 낼 수 있다고 가정하자. 그렇다면 외부 사건에 대한 인식이 동일하다면 어떤 감각 채널이 사용되는지 여부가 과연 그렇게 **중요할까**?

만약 음향을 인식하는 로봇이라면, 답변은 아마도 "아니요, 자극의 양식i은 중요하지 않죠"일 것이다. 하지만 당신이 인간이라면, 답변은 "예, 분명 중요하죠. 항상 그런 것은 아니지만, 분명 때때로 그렇다고요"일 것이다. 상상해 보자. 귀로 아기의 울음소리를 듣는 것과 눈으로 화면에 표시된 것을 보는 것 사이의 차이, 혹은 칠판에 분필이 삐걱대는 소리와 피아노 소나타 사이의 차이를 말이다.

원숭이들과 이런 실험을 하는 것은 정말 멋지지 않을까! 만약 원숭이들이 인식 정보가 일정하게 유지되는 상황에서도 한 종류의 감각자극을 다른 것보다 선호한다면, 그 선택은 인간과 마찬가지로 감각의 질에 의해 주도되고 있다는 강력한 증거가 될 것이다.

유감스럽게도 이것이 내가 실제로 하고 있던 실험이 아님을 인정해야 했다. 원숭이에게 감각 대체를 실험하는 것은 불가능했다. 그래서 대안을 찾았다. 원숭이에게 **동일**한 인식 정보를 가진 다른 자극 사이의 선택을 주는 대신, 사실상 외부 세계에 대한 정보가 **전혀** 없는 자극 사이의 선택을 준 것이다.

실험실에는 사실 **볼 것이 전혀 없었다**. 원숭이의 눈은 색깔 있는 빛으로 가득 차 있었고, 흥미를 가질 만한 **색깔 있는 물체**는 없었다. 게다가 한 번만 버튼을 누르면 다음에 어떤 색이 나타날지 완전히 예측할 수 있었다. 그래서 이 상황에서 원숭이가 실제로 파란빛을 빨간빛보다 선호한다면, 이것은 원숭이가 **파란 물체를 빨간 물체보다** 더 좋아하기 때문이 아니라

---

i 보통 modality는 자극이나 감각의 종류 혹은 형태로 옮기지만 본 책에서는 여러 의미로 혼동되지 않도록 모두 양식으로 옮겼다.

눈에 도달하는 파란빛의 감각을 빨간빛의 감각보다 더 좋아하기 때문이어야 한다.

이러한 논리를 설명한 후 지금까지의 실험 결과를 설명했다. 그리고 이렇게 말하며 강연을 마쳤다.

이러한 행동 선호의 발견은 원숭이들이 눈에 닿는 빛의 색깔에 강한 주관적 감정을 가지고 있다는 것을 증명합니다. 이러한 감정은 경험하고 있는 감각의 질을 반영할 것입니다. 강연 초반에 제가 했던 주장을 입증한다고 동의해 주기 바랍니다. 즉 존 몰론이 비웃었던, 원숭이들의 의식적 경험을 드러내는 방법을 찾았다는 것입니다.

물론 모두가 동의하지는 않았다. 나중에 알게 된 것이지만 선임 동료인 제프리 그레이Jeffrey Gray는 내 발표 안에 마차와 말을 몰고 지나갈 수 있을 정도로 커다란 허점이 있다고 말했다. 그러나 그로부터 그 이유를 직접 듣지는 못했다.

✒

돌이켜 보니 철학적 주장에 빈틈이 있었다. 나중에 이 문제를 다룰 것이다. 그러나 그 세미나에서 부끄러워할 만한 것이 있다면 내가 발표해야 했던 것은 철학이 아니라 과학이라는 사실이었다. 실험 결과를 해석하는 다른 방법이 있음을 곧 깨달았기 때문이었다.

나는 색깔 선호도를 검사하려고 했고 선호도를 찾았다고 믿었다. 말했듯이 원숭이는 버튼을 사용하여 색깔을 번갈아 가며 보았다. 평균적으로 파란빛의 버튼을 더 오래 누르고 있었다. 이것을 보고 원숭이가 파란빛을 더 좋아한다고 해석했다. 그러나 그게 맞을까?

늦게나마 나는 쥐며느리를 이용한 고전적 실험을 기억해 냈다. 쥐며느리를 습한 쪽과 건조한 쪽이 있는 상자에 넣으면 쥐며느리가 마치 무작위로 돌아다니는 것처럼 보일 것이다. 그러나 전체적으로 습한 쪽에서 더 많은 시간을 보낼 것이다. 건조한 공기를 감지했을 때 **더 빨리** 이동하므로 건조한 쪽에서 **더 빨리** 벗어나게 되기 때문이다. 그러나 쥐며느리가 주관적 선호를 가지고 있다고 생각할 이유는 없다. 즉 습한 것을 건조한 것보다 더 **좋아한다**고 말이다.

원숭이도 마찬가지다. 원숭이가 무작위로 버튼을 누를 때 어떤 이유인지는 몰라도 **빨간빛에서는 더 빨리 버튼을 누른다**고 해 보자. 그렇다면 **파란빛에서 더 오래 머무를 것이다.** 그러나 파란빛을 주관적으로 더 좋아하기 때문은 아닐지도 모른다.

그래서 나는 좀 더 확실한 대조 실험이 필요하다는 것을 깨달았다. 원숭이가 버튼을 놓았다가 다시 누를 때 빛의 색이 바뀌게 하는 대신 그냥 그대로 두어야 했다. 예를 들어 빨간색–파란색–빨간색–파란색 대신 빨간색–빨간색–빨간색–빨간색 또는 파란색–파란색–파란색–파란색이 되도록 해야 했다. 원숭이는 빛이 빨간색일 때 **버튼을 더 빨리 누르는** 경향이

Sentience

⑧ 어두운 밤, 붉은 하늘빛

있지만 **같은 색깔**이 나와도 계속 버튼을 누를 것인지를 알아보아야 했다.

개선된 실험을 해 보자 확실한 결과가 나왔다. 그랬다. 원숭이들은 색깔이 바뀌지 않을 때도 빛을 켜고 끄는 것을 즐거워했지만, 파란색일 때보다 빨간색일 때 유지 시간이 훨씬 짧았다. 이전의 해석은 틀렸다. 이것은 취향이 아니라 **타이밍의** 문제였다.

✦

실험 세팅에 자부심이 있었다는 사실을 부인할 수는 없다. 이제 결과를 다르게 해석해야 한다 해도, 적어도 원숭이들이 빛 색깔에 어떻게 영향을 받는지에 대한 **실제 결과**라고 말할 수 있었다. 그러나 곧 나는 다른 문제가 또 있을 수 있음을 깨달았다. '실제'라는 말은 현실적인 결과라거나 자연 상태라는 뜻은 아니다. 사실 원숭이의 관점에서 보면 설정은 매우 인위적이었다. 원숭이가 자연 세계에서 버튼을 눌러 하늘 색깔을 순식간에 바꿀 수 있는 경우는 전혀 없다. 그때까지 나는 '생태학적 타당성ecological validity'이라는 용어를 배운 적이 없었다. 실험 조건이 야생 조건과 조화를 이루어야 한다는 뜻인데 내 실험은 분명 생태학적 타당성이 없었다.

케임브리지로 돌아와 매딩글리의 동물행동학과로 복귀했다. 나는 원숭이가 자연스럽게 마주칠 수 있는 상황에 좀 더 가까운 실험 세팅을 이용하여 새로운 발견들을 다시 들여다 보기로 했다. 여러 일이 같은 공간에서 일어나는 세팅 대신 원숭이가 원할 때 통과할 수 있는 짧은 터널로 연결된 별도의 상자를 두 개 만들었다. 상자의 양 끝에 위치한 스크린에 색깔 있는 빛이 계속 투사되어 각 방에 빛을 비추게 했다.[33]

이 상황에서 원숭이들의 행동은 이전에 발견한 것과 정확하게 일치했다. 한 방이 파란색이고 다른 방이 빨간색일 때, 원숭이들은 잠시 파란색 방에 앉아 있다가 일어나 빨간색 방으로 이동하여 앉았고, 왔다 갔다 하면서 평균적으로 파란색 방에서 빨간색 방보다 더 오래 기다렸다. 그리고 두 방 모두 파란색이거나 빨간색일 경우에도 원숭이들은 계속 움직였지만, 역시 대체로 파란색 방에서 빨간색 방보나 더 오래 기다렸다.

자료 8.2

폐회로텔레비전을 통해 관찰하면서 원숭이들의 흥미로운 행동을 쉽게 설명할 수 없다는 것을 깨달았다. 방 사이를 이동하는 원숭이들의 방식은 정형화되거나 기계적이지 않았으며, 원숭이들은 목적 없이 방황하거나 우연히 터널로 들어가지도 않았다. 오히려 모든 움직임에 목적이 있는 것처럼 보였다. 원숭이들은 만족스럽게 앉아 있는 듯하다가 갑자기 경계심이 생겨 주위를 훑어보며 다른 쪽 방으로 빠르게 터널을 통해 이동했다.

그러나 움직이기로 결정한 시간을 자세히 분석하니 놀랍게도 여기서 기계적인, 거의 시계처럼 정확하게 나타나는 현상을 발견했다. 원숭이가 이동하기 전에 머무르는 시간인 '구간 길이'를 측정했더니 몇 초에서 30초 이상까지 다양했다. 이러한 데이터를 바탕으로 '생존율 그래프'를 계산하여 원숭이가 이동하기 전에 적어도 그 정도 시간 동안 앉아 있을 확률을 계산해 보았다.

자료 8.3은 두 방이 모두 파란색이거나 빨간색일 때 일곱 마리 원숭이가 보인 행동에 관한 그래프이다. 적어도 10초 동안 지속된 구간의 비율을 살펴보면, 파란색에서는 약 50퍼센트, 빨간색에서는 30퍼센트임을 알 수 있다. 30초 동안 지속된 구간의 경우, 파란색에서는 약 10퍼센트, 빨간색에서는 단지 3퍼센트다(y축이 로그 스케일임에 주의하라).

두 색깔의 그래프가 모두 직선인 것이 정말 놀라운 점이다. 구간 길이가 '푸아송 분포'를 따르며, 이는 원숭이가 앉아 있던 시간과 관계없이 가까운 미래에 움직이기로 결정할 확

자료 8.3

빨간색과 파란색에서 원숭이의 행동에 관한 로그 생존 곡선.

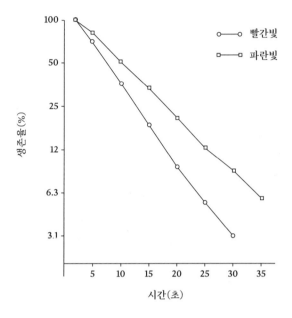

률이 동일하다는 것을 의미한다.

간단한 모델로 이를 상상해 보자. 원숭이가 매 H초마다 동전을 던진다고 가정해 보라. 동전이 앞면이면 원숭이가 움직이고 뒷면이면 그 자리에 머무르며, H초 후에 다시 동전을 던진다. 그러면 가끔 원숭이는 첫 번째 던지기에서 앞면을 얻고 움직이겠지만, 때로는 몇 번 던지기를 기다린 후 움직일 것이다. H가 짧을수록(즉, 동전 던지기가 더 자주 일어날수록) 원숭이는 앞면을 얻고 더 빨리 움직일 가능성이 높아진다.

H는 그래프의 기울기에 해당한다. 보면 알겠지만 빨간색에서의 기울기가 파란색에서의 기울기보다 더 가파르다. 이동 여부 결정이 파란색보다 빨간색에서 더 빠르게 이루어진다는 뜻이다. 실제로 약 50퍼센트 더 빨랐다.

✦

색이 호감도보다 타이밍에 영향을 미치는 것을 확인한 결과다. 놀라웠다. 게다가 일정한 방식으로 일어나고 있지 않은가? 처음에 찾고 싶었던 결과는 아니었지만, 원숭이의 개인적 경험을 밝혀내려는 목표에는 더욱 잘 부합했다. 누가 시각적 감각의 질이 결정 빈도와 같은 단순한 행동 변수에 이처럼 직접적인 영향을 미칠 것이라고 상상할 수 있을까?

또한 이 새로운 실험은 그때까지 알쏭달쏭하던 문제를 풀 수 있는 답을 주었다. 지금까지 실험한 모든 원숭이, 대략 30마리가 성별과 나이에 상관없이 색에 대해 동일한 반응을 보였다. 분명 이러한 행동 양상은 진화된 형질이고, 자연선택에 의해 원숭이들의 두뇌에 강하게 프로그래밍되어 있다는 뜻이었다. 즉 이러한 행동 양상은 야생 원숭이에게 어떤 생존상의 가치를 준다는 의미였다. 그러나 실험 상황은 자연 상태와 너무나도 달라서 도대체 어떤 이득이 있을지 떠오르지 않았다.

그러나 새로운 실험 상황은 원숭이의 자연 속 행동생태학과 분명 관련이 있었을 것이다. 원숭이는 왜 이리 **묘한 행동**을 보였을까? 왜 두 방이 똑같은데도 마치 무슨 의도라도 있는 듯이 계속해서 방 사이를 오가는 것일까? 이동해 봐야 얻을 것이 없다는 사실을 나는 **알고** 있었다. 이러한 원숭이의 행동은 분명 헛된 일이었다. 그러나 원숭이도 내가 아는 사실을 알고 있을까? 만약 조금은 그렇다고 해도, 원숭이는 그걸 확신하지 못하는 것 아닐까?

자료 8.4의 네커 상자를 직접 살펴보라. 먼저 이 방향으로 보고, 그다음 저 방향으로 보고, 다시 이 방향으로 보게 된다. 착시라는 것을 알고 있지만, 마치 정신적 경련이라도 일어나는 듯 계속 이렇게도 보이고 저렇게도 보인다. 뭔가 뇌가 여러 가능한 대안을 찾기 위해 시도를 멈추지 않는 것처럼 느껴진다. 원숭이도 그랬을 것이다. 원숭이는 한 번에 한 장소에만 있을 수 있다. 그러나 다른 방에 뭔가 좋은 것이 있을지도 모른다는 마음이 떠올라 때때로 그걸 확인하려는 충동이 들었

자료 8.4
네커 상자

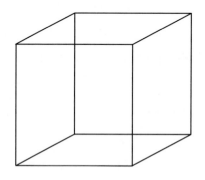

을 것이다.

실제 세계에서 이러한 주기적 점검은 분명 적응적일 것이다. 실험 상자와 달리 실제 세계는 시간이 지나면 안정적으로 유지될 수 없다. 원숭이가 계속해서 정보를 얻어야 한다면 주기적으로 환경의 숨겨진 부분을 살펴봐야 한다. 그러나 지나치게 집착하거나 지나치게 무심해서는 안 된다. 현명한 전략은 연속적인 관찰을, 무언가 중요한 일이 **일어났을** 확률을 반영하는 정도만큼 띄엄띄엄 하는 것이다. 과거 환경의 어떤 특징이 변화 가능성에 대한 신뢰할 수 있는 지침이라면, 원숭이는 이를 고려하여 본능적으로 점검 주기를 조절할 것이다.

자연 세계는 다양한 색으로 이루어져 있고 색은 상황의 변화 가능성과 관련된다. 대표적으로 하늘에서 보내 주는 빛깔이 그렇다. 새벽녘과 황혼 녘, 주로 원숭이가 먹이를 찾아다닐 때다. 그림자가 짙게 드리운 위험한 순간이다. 포식자가 활개 치는 때의 **하늘은 붉다**. 그러나 대낮이라면 다르다. 다들 누워 쉬는 시간이다. **하늘은 파랗다.**

✦

나는 과학적으로 더 발전했다. 하지만 이렇게 성장한 과학적 능력이 철학적 사고에 도움이 될지는 아직 알 수 없었다.

색상과, 원숭이가 환경을 점검하는 샘플링 빈도 사이에 깔끔한 관계가 있었다. 놀라운 결과였고 나는 당연히 이를 권위 있는 학술지에 발표했다. 다른 과학자들이 주목하기만을 기다렸다. 그러나 아무도 그러지 않았고 얼마 지나지 않아 나는 연구 노트를 구석으로 치워 버렸다. 한참 후에야 다시 노트를 꺼내 펼쳐 보았다. 여전히 가슴이 두근거렸다. 나는 철학적으로도 더 발전했고(그랬기를 바란다), 그래서 젊은 시절에 했던 연구가 더 새롭게 느껴졌다.

이 책에서 나중에 설명할 현상적 의식 이론의 일부이자 데닛이 늘 하던 주장에 동의하게 되었다. 감각의 주관적 특성은 궁극적으로 **행동 경향**behavioral dispositions으로 환산될 수 있어야 한다는 것이다. 물론 단지 행동만 말하는 것은 아니다. 주체로 하여금 생각하게 하고 행동하게 하고 말하게 하는 모든 것의 합으로서 나타나는 색채 경험이 샘플링 빈도와 같은 명확한 인지적 파라미터와 일치해야 한다는 것이다. 이는 퀄리아에 관한 미래의 신경과학 연구에 밝은 빛을 비춰 주는 일이었다.

그랬다. 연구 결과를 보면 관심을 가질 만한 도전적 연구 질문이 떠오를 것이다. 나는 지금까지 실험의 주인공을 일인칭으로 언급하는 일을 일부러 피해 왔다. 이제 해 보자. 원숭이가 색으로 가득한 방에서 느낀 느낌은 과연 실제로 **어떤** 것이었을까?

원숭이는 우리와 유사한 눈과 뇌를 갖고 있는 영장류다. 대다수 사람은 원숭이가 우리와 비슷한 감각이 있는 의식을 가진 생명체라고 생각한다. 그러므로 우리는 그들의 입장에서 상황을 상상함으로써 **우리가** 그들이 무엇을 느끼는지 추측할 수 있다고 가정하기 쉽다. 하지만 이러한 가정에는 두 가지 고려할 점이 있다. 첫째, 우리는 **원숭이의 입장에서 직접 상황을 체험**해 보기 전까지는 그들의 입장을 **상상할 수 없다**. 지금까지 이를 시도한 사람은 없었다. 실험 상자는 사람이 들어가기에는 너무 작았고, 나는 그런 크기의 인간용 실험 시설을 만드는 데 필요한 돈이 없었다(있었다면 좋았겠지만). 비슷한 상황을 체험한 사람이 있을 수 있다는 가능성은 인정하지만 아무튼 내가 직접 체험한 것 중에서는 미국 빛 예술가 제임스 터렐James Turrell이 만든 색깔 방이 이에 가장 가까운 것 같다. 그러나 이는 예술 작품이다. 여기서 경험하는 감각은 일상적 경험을 통해서 쉽게 추측할 수 있는 성질의 것이 아니다.

두 번째 고려할 점이 더 중요하다. 인간을 대상으로 같은 실험을 한 적이 없으므로 우리가 움직일지 안 움직일지 그리고 빨간빛보다 파란빛에서 더 빨리 다른 방으로 이동할지 여부를 확실하게 말할 수 없다. 그러나 나는 반대에 돈을 걸겠다. 즉 우리가 원숭이처럼 행동하지 **않는다면** 이는 우리와 원숭이의 주관적 경험이 다르다는 강력한 증거가 될 것이다. 사실 데닛이 제시한 대로 경험의 질이 행동 경향으로 **구성된다면** 우리와 원숭이의 경험은 **필연적으로** 달라야만 한다.

하지만 정말 비극적인 일로 인해 실험이 중단되었다! 아직도 그때의 끔찍한 느낌이 기억난다. 1970년대 말, 매딩글리에서 기르던 원숭이들이 이상한 병으로 죽기 시작했다. 이른바 고창증이었다. 몇 년간 우정을 쌓은 건강한 동물들이 하루 아침에 가스로 부풀어 올라 죽었다. 나는 실험을 계속할 연구

비도 없었지만, 이런 일을 겪으니 좀처럼 원숭이 실험을 계속할 용기가 나지 않았다. 아무튼 나는 다른 연구에 관심을 기울이기로 했다.

9

타고난
심리학자

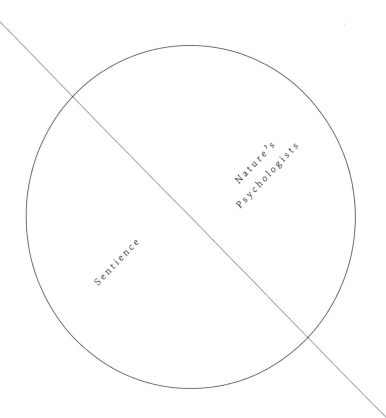

Nature's
Psychologists

Sentience

매딩글리는 기본적으로 동물행동학을 하
는 곳이었고 연구자들은 야생동물의 행동에 관심이 있었다.
거기서 일을 시작한 지 얼마 후, 르완다 비룽가산맥의 캠프
에서 산악고릴라를 연구하던 다이앤 포시Dian Fossey를 만났
다. 다이앤은 케임브리지에서 박사학위를 받기 위해 로버트
힌데Robert Hinde 밑에서 일하고 있었다. 이전에 제인 구달Jane
Goodall의 침팬지 연구를 지도한 교수였다.

다이앤은 학자보다는 모험가였다. 그래서 케임브리지는
자신이 있을 곳이 아닌 섯처럼 늘 어색하고 불편해 보였다. 다
이앤은 밤 늦게까지 실험실에 있는 적이 많았다. 의자에 침울
하게 앉아 줄담배를 피웠다. 콜라를 마시며 현장 노트를 논문
으로 바꾸려고 애쓰고 있었다. 다이앤이 내게 쓰고 있는 논문
에 빨간색으로 표시된 힌데의 첨삭 내용을 보여 주었다. 다이
앤의 글에 힌데의 지적이 적혀 있었다. "엉클 버트(실버백고릴
라)가 나를 향해 돌진했지만 이내 얼굴에 당황한 표정을 짓고
몇 걸음 앞에서 멈췄다." 힌데의 코멘트는 이랬다. "얼마나 많
이 말해야 이해하겠나? 이런 언어를 쓰면 안 돼." 그러나 다이
앤은 그건 분명 사실이었다고 엉클 버트의 얼굴이 울상이었
다고, 나에게 불평을 늘어놓았다.

우리는 이야기를 나누었다. 나는 헬렌과 원숭이 두뇌와
의식에 대해, 다이앤은 의식과 고릴라의 마음, 엉클 버트에 대

해 이야기했다. 다이앤은 곧 현장으로 복귀할 예정이었는데 그때 나도 몇 달 동안 동행할 계획을 세웠다. 내 연구는 좀 한가한 시기여서 다른 일에 시간을 낼 수 있었다. 미레유는 아직 헬렌을 길들이는 방법을 보여 주지 않았고, 나는 색깔 연구를 계속하기 위한 지원금 승인을 기다리고 있던 중이었다. 하지만 사비로 갈 수는 없었다. 연구비를 받아야 아프리카에 갈 수 있었다. 다이앤에게 묘책이 있었다. 르완다에서 케임브리지로 돌아오기 전에, 비룽가 고릴라 가족이 현지 마을 주민에게 죽는 일이 있었다. 사체 여덟 구가 발견되었고, 사체는 다이앤의 캠프로 옮겨졌다. 산악고릴라 뼈는 희귀하기 때문에 누군가가 뼈, 특히 두개골을 자세히 측정해야 했다. 사실 나는 이 일의 적임자가 아니었지만 우리는 몇몇 사람을 설득하여 왕립학회로부터 긴급 자금을 마련했다.

나는 케임브리지에 있는 더크워스박물관의 인류학자 콜린 그로브스Colin Groves에게 일주일 동안 골격계측학의 기초를 배웠다. 그리고 캘리퍼스^{i}를 빌렸다. 1971년 초, 먼저 떠난 다이앤을 뒤따라 아프리카로 떠났다.

---

i 물체의 치수를 측정하는 제도 기구로, 인류학자들이 두개골의 치수를 잴 때도 흔히 사용한다.

다이앤의 캠프는 철제 오두막 몇 채로 이루어져 있었고 3000미터 높이인 두 산 사이 고원에서 얼마 안 되는 초원가에 있었다. 산기슭은 오래된 하게니아 나무로 뒤덮여 있었고 덩굴과 난초가 그 사이를 가득 메웠다. 밤에는 종종 눈이 내렸지만 아침 햇빛에 금세 녹아 없어졌다. 서쪽 밤하늘은 미케노산의 화산 분화로 붉게 빛났다.

캠프로 올라가는 도중에 이미 멀리서 고릴라가 가슴 두드리는 소리를 들었다. 고릴라가 너무 보고 싶었다. 하지만 먼저 뼈부터 다루어야 했다. 동물 사체는 플라스틱 봉지에 담겨 있었다. 썩어서 벌레로 가득 차 있었다. 나는 기름 통으로 가마솥을 만든 뒤 아래에 불을 피워 몇 시간 동안 사체를 물에 끓였다. 그러고 나서 부드러워진 살을 벗겨 내고, 뼈를 발라내고, 골격을 다시 조립해서 말려 놓았다. 며칠 내내 긴 뼈와 두개골을 측정했다.

처음에는 골 계측치에 큰 관심이 없었다. 특별한 소견이 있을 것 같지 않았다. 그건 다만 고릴라를 관람하기 위한 입장권에 불과했다. 그러나 뼈를 측정하던 중에 놀랄 만한 사실을 발견했다. 이들 중 네 구의 두개골은 한쪽이 눈에 띄게 길었다. 왼쪽이 오른쪽보다 길었다. 산악고릴라의 두개골이 비대칭이라면 그들의 뇌도 인간처럼 비대칭일까? 이것이 고릴라의 지능에 관해 어떤 함의가 있을까? 고릴라의 지능과 어떤 관련이 있을까? 이 질문에 대한 답은 케임브리지로 돌아가 콜린 그로브스의 도움을 받을 때까지 기다려야 했다. 우리의 논문 「산악고릴라 두개골의 비대칭성: 뇌의 편측화 기능에 대한 증거」는 1년 후에《네이처》에 발표되었다.[34]

•

그러면서 나는 다이앤에 관해 알고 싶지 않았던 이야기를 듣게 되었다. 다이앤은 이 고릴라 무리가 밀렵꾼에게 죽임을 당했다고 주장했다. 하지만 캠프에 돌던 이야기는 달랐다. 다이앤의 연구 팀 일꾼을 통해 다른 이야기를 들을 수 있었다. 다이앤은 숲에서 사냥할 고기를 찾던 밀렵꾼들이 특정한 마을 출신이라고 믿고 전쟁을 벌이기로 결심했던 것이다. 핼러윈 가면을 쓰고 마을을 습격하여 어린 소년을 며칠 동안 납치했다. 다이앤의 이런 행동에 분노한 마을 주민은 굴욕감 속에서 복수할 방법을 찾았다. 다이앤이 가장 아끼는 동물을 죽이는 일이 마을 주민이 할 수 있는 유일한 복수였다.

곧 다이앤의 어두운 이면을 직접 보게 되었다. 다이앤의 용기는 정말 전설적이었지만 그건 다이앤이 잔혹하다는 뜻이기도 했다. 다이앤은 인종차별주의자라는 사실을 부끄러워하지 않았다. 연구 팀 현지 잡부를 경멸적인 호칭으로 불렀고 아주 무례하게 대했다. 물론 백인에게도 마찬가지였다. 학생에게도, 동료에게도, 자신과 의견이 다른 사람 모두에게도. 심지어 영국으로 돌아간 나에게 편지를 써서 이렇게 말하기도 했

자료 9.1

필자와 다이앤 포시. 르완다, 기세니, 1971.

다. "무슨 일이 일어났는지 알아? 유럽에서 온 관광객이 실버 백고릴라 집단 6번에게 습격당해 찢겨 죽었어. 뭐, 말할 필요는 없겠지만 전혀 불쌍하지 않았어."

다이앤은 술을 많이 마셨다. 케임브리지에서 만난 다정하고 사려 깊은 사랑스러운 숙녀 다이앤은 캠프에서 주정뱅이로 돌변했다. 술에 취해 날뛰는 맥베스 부인이 되었던 것이다. 그 주변의 모든 사람은 다이앤의 변덕스러운 기분에 맞춰 응대해야 했다. 그것은 형편없는 춤 상대에 맞춰 끊임없이 춤춰야 하는 고역이나 다름없었다.[35]

多행히 처음에는 이런 문제가 그리 심하지 않았다. 도착한 지 2주가 지나고, 나는 죽은 뼈의 일을 마치고 이제 살아 있는 동물을 관찰하러 갈 준비를 했다.

탐사 계획은 이랬다. 새벽에 출발하여 특정한 고릴라 무리를 찾아내 하루 종일 혹은 밤까지 같이 지내는 것이었다. 처음 몇 번의 탐사는 경험이 풍부한 르완다 가이드와 동행했다. 하지만 곧 가이드가 방해만 된다는 사실을 깨달았다. 고릴라는 숲을 지나가며 분명한 자취를 남기기 때문에 따라가기 어렵지 않다. 나 홀로 고릴라의 공간에 들어갈 수 있었다.

나는 고릴라 무리 주변에 나만의 임시 거처를 만들었다. 그곳에 앉아 풀을 한 움큼 집어 씹으며 어떤 일이 벌어질지 지켜보기로 했다.

그 동화 같은 곳에서 10여 개의 검은 눈이 나를 보는 것을 느꼈다. 그들의 다음 행동을 궁금해하면서, 동시에 그들도 아마 내 다음 행동을 궁금해할 것이라 생각하며, 나는 **상호주관성**inter-subjectivity과 **사회적 이해**social understanding에 관한 질문에 푹 빠져들었다.

거의 50년이 지난 지금은 믿기 어렵겠지만, 당시에는 사회지능이라는 개념이 매우 생소했다는 것을 말해 주고 싶다. 그 시점까지의 학문적 교육을 받았던 나는 '사회'와 '지능'이라는 단어가 같은 문장에서 언급된 것을 본 적이 한 번도 없었다.

당시까지 지능이란 명확한 물리적 혹은 수학적 질문에 대한 해답을 찾는 능력과 관련이 있었고, 골치 아픈 사회 문제와는 관련이 없다고 간주되었다. 그러나 이제 이른바 사회와 지능을 함께 고려할 두 가지 이유가 생겼다. 첫째, 고릴라의 두개골을 측정한 결과 예상보다 훨씬 큰 뇌를 가지고 있었다. 숲속에 사는 다른 동물보다 뇌가 훨씬 컸다. 큰 뇌는 높은 지능과 문제 해결 능력을 의미한다. 하지만 둘째, 행동을 관찰해 보니 숲에서 고릴라의 삶에는 해결해야 할 어려운 문제가 거의 없었다. 먹이는 풍부했고 쉽게 얻을 수 있었다. 포식자로부터 오는 위험도 없었다. 사실상 할 일이 거의 없어서(그리고 실제로 정말 게을렀다), 고릴라들은 하루 종일 먹고 자고 놀 뿐이었다.

110

진화적 관점에서 보면 이것은 도무지 이치에 맞지 않았다. 큰 뇌를 만드는 데 드는 에너지 소모를 왜 감수하는가? 겉으로 보기에 단순한 삶 이면에 뭔가 다른 것이 있을 것 같았다. 내가 간과하고 있는 것이 있을까? 아니라면 높은 지능을 필요로 하는 이유가 무엇일까?

나는 고릴라 입장에서 생각해 보려고 노력했다. 그들의 마음을 진짜로 곤란하게 만드는 것이 무엇인지 상상하려 했다. 그러면서 나의 고민도 생각났다. 내가 겪는 정말 어려운 문제는 어디서 시작되는 것일까? 케임브리지의 집에서, 다이앤과 함께 있는 캠프에서…… 사실 나는 **다른 이와의 관계** 때문에 가장 골머리를 앓았다. 만약 내가 이렇게 하면 다이앤은 저렇게 하겠지? 그런데 저렇게 하면 다이앤은 이렇게 하려나? 아니면 다이앤이 다르게 대했다면…… 주로 이런 고민이었다.

머리가 갑자기 밝아졌다. 고릴라들도 가장 고민스러운 문제는 바로 사회적 문제일 것이다.

✦

고릴라가 일상생활에서 생존 문제를 겪지 않는 이유는 바로 고릴라 가족이 사회적 단위로 잘 적응되어 있기 때문이다. 다른 동물의 보살핌 아래에서 자라는 새끼 고릴라는, 어린 시절 동안 보호를 받으며 숲에서의 삶을 배운다. 그러면 끝이다. 생존에 필요한 실질적 문제를 겪지 않는다. 그러나 가족 집단 내에서 관계를 유지하는 것은 완전히 다른 수준의 문제였다.

외부 관찰자에게는 고릴라의 가족 생활이 그리 어려워 보이지 않을 수 있다. 그러나 이는 고릴라가 이미 가족 생활에 매우 능숙하기 때문에 벌어지는 착시다. 고릴라들은 서로를 아주 잘 알고 있으며 자신의 지위에 대해서도 확실하게 이해한다. 물론 작은 분쟁은 자주 일어난다. 누가 누구의 털을 고르는지, 누가 좋아하는 음식을 먼저 먹을 수 있는지, 누가 가장 좋은 잠자리를 얻을 수 있는지 등이 그런 분쟁이다. 하지만 소소한 문제 대부분은 빠르게 해결된다. 그러나 가끔 더 심각한 분쟁도 생긴다. 사회적 지배에 대한 주요한 이견, 교미할 권리, 젊은 수컷이 가족 집단에서 쫓겨날 것인지, 낯선 암컷이 그들과 함께할 수 있게 될 것인지 등의 문제들이 그렇다. 이러한 권력 싸움은 자주 발생하지 않지만, 한번 발생하면 글자 그대로 사느냐 죽느냐의 문제가 될 수도 있다. 실버백고릴라 대부분은 잔혹한 싸움에서 입은 상처를 안고 살아간다. 노령 암컷 대부분은 적어도 한 마리의 새끼를 잃은 적이 있다. 다른 이유가 아니라 바로 수컷의 살해 때문이다.

모든 고릴라가 당면한 도전 과제는 스스로 살아 나가면서도, 모두가 의존하는 사회적 네트워크를 지속하는 일이다. 이러한 게임의 승자는 다른 고릴라가 어떻게 행동할지 예측하고 그 신호를 잘 읽어 낼 수 있는 고릴라일 것이다. 게임의 규칙을 잘 알수록 남에게 도움을 주거나 혹은 남을 이기거나 조종할 수 있다. 다른 고릴라의 마음을 잘 이해할수록 자신의 유

⑨ 타고난 심리학자

전자를 더 잘 전달할 가능성이 높아진다.

간단히 말해 고릴라는 본성적으로 뛰어난 심리학자가 되어야 했다. '타고난 심리학자natural phychologist'. **그것이** 바로 지능의 진화를 이끌어 낸 원동력이라는 사실을 깨달았다. 고릴라는 사회적 상호작용에서 더 나은 결과를 얻기 위해 두뇌가 가진 모든 지능과 능력을 사용해야 했다. 그게 심리학과 뭐가 다르단 말인가?

✦

이것은 인간에게 어떤 의미가 있을까? 인간도 그렇다. 우리를 둘러싼 환경 속에서 가장 유망한 가능성은 다른 사람에게서 나오지만, 가장 위험한 함정도 역시 다른 사람이 파 놓는다. 숲을 떠나 사바나에서 협력적 수렵채집 생활을 시작한 우리의 조상은 이웃의 마음을 읽는 능력에 더 의존하게 되었다.

인간의 사회적 구조는 오랜 선조들이 살던 세상에 비해 몇 차원이나 더 복잡해졌다. 인간의 두뇌는 계속 성장해 왔으며 이제 고릴라 두뇌의 세 배 이상 크기로 커졌다. 인간의 지능도 그에 상응하며 향상되었다.

뭔가 아귀가 딱딱 맞는다. 이러한 아이디어를 「지능의 사회적 기능The Social Function of Intellect」이라는 논문에서 풀어냈다.[36] 다른 연구자들이 이 아이디어를 받아들여 발전시켰다. 15년 후, 로빈 던바Robin Dunbar는 나의 '사회적 지능 가설social

intelligence hypothesis'을 '사회적 두뇌 가설social brain hypothesis'
로 재구성했다. 던바의 견해에 따르면 두뇌 크기는 감당 가능
한 관계의 수를 결정한다. 따라서 고릴라는 대략 15개체와 관
계를 유지할 수 있는 반면 인간은 최대 친구 150명을 감당할
수 있다. 이른바 '던바의 수'이다.[37]

　　나는 직접 뇌 크기와 관계의 수가 상관된다고 제안한 바
있다. 그러나 점차 던바가 강조한 사회적 관계의 크기 자체에
의문이 생겼다. 너무 단순해 보였다. 그저 뇌세포가 늘어나면
심리학을 잘하게 된다는 식의 설명이 맞는다고 하기 어려웠
다. 인간이든 고릴라든 분명 다른 개체에 대해 **생각하는 방식**,
즉 그들이 어떤 행위자 **부류로** 상상되는지를 떠올리는 것만
이 타인의 행동을 예측하고 복잡한 관계를 관리하기 위해 가
장 필요한 과업일 것이다.

　　그래서 나는 임시 거처에 앉아 고릴라가 된다는 것이 어
떤 것인지 골똘히 생각하고, 다시 고릴라는 나와 같은 존재가
되는 것에 대해 어떤 생각을 할지 고개를 갸웃거리면서 **내관
적 의식**의 핵심 역할에 집중하기 시작했다. **두뇌의 능력**brain
power 이상으로, 타고난 심리학자에게는 **두뇌의 이야기**brain
story가 필요하다. 그리고 그 이야기는 의식이 제공한다. 이야
기는 단지 뇌의 상태가 아니라 의식적 경험에 관한 사용자 친
화적 서사다.

　　인간은 다른 사람의 마음을 읽을 때 자신을 중심으로 생
각한다. 즉, 우리는 내면을 탐구함으로써 자신을 이해하게 되
고 그 이해를 바탕으로 다른 사람의 마음을 상상한다. 우리는

상대방을 의식적인 주체로 가정하고 그들이 어떤 상황에 처할 때 느끼는 감정과 생각을 읽어 내어 그들이 취할 행동을 예측한다. 이것이 가능한 이유는 우리 자신이 이러한 감정과 생각을 경험해 본 적이 있기 때문이다.

예를 들어 누군가가 손가락을 찔렸다면 우리는 그들의 아픔을 느낄 수 있고, 우산을 꺼냈다면 비가 올 것이라고 생각한다. 때로는 상황이 복잡해지기도 한다. 예를 들어 자신의 아들을 납치한 다이앤을 처벌하고자 한다면 다이앤의 고릴라 중한 마리를 죽이기로 계획할 수도 있다.

고릴라도 이러한 생각을 할까? 납치에 대해서는 모르겠지만, 아픔과 비에 대해서는 우리와 비슷할 것이다. 아마 처벌에 대해서도 비슷할 것이다.

✦

그러나 핵심으로 돌아와 보자. 나와 고릴라는 서로를 **바라보고** 있었다. 너무 당연한 얘기 같겠지만 나는 그 눈 뒤에서 의식을 가진 생명체를 보았다. 그들이 보는 것이 내가 보는 것과 매우 유사하다고 가정했다. 그들에게 세상이 어떻게 **보이는지**에 대해 생각하고 있었다.

그리고 나는 멀리 있는 연결점을 발견했다. 몇 달 전 케임브리지에서 나는 원숭이 헬렌이 어떤 느낌으로 세상을 보는지 상상하고 있었다. 헬렌과 함께 있으면서 헬렌의 시각 경험이 나와 유사하다고 가정하면, 나는 헬렌의 행동이 왜 이상한

지 도무지 설명할 수 없었다. 예를 들어 스트레스를 받을 때 헬렌이 보이는 행동 등이 그랬다. 그러나 헬렌은 맹시를 가지고 있었고 따라서 나와 완전히 다른 경험을 하고 있었다. 그러니 마음 읽기 시도는 실패할 수밖에 없었다.

그래서 이런 생각이 들었다. 만약 **헬렌이** 나와 함께 고릴라를 바라보며 그들이 어떤 느낌으로 세상을 보는지 상상하려고 한다면, 헬렌은 그 눈 뒤에서 의식적인 생명체가 세상을 **보고** 있다는 것을 느낄까? 아마 그러지 않을 것이다. 왜냐하면 헬렌은 감각이 없는 시각을 가지고 있기 때문이다.

모든 것이 서로 연결되고 있었다. 몇 년 후에 「타고난 심리학자」라는 논문을 쓰면서 마음 읽기 능력이 공유된 의식적 경험에 기반한다는 것을 논의했다. 헬렌의 이야기를 언급하면서 이렇게 썼다.

나는 헬렌의 시각적 의식 결핍은 헬렌이 다른 동물의 시각이 인도하는 행동을 이해하는 방식, 다시 말해, 심리학을 하는 방식에서 드러날 것이라고 믿는다. (……) 시각적 감각을 갖지 못하기 때문에 헬렌은 다른 원숭이가 시각을 가질 수 있다는 생각에도 눈이 멀었을 것이다.[38]

10

감각의 흔적을
찾아서

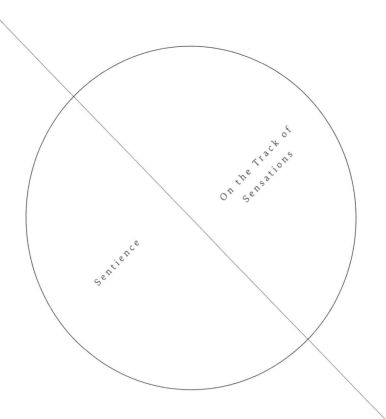

On the Track of
Sensations

Sentience

　　　　　　　　　　　●

　　　　　　작업에 들어가기 전에.

　지금까지 나는 젊은 연구자로서 몇 년 동안 했던, 다소 우연한 산책처럼 보일 수 있는 것들을 설명했다. 그러나 공통된 주제가 있었다. 이 방향에서든 저 방향에서든 의식에 대한 질문으로 되돌아오곤 했다. 감각의 본질, 특히 철학적으로 도발적인 본질에 대해서 말이다. 인간의 시각 체험, 맹시, 미적 취향, 사회 지능, 마음 이론, 심지어 종교적 경외심까지…… 이들은 모두 내가 풀고자 하는 문제에 관해 다른 관점을 보여 주었고 지금 돌이켜 보면 몇 가지 해결점도 알려 주곤 했다.

　이제 나는 제법 간단한 진화 이론으로 이 모든 것을 결합시킬 수 있다고 믿는다. 그러나 11장에서 이를 본격적으로 다루기 전에, 진화 이론이 피해 가야 하거나 혹은 먼저 해결해야 할 철학적 문제를 논의하면서 기초를 다질 것이다. 일부는 지나치게 까다롭게 여겨질 수도 있다. 나도 알고 있다. 그럼에도 불구하고 이 장에서 언급하는 문제를 먼저 짚고 넘어가야 한다. 부디 양해해 주기 바란다.

표상으로서의 감각

　책의 앞부분에서 감각과 인식에 대해 정의했지만 여러 이야기를 쓰는 동안 좀 왔다 갔다 하긴 했다. 이제 기본으로 돌아가자. 감각과 인식은 심리적 사건이다. 감각 정보를 기반으로 주변에서 일어나는 일에 대한 **생각**을 형성하는 것이다. 감각은 감각기관에서 일어나는 일에 대한 것이고, 인식은 세상의 상태에 대한 것이다.

인지과학의 언어로 말하면, 감각과 인식 모두 뇌에 의한 '표상'을 포함한다. 표상은 누군가를 **위해** 어떤 것에 **관한** '표현'을 만드는 능동적 과정이다. 표현을 구성하는 것을 '표상 매체vehicle'라고 하고, 표현되는 것을 '표상 대상representandum'이라고 하며, 표현을 전달받는 사람을 '표상 수령인representee'이라고 한다. 예를 들어 DOG라는 단어를 말할 때 단어의 소리(표상 매체)가 특정 동물이라는 개념(표상 대상)을 영어 사용자(표상 수령인)에게 나타내는 표상이 될 수 있다. 떠돌이 표상이라는 것은 없음에 유의하라. 맥락과 유리된, 즉 DOG라는 소리 자체는 아무것도 표상할 수 없다.

표상은 표상 수령인의 이해관계에 맞춰 디자인된다. 서로 관심사가 다른 수령인이 있을 경우, 같은 사실이 다른 표상 대상으로 설명될 수 있다는 것이다. 예를 들어 런던 지하철은 여러 가지 방법으로 표현될 수 있다. 일단 여행자를 위해 디자인된 익숙한 형태의 지하철 노선도가 있다. 이 노선도는 역 이름, 개략적 다이어그램에서의 상대적 위치, 연결되는 노선, 환승 가능한 역, 요금 구역 등을 보여 준다. 반면 엔지니어를 위해 설계된 지도도 있다. 이 지도는 터널의 정확한 지리, 지하의 깊이, 환기구 위치, 배수 펌프, 전기 공급 라인 등을 보여 준다.

인식과 감각도 비슷하다. 두 경우 모두 감각기관에 도착하는 자극 데이터에서 시작한다. 눈에 들어오는 빛, 귀에 들리는 소리, 피부에 가해지는 압력 등이 그 자극이다. 그러나 뇌는 두 가지 별도 표상을 사용자의 이해관계에 따라 만들어 냈다. 하나는 체표면에서의 자극 감각이고, 다른 하나는 그것이 사용자에게 어떤 영향을 미치는지에 관한 인식이다. 예를 들어 달콤한 맛을 느끼면 기분이 좋아지고 날카로운 소리를 들으면 불쾌해진다. 이것이 감각 표상이다. 반면에 인식 표상은 외부 세계의 사물 특성을 추적하도록 해 준다. 예를 들어 달콤함을 느끼며 꿀이라는 것을 알고 날카로운 소리를 들으며 아기가 운다는 것을 안다. 이것이 인식 표상이다.

인식과 달리, 감각의 핵심 특징은 본질적으로 신체 중심적이고 평가적이며 개인적이다. 마치 자극이 자신에게 무슨 의미가 있는지에 대해 신체적 의견을 표현하는 것처럼 느껴진다. 예를 들어 내면의 미소, 찌푸림 또는 찡그림으로 반응하는 것이다. 곧 살펴볼 것이지만 이렇게 느껴지는 분명한 이유가 있다. 나는 이론의 핵심으로서 뇌의 감각 표상에 관한 표상 매체가 사실은 은폐된 신체 표상의 한 형태라고 생각한다. 당신은 **어떤 행동을 만들어 내며** 감각자극에 반응한다. 즉 무엇이 일어났고 어떻게 느껴지는지에 관한, 결코 완결될 수 없는, 적절한 행동이다. 그리고 그에 관한 정신적 상을 얻기 위해서 **당신이 일으킨 반응을 읽어 내는** 것이다.[i]

현상적 속성: 실재인가 착각인가?

뇌가 감각을 표현하기 위해 실제로 무엇을 하는지는 모르겠지만, 아무튼 표상 매체는 추정컨대 신경세포 활동의 어떤 형태일 것이다. 이 단계는 물리적으로 죄다 설명해 낼 수 있다. 문제는 표상 대상을 상상할 때다. 당신은 감각 경험을 스스로 설명할 때 현상적 질을 사용한다. 물리적 현실에 대응하는 것을 찾기 어려운 것, 즉 붉은색, 고통스러움, 단맛 등이다. 당신의 감각은 물리적 공간 어디에도 존재하지 않으며, 심지어 감각은 물리적 순간보다 더 기나긴 자신만의 '두꺼운 시간'을 차지하는 것처럼 보인다.

이론철학자들은 여기서 대판 싸우기 시작했다. 물리적 과정이 이러한 현상적 속성을 가질 수 없다면, 감각은 도대체 어떻게 그런 특성을 가질 수 있단 말인가? 상상의 속임수일까? 이 문제는 의식에 관한 철학에서 매우 논쟁적인 주제가 되었다. '환상주의illusionism'를 지지하는 사람, 특히 대니얼 데닛과 키스 프랭키시Keith Frankish가 대표적인데, 이들은 현상적 속성이 순전히 허구라고 주장했다. 현실 세계의 어떤 것도 이러한 특성을 실제로 구현해 낼 수 없다는 것이다.[39]

---

i 저자는 일어난 일에 관한 인식과 달리, 자신에게 비춰지는 감각을 스스로 느끼면서 이를 통해 그러한 일이 가지는 의미를 스스로 읽어 낸다고 주장한다. 즉 자신이 느끼는 감각은 일어난 일에 관해서 자신을 향해 말하는 내적 언어라는 것이다.

나 역시 최근까지 이러한 입장이었다. 예를 들어 빨간색 감각을 가지고 있는 것과 리처드 그레고리Richard Gregory가 고안한 '실현 불가능한 삼각형'인 나무 물체를 보는 것은 사실 비슷한 일이라는 것이다(자료 10.1 참조)[40]. 아래 그림을 보면 이건 완전히 물리적으로 존재가 불가능한 상태다. 마찬가지다. 빨간색 빛이 눈에 도달한다고 해도 그건 실제로 존재하는 것은 아니라는 것이다.

그러나 나는 이제 이러한 유비에 넘어가지 않는다. 감각에 관한 중요한 질문은 표상 대상이 정확히 무엇이냐는 것이다. 즉 우리는 **무엇에** 비현실적인 현상적 속성을 부여하고 있느냐는 질문이다.

이미 말했듯이 감각은 신체 표면에서 느끼는 자극의 성질, 그리고 그것이 자신에게 어떤 영향을 미치는지 추적한다.

자료 10.1
그레건드럼

그러므로 빨간 감각은 실제로 눈에 들어오는 빛을 표상하지만, 사실 그보다 훨씬 많은 것을 표상하고 있다. 즉 눈으로 들어오는 빛에 대해 **당신이 어떻게 느끼고 있는지**를 나타낸다. 그레건드럼Gregundrum, 즉 이상한 삼각형 막대와의 유비로는 설명하기 어려운 과정이다. 왜냐하면 감각적 느낌은 삼각형 막대 혹은 그보다 더 이상한 대상과 전혀 다른 것이다. 물리 법칙에 의해 제약되는 것이 아니다. 단지 당신에게 일어나고 있는 느낌에 관한 **생각**이다. 이런 식으로 진화 과정에서 주관적 상태를 설명하는 데 적절한 것으로 선택된다면 그 어떤 속성이든 가질 수 있다. 이러한 속성이 비물리적이거나 심지어 유사-물리적인 것으로 밝혀질 수 있겠지만, 뭐 그럴 법한 일이다. 그렇다고 해서 현상적 속성이 유효하지 않거나 '환상'이라며 폄하되어야 한다는 것을 의미하지 않는다. 그 대신 우리는 **그들의 정체**, 그리고 **당신의 존재에 관한 당신의 느낌을 위해 그들이 하는 일**을 기쁘게 탐구해야 한다(물론 우리 이론이 그것을 설명해 줄 것이다).[41]

현상적 속성: 밖에서 혹은 안에서?

오스카 와일드는 이렇게 말했다. "양귀비가 빨간 것은, 사과가 향기로운 것은, 종달새가 노래하는 것은 모두 뇌에서 일어나는 일이다."[42] 대부분 이 사실을 알고 있다. 우리는 평생토록 자신의 감각기관을 가지고 놀면서(안구를 누르거나!) 현상적 속성이 우리 자신의 주관적 창작물임을 증명하는 충분한 증거를 경험했다.

그러나 사실 감각이 본질적으로 당신이 외부 자극과 어떻게 관련되는지에 관한 느낌이라는 것을 받아들이면서도, 다른 종류의 환상을 품을 수도 있다. 다시 말해서 당신이 느끼는 개인적 감각에 부여한 속성이 실제로 외부로부터 인지되는 물체에 내재된 속성이라고 무심코 믿을 수도 있다. 즉 양귀비 자체가 현상적으로 빨간색이고 사과가 현상적으로 향기롭고 종달새의 목소리가 현상적으로 울려 퍼진다고 생각할 수 있다.

철학자 데이비드 흄David Hume은 이에 관해 여러 글을 남겼다.

정신이 외부 대상에 자신을 퍼뜨리는 경향이 크다는 것은 일반적으로 관찰할 수 있는 일이다. 그리고 외부 대상에 내부 느낌을 결합한다. (……) 따라서 특정 소리와 냄새가 항상 특정한 가시적 객체를 수반하게 되면, 우리는 자연스럽게 대상과 퀄리아 사이에 공간적 결합을 상상하게 된다. 비록 퀄리아가 그러한 결합과 별 관련이 없거나 혹은 아예 존재하지 않는 것이라고 해도 말이다.[43]

흄은 이러한 현상, 즉 내적 감각과 외부 대상이 연결되는 현상은 논리적 차원에서 오류에 불과하다고 지적한다. 리드의 생각도 비슷하다.

인식과 그에 상응하는 감각은 동시에 발생한다. 우리는 경험에서 그들을 분리하여 보지 못한다. 따라서 우리는 그들을 하나로 여기고, 그들에 하나의 이름을 부여하고, 그들의 다른 속성을 혼동한다. 이 두 개념을 분리해서 생각하는 것은 매우 어렵다. (인식과 감각을) 따로 나누어서, 서로에게 속한 것에 다른 쪽의 속성을 부여하지 않으려는 시도 말이다.[44]

일반적으로 이론철학자들은 흄과 리드의 견해에 동의하여 이러한 종류의 투영을 개념적 오류로 여긴다. 하지만 그런 오류에 의한 속성 부여는 그리 중요한 문제가 아니라고 했다. 뭐, 권장할 일은 아니라고 생각했지만 말이다. 그러나 나는 진화론자로서 인간이 오류를 범할 '강한 경향성'이 있다면 그것은 분명 적응적 이득과 관련될 것이라고 가정하는 편이다. 나는 철학의 현자들이 이 중요한 문제를 간과했다고 생각한다. 즉 우리는 무엇을 위해서 이러한 오류를 범하도록 만들어졌는지에 관한 질문 말이다.

여기 중요하게 고려할 점이 있다. 세상의 특정한 물체를 마주했을 때 그것이 당신에게 특정한 감각을 일으킨다면, 아마 그것은 그것과 상호작용하는 다른 사람에게도 비슷한 감각을 일으킬 것이다(물론 다른 시간대에 있는 당신 자신에게도 그럴 것이다). 만약 당신이 양귀비를 보고 빨간 감각을 느낀다면, 다른 사람도 똑같이 느낄 것이다. 따라서 우리는 양귀비를 rubro-potent(인간에게 빨간색 감각을 일으키는 잠재력이 있는) 사물이라고 말할 수 있다. 마찬가지로 설탕 덩어리는 dulcipotent(달콤한 감각을 일으키는 잠재력이 있는) 대상이다. 얼음 조각은 frigi-potent(차가운 감각을 일으키는 잠재력이 있는) 대상이다. 장미는 fragra-potent(향기로운 감각을 일으키는 잠재력이 있는) 대상이다. 그러므로 당신이 양귀비가 현상적으로 빨간색이라고 말하는 것은 여전히 오류지만, 양귀비가 현상적으로 빨갛게 **보이고**, 설탕이 현상적으로 달게 **느껴지고**, 얼음 조각이 현상적으로 차갑게 **느껴지고**, 현상적으로 장미 향기가 **맡아진다**고 말하는 것은 아주 정확한 말이다.

이런 잠재력은 당신이 그것에 부여하는, 객체의 진정한(비록 부차적이지만) 속성이다. 당신이 감각을 인식 대상에 투영할 때마다 당신은 다른 사람이 그것을 마주할 때 어떤 느낌일지 정확하게 예상한다. 당신이 물리적으로 빨간색이라 **인식**하는 양귀비는 동시에 인간에게 현상적으로 빨갛게 **느껴지는** 양귀비다. 차갑다는 인식은 종종 뜨겁다는, 주관적으로 공유되는 감각에 의해 덮어씌워지거나 심지어 납치되기도 한다.

✦

재미있는 이야기를 하나 해 보자. 내가 아는 화가, 사기 만Sargy Mann은 오랜 시간에 걸쳐 시력이 점점 악화되다가 갑자기 완전 실명을 겪었다. 며칠 후, 그는 스튜디오를 종종거리며 남은 인생을 어떻게 보낼지 고민하다가 여전히 그림을 그리고 싶다는 것을 깨달았다. 그때의 경험에 관해 이렇게 말했다.

조금 후에 나는 생각했다. '그래, 한번 해 보자.' 그리고 울트라마린 색으로 붓을 물들였다. 이어지는 경험은 내 인생에서 가장 이상한 감각이었다. 나는 붓을 아래로 그으면서 캔버스가 파랗게 변하는 것을 '봤다'. 그다음으로 나는 슈민케 마젠타 색을 칠했고 캔버스가 장미색으로 변하는 것을 '봤다'. 색채 감각은 오래가지 않았고 붓을 긋는 동안만 나타났지만, 여러 색깔로 계속 일어났다.[45]

내 생각은 이렇다(내 말이 좀 진부하지만 알아서 새겨들어 주면 좋겠다). 화가의 역할은 사람들에게 세상을 보는 새로운 방법을 보여 주는 것이다. 이를 위해 화가는 사람들의 시각 의식을 **통제**해야 한다. 자신의 예술적 개념에 맞춰 사람들의 감각을 조율하기 위해 물감을 사용한다. 로버트 브라우닝Robert Browning의 말처럼 "예술은 그렇게 나타나는 것이다. 신은 서로의 마음을 보여 주면서 서로를 돕도록 우리 예술가를 이용하는 것이다".[46] 그렇기 때문에 시력을 잃은 바로 그 운명적인 순간에, 사기 만은 다른 이에게 보여 주려는 마음으로 자신의 색채 감각을 재창조해 낸 것이다.

어려운 문제: 설명의 간격

다음 문제는 더 어렵다. 철학자 댄 로이드Dan Lloyd에 따르면, 뇌가 만들어 낸 감각과 그것의 현상적 속성이 감정이라고 가정한다면, 이런 작동 원리를 설명하는 명확한 이론, 즉 '투명한 이론'이 필요하다. '이런 구조를 가지면 이런 의식적 경험을 한다는 것을 예측할 수 있는 이론이 필요한 것이다.'[47]

문제는 원칙적으로 이런 이론을 도출할 수 있느냐는 것이다. 무의식적인 벽돌로 어떻게 의식적 구조물을 세울 수 있을까? 여러 가지 버전으로 계속 제기되는 반대 의견은 이렇다. 물질적 뇌만으로는 의식적 현상을 만들어 내기에 **충분한 원인을 제공할 수 없다**는 것이다. 무에서는 아무것도 나올 수 없다. 의식에 관련해서 물질적 뇌는 사실 아무 의미가 없다.

이 논쟁의 기원은 르네 데카르트로 거슬러 올라가지만 사실 그는 이 논리를 의식에 바로 적용한 건 아니었다. 『성찰Meditations』 제3장에서 데카르트는 신에 관한 개념이 어디서 왔는지 의문을 제기했다. 그에게 신은 완벽한 존재였다. 그러나 그는 불완전한 것이 완벽을 낳을 수 없다고 주장했다. 그러나 자신의 머릿속 생각the idea은 그 어떤 것도 완벽할 수 없었다. 결국 이런 결론을 내렸다. 신이라는 생각은 하늘에서 직접 내려온 것이다.

나는 내 안에 신이라는 생각이 있으면서도, 만약 실제로 신이 존재하지 않는다면, 내 존재 자체가 성립할 수 없다는 것을 알아차렸다. 여기서 '신'은 나의 내면에 있는 생각이라는 존재, 즉 나로서는 그것을 완전하게 이해할 수 없지만, 그것은 내가 생각하는 것을 무엇이든 완전하게 알아차릴 수 있는, 완벽한 존재를 의미했다.[48]

신에 관한 이 논리를 통해 완벽함이 완벽함을 창조한다고 주장했지만, 후대 철학자 대부분은 그렇게 깊이 공감하는 것 같지 않았다. 그러나 신이 아니라 의식이라면 어떨까? 이에 대해서는 철학자들이 더 깊이 공감했다. 현상적 의식은 이상한 이세계異世界적 속성이 있다. 이 세상의 물질로는 이 세상 밖의 것을 만들어 낼 수 없다. 그러나 동시에 이 세상의 물질은 물리적 뇌를 작동시키는 유일한 재료이다. 따라서 철학자들은 물리적 뇌가 의식을 만드는 것이 아니라고 생각했다.

철학자 콜린 맥긴Colin McGinn은 다음과 같이 말했다.

더 자세한 설명도 해 주지 않고, 시간에서 공간이, 비스킷에서 숫자가, 미나리에서 윤리가 나온다고 주장하는 것과 마찬가지였다. 물질은 의식을 낳기에는 잘못된 종류의 것이라고 생각했다. 뇌의 물리적 성질은 어떻게 현상적 속성을 만들어 낼 수 있을까? 물리적 뇌는 창조적 작업을 수행하기 위한 자원을 가지고 있지 않았다. 그것은 기적의 상자가 아니었다.[49]

앨프리드 러셀 월리스Alfred Russel Wallace는 다윈과 함께 자연선택에 의한 진화를 발견한 연구자다. 데카르트처럼 이 논리를 사용하여 지적 설계자를 우회적으로 도입했다.

아직까지 생리학자나 철학자 들은 감각이 물질적 구조에서 어떻게 나올 수 있는지 명확한 이론을 제시하지는 않았다. 많은 사람이 물질에서 정신으로의 변화를 상상할 수 없다고 주장했다. (……) 전체에 존재하지 않는 것은 부분에도 존재할 수 없다. (……) 이런 현상으로부터 내가 도출한 결론은, 높은 지성이 인간의 발전을 지금의 방향으로 이끌었다는 것이다.[50]

범심론자는 더 극단적인 방향을 추론한다. 의식이 비의식적 물질에서 비롯될 수 있다고 상상하기 어려운데, 그럼에도 불구하고 뇌의 물질적 기반에서 의식이 비롯된다면, 이것은 뇌의 물리적 본질이 원래부터 의식을 가지고 있다는 뜻이라는 것이다. 우주의 모든 물질이 약간은 의식을 가진다는 것이다. 필립 고프Philip Goff는 범심론의 열렬한 지지자로, 데카르트와 유사한 논리를 사용한다. 그는 의식이 그 **질**에 의해 정의되고 양에서 질을 얻을 수 없다며 이렇게 말했다. "현실이 순전히 **양적** 용어로 설명될 수 있다고 말하는 것은 **질적** 속성이 없다고 주장하는 것이나 다름없다."[51]

16장에서 범심론에 관해 더 말하겠지만, 일단 여기서는 그것이 말도 안 되는 주장이라고 해 두겠다. 어떤 종류의 범심론도 로이드가 요구한 '투명한 이론'에 전혀 가깝지 않다. 이렇게 만들어지면 이런 의식적 경험을 할 수 있다고 누구나 수긍할 수 있는 명확한 이론이 아니다. 오히려 존재가 있는 곳에 의식이 있다고 함부로 가정한다. 아무것도 더 설명해 주지 못한다. 버트런드 러셀은 이렇게 말했다. "우리가 원하는 것을 '가정하는' 방법은 이점이 많다. 하지만 그건 정직한 노동에서 얻는 이득이 아니다. 도둑질로 얻는 이점이다."[52]

아무튼 나는 충족인과율the principle of sufficient causation[i]을 충분히 존중해야 한다고 여긴다. 원인은 실제로 일어난 결과에 알맞아야 한다. 중이 제 머리를 깎았을 리 없다. 사지 않은 복권에 당첨될 수도 없다. 피타고라스 정리에서 모든 진리를 연역해 낼 수도 없다. 이런 예는 무수히 많다.

그래서 문제가 발생한다. 이른바 '설명적 간격' 문제다. 뇌의 물리적 속성과 감각의 현상적 속성 간의 거리를 말한다. 뭐 **그럴 수도** 있겠지만, 정말 그런 설명적 간격이라는 것이 있을까? 만약 감각이 어떻게든 뇌 상태와 **동일해야** 한다는 생각을 고수한다면 그럴 것이다. 사실 이 문제에 대한 수많은, 일견 멋져 보이는, 하지만 의식 연구의 물을 흐리는 주장이 많다. 대표적 주장은 이렇다. **의식의 신경 상관성**neural correlates of consciousness, NCC을 찾아내야 이른바 '투명한 이론'에 도달할 수 있다는 주장이다.

프랜시스 크릭Francis Crick과 크리스토프 코흐Christof Koch는 NCC를 '특정한 의식적 경험의 발생에 필요하면서 동시에 충분한 최소한의 신경 메커니즘'으로 정의했다. 충분히 합리적인 생각 같다. 의식의 과학을 올바른 방향으로 이끌어야 할 정확한 개념처럼 말이다. 그러나 문제가 있다. 사람들은 우리

---

i 모든 사건은 그것이 일어나야 했던 충분한 이유나 원인이 있어야 한다는 원리. 이 원리에 의하면 세상 모든 것의 발생, 그리고 그들 사이의 질서에는 충분한 이유가 있으며 따라서 예측도 가능하다. 종종 충족이유율the principle of sufficient reason과 같이 쓰인다.

가 찾고 있는 것이 의식적 경험의 특성을 가진 뇌의 어떤 과정이라고 생각한다는 것이다. '필요하고 충분하다'는 완벽한 조건처럼 들린다. 그러나 정말 그럴까? 이러한 정의에 따르면, 예를 들어 당신이 빨간색을 볼 때는 그것에 딱 부합하는 현상적 적색성이라는 속성을 가진 신경 상관성이 존재해야만 할 것이다.

그러나 이러한 가정은 분명 잘못된 것이다. 빨간색을 볼 때, 현상적으로 빨간 뇌의 활동은 없을 것이다. 그 대신 현상적 적색성이라는 **생각을 만들어 내는** 뇌**에 의한** 활동이 있을 것이다. 따라서 우리가 찾아야 할 것은 의식의 신경 상관성이 아니라 의식을 **표상하는** 신경 상관성, 즉 NCC가 아닌 NCRC neural correlates of representative consciousness이다.

이것은 우리가 두 단계 과정을 차례대로 찾아야 함을 의미한다. 첫째, 표상의 **매체가** 되는 뇌 활동이다. 그다음, 완전히 별개로, 이 매체를 사용하여 생각을 **지정하기** 위한 뇌 활동이 있을 것이다. 그리고 이러한 뇌 과정 중 그 어느 것도 자체적으로 현상적 속성을 가질 것이라고 추정할 이유는 전혀 없다.

여기 새로운 비유를 들어 보자. 지하철 노선도 말고 소설 『모비 딕』의 텍스트다. 인쇄된 텍스트를 마주한 사람이 어떻게 거대한 흰 고래의 정신적 이미지를 그려 낼 수 있을까? 먼저 텍스트가 이야기를 어떻게 전달하는지 설명해야 한다. 그다음 영어권 독자가 이를 어떻게 **이해해** 내는지 설명해야 한다. 하지만 물론 텍스트는 흰색도 아니고 고래와 닮지도 않았다. 이해 과정 역시 흰 고래와 전혀 닮지 않았다.

이제 충족인과율 문제는 그리 중요해 보이지 않을 것이다. 앞서 말했듯이 데카르트는 생각도, 다른 모든 현상처럼 그 속성에 알맞은 원인이 필요하다고 믿었다. 아마 고프도 이와 비슷한 입장이었던 것 같다. 즉 양으로부터는 질의 **개념**조차도 얻을 수 없다는 주장이다. 그러나 이런 주장을 진지하게 받아들일 이유는 없다. 상식과 실례가 이를 반박한다. 유한한 뇌는 분명히 무한한 개념을 만들어 낼 수 있다. 도덕적이지 않은 뇌는 진리, 아름다움, 선의 개념을 만들어 낼 수 있다. 값없는 뇌가 값있는 아이디어를 만들어 낼 수 있다. 아마 현상적 속성에 더 가까워지면서 물리적 뇌가 양자 이론으로 퀀텀 점프하는지도 모르겠다. 맥긴은 뇌가 기적의 상자가 아니라고 말했다. 그러나 사실 무한한 생각이라는 측면에서는 기적이나 다름없다.[53]

도저히 해결할 수 없는 설명적 간격의 문제. 그러나 그것이 사실 존재하지 않는 문제라면 의식이라는 문제, 그렇게 어렵게만 보이던 문제는 이제 그저 평범한 과학 문제의 하나로 취급해도 괜찮다.

어려운 문제: 그래서 그다음에 어떻게 되는데?

그럼 데닛이 '어려운 문제'라고 부르는 것으로 넘어가자. **'그래서 그다음에 어떻게 되는데?'**라는 질문이다. 좀 더 구체

적으로 말하자면, 어떤 대상이나 내용이 '의식에 들어오면'
이것은 무엇을 일으키거나 가능하게 하거나 혹은 수정하는
가?[54]

　이런 질문은 자연현상의 메커니즘을 연구할 때 **늘** 물어보
거나 혹은 꼭 물어봐야 하는 질문은 아니다. 예를 들어 무지개
가 어떻게 작동하는지, 즉 햇빛이 빗방울에 굴절되어 어떻게
색깔 있는 호를 만들어 내는지 설명한 후에는, 그다음에 무슨
일이 일어나는지 물어볼 의무는 없다(물론 전설 속 금덩어리를
찾고 싶다면 그렇게 할 수 있겠지만). 그러나 의식과 관련해서는
두 가지 고려할 점이 더 있다. 첫째, 현상적 의식은 일단 **사적**
정신 상태다. 이는 우리가 타인의 의식을 그들의 행동이라는
후속 결과를 통해서만 알게 된다는 뜻이다. 즉 그들이 무엇을
생각하고 말하는지를 통해서만 알 수 있다. 둘째, 현상적 의식
은 **자연선택을 통해 진화했다**고 믿을 만한 이유가 있다. 이는
후속 결과물이 전체적으로 어떤 바람직한 영향을 개체의 삶
에 미치고 있으며, 이를 통해서 그들의 생물학적 생존 가능성
에 궁극적 영향을 미친다는 것이다. 이것이야말로 다윈주의
적 금덩어리다.

　물론, 다음에 일어난 일을 물어보려면 그 전에 일어난 일
을 알아야 한다. 그래야 현상적 속성을 가진 감각이 의식으로
이어질 수 있다. 지금까지 말한 대로 이런 일이 일어난다고 해
보자. 뇌는 감각기관에 도착하는 자극에 대한 표상을 만들고,
표상 수령인으로서 당신은 이를 읽어 **자극이 어떤 느낌인지에
관한 생각**을 해내기 위해 노력한다. 그러면 다음 질문. 생각으

로서의 현상적 속성을 가진 감각은 '도대체 무엇을 일으키거나 가능하게 하거나 수정하는가?'

간단하게 말해 보자. 상황을 인식하고, 이러한 인식이 당신의 행동에 영향을 미치기 위해서는 일단 당신의 정신적 태도가 바뀌어야 한다. 그러지 않는다면 행동은 바뀌지 않을 것이다. 여기서 말하는 정신적 태도는 상황이나 자신에 대한 믿음, 희망 등을 포함한다.

성당에 나타난 유령을 다시 생각해 보자. 캐버너 신부는 성당의 처마 벽에 랜턴 슬라이드를 투영했다. 마을 사람은 이것을 성모마리아, 그리고 성인들의 유령으로 생각했다. 그다음엔 무슨 일이 일어났을까? 그들은 이를 신이 내린 기적으로 받아들였고 감사의 마음으로 엎드렸다. 브리짓 트렌치Bridget Trench는 이렇게 증언했다. "거기에 도착했을 때 나는 세 가지 모습을 명확하게 보았고 무릎을 꿇고 소리쳤습니다. '하느님, 그리고 주의 영광스러운 성모께서 이런 현상을 보여 주시니 어찌나 감사한지요.'" 도미닉 번Dominick Byrne은 이렇게 말했다. "그날 밤은 어둡고 비가 내렸지만, 어두운 밤에도 성모와 성인들의 모습은 정오의 태양 아래에서처럼 밝은 빛으로 선명하게 보였습니다. 눈에 보이는 광경에 경이로움을 느꼈습니다. 너무 감동해서 눈물을 흘렸습니다. 한 시간 동안 계속해서 바라보았습니다."[55]

좋다. 성스러운 유령을 본 후의 태도가 당신을 무릎 꿇고 울게 만든다면, 체감 의식에서 비롯된 태도는 당신이 어떤 행동을 취하게 할까?

감각은 행동과 관련된 태도를 여러 수준에서 수정한다. 때로는 직접적이고 즉각적으로, 혹은 다른 생각과의 복잡한 연쇄를 통해 간접적으로 말이다. 고통이나 쾌락의 느낌은, 좋다거나 나쁘다는 낮은 수준의 인식으로 이어지고, 이후 후속 행동을 결정하는 가장 중요한 요인이다. 가려우면 긁게 되고 온탕 속의 안락함은 편히 몸을 담그도록 만든다. 그러나 현상적 속성을 가진 감각은 훨씬 높은 수준에서 삶을 바꾸는 믿음으로 이어지기도 한다. 인간의 경우에는 심지어 '영혼'에 관한 태도조차 바꾸어 버린다.

문제는 **현상적 속성 자체**가 과연 이러한 여러 수준 중 어느 수준에 주로 영향을 미치는지에 관한 것이다.

이에 대해 좀 더 신중하게 생각해 보자. 현상적 속성은 가장 낮은 수준의 인식에 불과하다고 속단하지 말라. 감각의 현상적 질은 사실 좋은 것도 아니고 나쁜 것도 아니다. 그런 결정에 관한 판단과 무관하다. 예를 들어 난로를 만질 때의 고통을 보자. 뜨거운 난로에서 경험하는 현상적 차원의 인식이 없더라도, 우리는 고통을 느끼며 즉시 손을 움츠릴 수 있다.[i] 1장에서 논의했듯이, 인간으로서 당연하게 여기는 현상성은 진화 과정에서 추가된 감각 표상의 속성이다. 우리는 현상성이 없는 일반 고통을 좀처럼 상상하기 어렵다. 그리고 **나쁜** 상

---

i 고통이라는 현상적인 느낌이 없더라도 손을 움츠리는 행동이 나타나지 말라는 법이 없다는 뜻이다.

황에 관한 비현상적 고통이 있을 수 있다는 것은 더욱 상상하기 어렵다. 너무 당연한 일처럼 느껴지기 때문이다. 그러나 지각이 나타나기 전 우리 조상은 분명 그랬을 것이고, 지금도 비지각 생물은 여전히 그렇다.

개구리를 예로 들어 보자. 개구리의 피부에 따가운 화학 물질을 바르면, 개구리는 그것을 긁어 내는 행동을 취한다. 뇌를 파괴한 후에도 역시 그렇다. 1870년 '개구리에게 영혼이 있는가?'라는 주제로 강연한 토머스 헨리 헉슬리Thomas Henry Huxley는 이 실험을 다음과 같이 설명했다.

개구리의 머리를 잘라 전체 뇌를 분리한다고 가정해 보세요. 눕혀 놓은 개구리는 자발적인 움직임이 없습니다. 그런데 발에 산성 물질을 바르면 다리를 오므립니다. 자극적 물질을 제거하기 위해 두 다리를 서로 문지릅니다. 그뿐만 아니라 자극받은 다리가 평소와 다른 위치에 있다면 예를 들어 몸과 수직으로 들려 있다면, 다른 다리도 이에 상응하는 위치로 들게 됩니다. 그러다가 자극받은 부위를 문질러 제거할 수 있는 위치에 이르게 되죠. 개구리의 삶에서 접하지 못했던 새로운 문제를 머리 없는 개구리가 해결해 내는 힘이 있다는 증거입니다.[56]

보통의 개구리가 어떻게 느끼는지는 일단 제쳐 두자. 뇌가 없는 개구리가 현상적 수준에서 고통을 느끼지 않는다고 해 보자. 그럼에도 불구하고 이 개구리는 분명한 전형적 고통 행동을 보인다.

개구리뿐만 아니라 인간을 포함해 포유류도 마찬가지다. 대뇌피질이 없어져도 현상적 경험에 관련한 여러 가지 행동을 보인다. 수두증은 소아에게 나타나는 희귀 질환으로 이 병이 있는 아이는 뇌의 대뇌반구가 없다. 그 대신 뇌척수액으로 가득 찬 낭포만 있다. 그럼에도 불구하고 행동이 나타난다. 비에른 메르케르Bjorn Merker의 보고에 따르면 다음과 같다.

> 수두증이 있는 아이들은 환경적 사건에 대해 감정적 반응 혹은 지향적 반응을 보인다. 그들은 미소와 웃음으로 기쁨을 표현하고, 얼굴을 찡그리거나 등을 구부리거나 울음 소리(여러 단계의)를 내서 불만을 나타낸다. 감정이 실린 표정, 생기가 도는 얼굴이다. 특정 상황이나 자극을 선호하기도 한다. 행동은 그 상황에 적절한 감정 표현, 즉 쾌락이나 흥분과 같이 나타난다.[57]

심리학자 마크 솜스Mark Solms는 이러한 증거를 검토하며 다음과 같이 말했다. "이 소아들은 느낄 수 있다고 확신해야만 한다."[58] 즉 그들은 현상적 의식이 있다는 것이다. 그러나 내 생각은 정반대다. 확실히 이 아이들은 일어나는 일을 좋거나 나쁘게 인식하고 있다. 그러나 상위 뇌 중추가 없는 상태에서 이러한 표상은 현상적 속성이 결여된 일반적 감각일 뿐이다. 그것은 이 아이나 개구리에게 '어떤 것처럼' 느껴지지 **않는다.** 만약 이것이 수두증 아이에게 적용된다면 보통의 뇌를 가진 인간이라고 다를 것이 없다. 전형적 고통 행동, 예를 들어 손을 불에서 빼는 행동은 아마도 경험의 현상적 질과는 거의 또는 전혀 관련이 없을 것이다.

이 문제를 더 자세히 살펴보면, 현상적 질이 중요해지는 지점은 당신이 받는 자극에 대한 생각보다는 **당신**이 그 경험을 겪는다는 것, 즉 **자아**에 관한 믿음이다. 감각의 현상적 속성이 가장 중요한 핵심이다. '와, 내게 이런 것이 있다니!' 심지어 이러한 속성으로 인해 우리는 고통을 나쁜 것에서 좋은 것으로 재분류할 수도 있다. 안데스산맥에서 놀라운 추락 생존 경험을 한 산악인 조 심슨Joe Simpson은 조난을 당해 잠시 의식을 잃었다가 깨어났을 때의 이야기를 이렇게 전한다. "다리에서 치솟는 고통을 느꼈습니다. 엄청난 아픔이었죠. 나는 몸을 웅크리고 신음했습니다. 고통이 더해짐에 따라 나는 살아 있다는 것이 사실임을 깨달았죠. 젠장! 이렇게 아프다면 일단 죽은 건 아닐 테지! 고통이 계속해서 불길처럼 올라오는 와중에 저는 웃었습니다. 살아 있다! 그래, 더 엿 먹여 보라고! 그러고는 다시 크게 웃었습니다. 정말 행복한 웃음이었죠."[59]

데닛의 질문 '그다음에 어떻게 되는데?'는 의식을 연구하는 이론가 대부분은 별로 주목하지 않았던 영역에 눈뜨게 만들었다. 아직은 고통이나 다른 감각에 관해 완전한 해답은 없다. 현상적 의식이 당신에게 미치는 다양한 영향은 그 결과로 나타나는 모든 것, 즉 생각하고 말하고 행동하는 모든 것을 포함해야 한다. 자아에 미치는 핵심적 영향, 감정과 기분의 변

화, 떠오르는 모든 추억, 삶과 자존감에 미치는 영향, 그리고
물론 신비롭고 설명할 수 없다는 생각까지도 포함된다. 심지
어 데카르트의 이분법이나 범심론, 혹은 더 괴상한 철학적 현
학주의에 빠지는 일마저도 포함된다.

만약 우리가 두뇌와 행동 수준에서 그다음에 일어나는 **모
든 것**을 실제로 발견할 수 있다면, 현상적 경험의 내용에 대해
알아야 할 모든 것을 찾은 것일까? 데카르트의 표현으로 돌아
가서, 그 결과가 경험을 확정하는 데 '충분한 현실성'이 있을
까? 데닛은 확실히 그렇다고 생각한다. 나도 동의한다. 하지
만 데닛과 나의 생각은 소수 의견이다. 철학자들은 감각의 내
밀한 일인칭적 경험은 공개적 차원의 제삼자 서술로는 완전
히 포착될 수 없다고 주장하기 위해 오래도록 분투해 왔다.

'메리가 몰랐던 것': 지식 논쟁

프랭크 잭슨Frank Jackson이 제안한 유명한 사고실험에는
메리라는 캐릭터가 등장한다.[60] 메리는 인간 뇌에서 색상이
어떻게 표현되고 심리적 효과가 어떻게 나타나는지 연구하
는 뛰어난 과학자다. 그러나 메리는 흑백 방에서 흑백 텔레비
전 모니터를 통해 이 주제를 연구해야 했다. 메리 자신은 색깔
있는 빛을 본 적이 없음에도 불구하고, 예를 들어 사람이 빨간
벽을 보고 빨간 감각을 느낄 때 뇌에서 발생하는 일을 모두 발
견했다. 또한 생각과 행동의 수준에서 모든 후속 현상을 관찰

했다. 게다가 이에 대한 객관적인 설명을 다른 과학자에게 전달하려고 자세한 보고서를 작성했다.

드디어 메리가 방에서 나올 때가 되었다. 메리는 색깔이 있는 세상으로 나와 처음으로 직접 빨간색을 본다. 질문은 다음과 같다. 메리는 이전에 알지 못했던 색깔을 보면서 본질을 알게 되는 것일까? 이제서야 새로운 것을 알게 되는 것일까?

분명 당신은 그렇다고 생각할 테다. 그렇다. 메리는 이제 일인칭시점에서 '빨간색을 보는 것이 어떤 느낌인지' 알게 되었다. 이 지식은 메리의 세심한 외부 연구로는 도무지 얻을 수 없는 것이다. 즉 메리가 이미 의식에 대한 투명한 과학적 이론을 도출해 냈다고 거만하게 생각했다면, 그 생각이 확 달라졌을 것이다. 메리는 자신과 같은 뇌 구조를 가진 이들이 메리가 지금 겪고 있는 특정한 의식 경험을 가지고 있었다는 사실을 미처 알지 못했다.

이른바 '지식 논쟁'은 의식에 대한 물질주의적 이론의 가능성을 무너뜨리는 강력한 철학적 근거로 자주 제시된다. 고프는 이 주장에 기반해서 범심론에 관한 책을 쓰기도 했다.

그럼에도 불구하고…… 조금 더 신중하게 생각해 보자. 메리가 빨간색의 **느낌을 알게 되었다**고 말할 때, 메리는 과연 정확히 어떤 주장을 하고 있는 것일까? 당신을 예로 들어 보자. **당신은** 그것이 어떤 느낌인지 알고 있고, 메리도 마찬가지다. 합리적인 주장이다. 그러나 이건 여전히 질문을 교묘하게 회피하는 것이다. 당신과 메리는 도대체 자신의 느낌에 관해 뭘 알고 있는 것인가? 솔직히 말해서 **당신이 추정하는 것보다**

그 느낌에 대해 훨씬 적게 알고 있다고 하는 편이 합당하다.

양귀비를 바라보며, 빨간 감각이 **이런 느낌**임을 안다고 말할 수 있다. 그것이 자신의 정신 상태라고 지칭할 수 있다. 하지만 그것은 진행 중인 경험을 지칭하는 과정에 기반한 약한 지식이다. 그 경험을 느끼는 동안에는 풍부한 현상적 구조를 가진 것처럼 보인다. 그러나 그 경험의 얼마나 많은 부분을 오프라인 상태, 즉 양귀비를 보지 않는 중에도 회상할 수 있을까? 사실 감각이 당신 앞에 없다면 (예를 들어 눈을 감으면) 어떤 느낌이었는지에 대한 지식은 금방 수그러든다. 실제로 남아 있는 것은 그것이 당신에게 어떤 생각과 행동을 일으켰는지에 관한 일종의 여운뿐이다.

그렇다면 왜 이런 약한 수준의 지식을 넘어서는 더 큰 지식이 있다고 생각해야 할까? 나는 사실 빨간색을 본 경험을 나중에 회상할 때 느낄 수 있는 것보다, 빨간색을 보는 순간에 그에 관해 더 많은 지식을 가지고 있다는 주장이 영 미심쩍다. 분명히 더 안전하고 경제적인 가정은 당신이 가진 빨간색에 관한 경험적 지식은 바로 그 시점에 당신의 태도에 의해 구성되었고, 다시 당신의 태도에 의해 바로 소진되었다는 것이다. 빨간색을 처음 본 메리는 새로운 것을 알게 되었다고 느끼겠지만, 고개를 돌리면 사실 그 이전의 메리와 별로 다를 것이 없다. 우리가 지금까지 이야기한 외적 결과는 바로 이러한 태도가 불러일으키는 것이다.

물론 그렇게 느껴지지 않을 수도 있을 것이다. 나도 그러니까 말이다. 현상적 경험에 관한 당신 경험의 한 측면을 보며, 그것을 좀 더 똑똑히 보고자 하면 그 경험이 나에게서 스르르 미끄러져 벗어나는 것처럼 느껴진다. 감각 경험의 이상한 특징이다. 현재의 순간, 감각 경험의 '지금'은 시간적 깊이의 역설적 차원을 가진다. 각각의 감각은 실제보다 조금 더 오래 지속된 것처럼 느껴진다. 결과적으로 감각은 더 영구적인 존재의 가장자리에 있으면서, 그 존재를 마치 거짓말인 것처럼 만들어 버린다. 시인 로비 번스Robbie Burns는 이렇게 노래했다. 존재의 순간은 "흐드러지게 핀 양귀비처럼, 꽃을 쥐면 이내 꽃의 향기가 사라진다. 혹은 강물 위에 떨어지는 눈처럼, 일순간 하얗게 빛나고, 영원히 사라진다".[61]

그러나 우리는 이를 인식하기를 거부한다. 그럴 만한 심리적 이유가 있다. 뒤에서 감각 경험이 자아 감각 지지에 필수적이라는 이야기를 할 것이다. 지지가 깨질 위기라면 지속적으로 재확인해야만 한다. 시인 콜리지Coleridge는 한밤중 잠에서 깬 세 살짜리 아들이 엄마에게 이렇게 소리쳤다고 말했다. "엄마, 손가락으로 날 만져요." "왜 그러니?"라고 엄마가 물었더니 "제가 여기 없다고요" 하고 아들이 외쳤다. "엄마, 나를 만져요. 그래야 내가 여기 있을 수 있어요."[62] 그렇다. 우리는 아무래도 거기 있는 것보다는 여기 있는 쪽을 상상하고 싶을 것이다.[63, i]

메리 실험으로 돌아가자. 지금까지 논의한 주장이 메리

---

i 현재의 감각 경험에 편향된 자아 인식이 진화적으로 더 선호된다는 뜻이다.

실험에 관한 전통적 해석을 뒤집는다고 믿는다. 특정 경험이 '어떤 것인지 알게 되는' 지식이 사실 그 경험이 초래하는 태도의 전체 범위를 아는 것에 지나지 않는다면, 메리는 다른 사람에게 다음에 무슨 일이 일어나는지에 관한 종전의 과학 연구를 통해서 이미 이러한 지식을 모두 가지고 있다. 사실 우리보다 더 앞서 나가고 있다. 메리는 유능한 심리학자이며 따라서 세세한 행동 수준을 하나하나 조사하며 지식을 쌓았을 것이다. 유능한 신경과학자로서 메리는 이러한 지식을 뇌 활동 수준에서도 쌓았다. 메리는 당신이 알고 있는 모든 것을 알고 있을 뿐 아니라 훨씬 더 많은 것을 알고 있다.

결과적으로 처음으로 빨간색을 보는 순간에도 이미 메리는 지식 측면에서 완벽하게 준비된 상태일 것이다. 메리는 새로운 경험을 통해 어떤 **추가 지식**도 얻지 못할 것이다. 하지만 메리에게 빨간색이라는 새로운 경험이 새롭지 않다는 것은 아니다. 당연한 일이다. 무엇을 알고 있다고 해서 그것을 본 것은 아닐 수 있다. 메리는 이전에 빨간색을 볼 기회가 없었다. 그럼에도 불구하고 메리가 새로운 경험을 통해 가지는 빨간색에 관한 인식은 이전에 예상했던 것과 정확하게 일치할 것이다.

뭔가 옳은 설명이 아닌 것 같은 끈질긴 직감이 드는가? 처음으로 빨간색을 본 그 경험의 순간, 메리는 전에 모르던 **어떤 것**을 알게 되는 것은 아닐까? 그것이 비록 일시적이며 영향력이 없는 것일지라도 말이다. 빨간색을 보는 순간에는 자신의 내면을 향하는 바로 그런 지식, 비록 금세 휘발되어 버리는 것이라도, 뭔가 조금은 새로운 것을 알게 되는 것 아닐까? 많은 이가 공감하는 직감이다. 뭐, 아무튼 이러한 막연한 느낌 때문에 당신이 **당신**이라는 것이 얼마나 특별한지 느낄 수 있을 것이다. 지극히 개인적인 감각적 경험으로서 자신이라는 느낌이다. 불가피하게 사라져 버린다고 해도 말이다. 그러나 아쉽게도 당신의 그 경험은 방금 사라졌고, 지식 논쟁의 설득력 역시 사라져 버렸다.

'자연선택이 몰랐던 것', 역전된 스펙트럼

메리 이야기가 현실과 관련 없는 단순한 사고실험이라고 생각할 수 있겠지만, 실제로 이것은 현실 세계의 **진화**와 큰 관련이 있다. 외부 과학적 관찰을 통해 현상적 의식의 본질적 특성이 원리적으로 발견될 수 없다는 결론에 도달한다면, 그러한 특성이 어떻게 진화했는지 설명하기가 어려울 것이다. 메리와 같은 과학자조차 특정 속성을 알 수 없다면, 자연선택도 마찬가지다. 그래서 지각의 진화 이론에 대한 이런 잠재적 문제를 해결할 수 있다는 것이 적잖이 안심된다.

그렇지만 반대로 메리가 특정 속성을 볼 수 있다고 해서 자연선택도 그것을 볼 수 있다고 가정해서는 안 된다. 이야기 속의 메리는 뇌와 행동에 대해 모두 알 수 있는 반면 자연선택은 생물학적 생존에 영향을 주는 행동만 '볼' 수 있다. 그럼, 다음 흥미로운 질문은 이것이다. **당신**에 관한 질문이다. 빨간색 감각을 느낄 때, 그것에 관한 당신의 개인적 지식은 메리가 가진 지식과 더 가까울까, 아니면 자연선택이 알고 있는 지식과 더 가까울까?

당신은 뇌에서 어떻게 감각이 표현되는지에 대해 메리만큼 알지 못할 것이다. 그러나 다음에 무슨 일이 일어나는지, 즉 그로 인해 발생하는 믿음과 태도, 행동 결과에 대해서는 메리만큼 알고 있다고 해도 무리가 없다. 게다가 메리의 보고서에 담긴 것은, 그리고 당신이 알고 있는 것은 **온갖** 결과를 망라하는 지식이다. 그러나 자연선택에 영향을 미치는 지식은 생존에 관한 것뿐이다. 따라서 당신은 메리만큼은 알지 못하지만 자연선택이 알고 있는 것보다는 많은 것을 알고 있다. 이건 아주 중요한 문제다. 현상적 경험이 자연선택에 의해 진화하지 않았을 수 있다는 뜻이다.[i] 게다가 그 경험에 관해 각자 느끼는 방식이 개체 간 다양성을 보이도록 진화했을 수도 있을 것이다.

뇌가 사실상 빨간빛 감각의 현상적 속성을 상당히 다른 방식으로 표상할 수 있다고 가정해 보자. 이러한 뇌의 차이는 주관적 경험에 차이를 만들고, 따라서 행동 수준에서 다음에 일어나는 일에도 차이를 만들 것이다. 자연선택이 작동하는 속성에 대해서는 개인차가 줄어들겠지만, 그러지 않는 경우에는 개체 차이가 있어도 자연선택의 관심 밖일 것이다. 즉 각

⑩ 감각의 흔적을 찾아서

---

i 자연선택은 진화의 여러 요인 중 하나일 뿐이라는 뜻이다.

주체의 현상적 경험은 서로 다를 수 있지만 적응적 차이는 없을 수 있다. 모든 종류의 현상적 경험이 병존할 수 있다. 자연선택이 하나를 다른 하나보다 선호할 이유는 없다. 내가 어떤 주관적 감각 경험을 가질지는 오로지 우연의 결과다.

교회에서의 환영 예시로 돌아가 보자. 캐버너 대신부는 성모와 성인을 묘사하는 여러 다른 랜턴 슬라이드 중 어느 것이든 이용하여 환영을 만들 수 있었다. 마을 사람은 다른 슬라이드를 보며 다양한 시각적 경험을 얻었을 것이다. 그러나 각 슬라이드는 캐버너가 의도한 대로 모두 종교적 경외심을 일으킬 수 있었을 것이다. 현상적 의식을 설계하는 과정도 마찬가지다. 다양한 버전이 생존 측면에서 동일한 적합도를 보인다면 세부 사항은 중요하지 않다. 지각을 가진 여러 동물 집단은 자신만의 길을 따라 자신만의 지각 경험을 가지도록 진화할 수 있다.

이는 동일한 감각적 사건에 따른 현상적 느낌이 개체마다 크게 다를 수 있다는 뜻이다. 철학자 존 로크John Locke는 1690년, '색상 역전inverted colours' 가능성에 관한 유명한 에세이를 썼다.

만약 보라색이 한 사람의 눈을 통해 느껴져서, 그의 마음에 만들어 낸 아이디어가 있다고 해 보자. 그런데 그 아이디어가 어떤 사람에게는 주황색에 의해 만들어지는 마음속 아이디어와 똑같다고 해 보자. 그리고 그 반대도 똑같다면 (⋯⋯) 이것은 결코 알아차릴 수 없다. 왜냐하면 한 사람의 마음은

다른 사람의 몸으로 들어가, 그의 마음속에 어떤 색이 보이는지 알 도리가 없기 때문이다.[64]

그러나 정말 **결코** 알 수 없을까? 우리는 몸으로 들어가 뇌 활동 수준을 측정하는 방법을 알고 있다. 신경과학자 메리라면 알 수 있을지도 모른다. 꼭 그렇게 하지 않더라도 다음에 일어나는 **모든** 행동을 꼼꼼하게 확인하는 사람이라면 알아챌 수 있을지 모른다.[65] 하지만 자연선택은 여전히 개체 간의 '색상 역전'을 모를지도 모른다.[66]

나는 이러한 가정을 더 좋아한다. 진화적 결정론자가 생각하는 수준에 비해서, 감각의 질에서 더 큰 수준의 다양성이 있을 수 있기 때문이다. 우리는 정말로 다른 사람이 빨간색을 보거나, 꿀을 맛보거나, 통증을 느낄 때 그것이 내가 보는 색, 내가 느끼는 맛, 나의 통증과 정확히 같다고 가정해서는 안 된다. 또한 메리도 다른 사람을 연구해서 **자신이** 나중에 빨간색을 볼 때 느낄 경험을 알아낼 수 있다고 가정해서는 안 된다. 메리 자신이 특이한 경우일 수도 있다. 자신의 연구 대상에 포함되지 않은 변종일 수도 있으니 말이다. 그러고 보니 메리는 빨간색을 처음 볼 때 뭔가 새로운 것을 배우긴 배우겠다.

11

지각의
진화

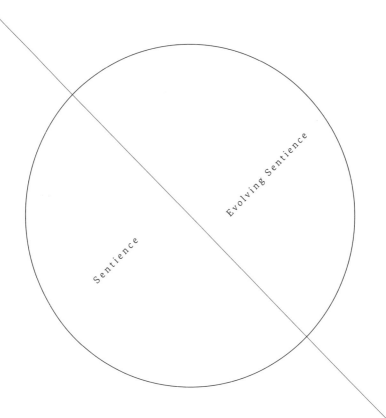

Evolving Sentience

Sentience

지각이라는 현상은 현재 우리 주변에 늘 존재하지만, 지구 생명체의 역사에는 그것을 어디서도 발견할 수 없었던 시기가 있었다. 인간은 지각이 없던 조상에서 시작되었으므로 그러한 상태에서 지금의 우리까지 이어진 이야기가 있어야 한다.

진화는 앞을 내다보지 못한다. 그렇지만 연구를 위해 우리는 **발전하는 기술, 즉 진보공학**forward engineering처럼 진화를 바라보자. 인간이 오늘날 경험하는 현상적 의식을 시작점으로 삼되, 분석적 뇌과학처럼 그것을 **분해**할 것이 아니라 **발명된** 대상으로 취급해 보는 것이다. 자연선택은 목표가 없지만 우리는 무지각 상태에서 완전한 지각까지 이어지는 이야기를 찾는 것을 목표로 한다.

진화를 논의해야 하므로 세 가지 지침 원칙을 먼저 제안해 보겠다. 첫째, 설명할 수 없는 공백이 없는 연속적인 단계가 존재해야 한다. 둘째, 각 단계는 당시에 그 자체로 존재할 수 있어야 한다. 셋째, 한 단계에서 다음 단계로 전환되는 과정은 항상 업그레이드되는 과정, 즉 생물학적 생존 확률을 높이는 과정이어야 한다.

진보공학의 모델 사례로서 인간 눈의 진화라는 더 간단한 예로 시작해 보자. 있는 그대로의 눈을 현재 상태로 보고 그 역사를 추론하려고 하면, 많은 진화 비평가가 지적한 바와 같이 자연선택을 통해 처음부터 조립되는 과정을 떠올리기 어렵다. 그러나 빛에 민감한 피부 조각에서 시작해 결국 눈으로 진화하는 것을 목표로 한다면 생각보다 어렵지 않다.

말하자면 다음과 같은 과정이 일어나는 것이다. 빛에 민감한 피부 조각이 오목하게 들어가서 다른 방향에서 오는 빛이 다른 조도의 그러데이션을 만들게 된다. 그다음, 이 오목한 굽이가 더 깊게 파여 작은 입구 구멍이 있는 구형 공간이 되어 바늘구멍 카메라처럼 이미지를 생성한다. 그다음, 투명한 피부가 바늘구멍을 덮어 내부 공간을 더럽히는 먼지로부터 보호한다. 그다음, 피부가 두꺼워져 렌즈가 되는 것이다.

찰스 다윈은 자연선택을 통해 눈이 진화했다는 주장이 한때 "매우 터무니없다"라고 믿었다고 고백한 적이 있다. 그러나 그의 의심은 금세 해소되었다.

간단하고 불완전한 눈에서 복잡하고 완벽한 눈으로 이어지는 다양한 단계가 존재하고, 각 단계가 그걸 소유한 유기체에 유용할 것은 분명한 사실이다. 또한 눈이 변화하고 그 변화가 유전될 수 있다는 것도 분명한 사실이다. 그리고 이러한 변화가 생명의 변화무쌍한 환경하에서 어떤 동물에게 유용하다면 자연선택을 통해 완벽하고 복잡한 눈이 형성될 수 있다.[67]

하지만 지각에 관한 확실한 정보는 부족하다는 것을 인정해야 한다. 완전한 지각체가 되기까지의 중간 단계에 있는 동물이 있을 수 있지만, 아직 그걸 알아보는 방법을 모른다. 게다가 '다양한 단계'가 존재한다는 것 역시 확신할 수 없다. 그런데 다윈 자신은 항상 점진주의를 강조했지만 사실 진화 이론은 급격한 단계별 변화도 허용한다. 새롭게 획득한 개선이 우연히 더 나은 형질로 도약하는 발판을 제공한다면, 중간 단계는 짧게 지속될 것이다.

눈의 진화가 바로 이러한 예다. 바늘구멍 눈의 구멍을 덮는 투명한 피부는 먼지를 막는 역할을 했다. 운 좋게도 이 피부는 렌즈가 되기에 적합했다. 따라서 피부 덮개가 발달하자 진화는 그 잠재력을 계속 활용하며 신속하게 나아갔다. 그래서 바늘구멍 위에 일반 피부를 가진 동물은 지금 없다. 예를 들어 두족류 중에서 앵무조개 등은 눈 구멍이 완전히 뚫려 있지만 문어와 오징어 등은 렌즈가 잘 형성되어 있다.[i]

지각의 진화 과정에서도 확실히 일련의 운 좋은 사건이 일어났을 것이다. 왜 지각이 빠르게 진화했고 중간 단계의 지각이 없는지 설명할 수 있을 것이다.

또한 다윈이 제안한 다른 과정이 작동했을 수 있다. 빠른 단계 변화를 일으킬 수 있는 다른 진화적 기전이다. 이 과정은 서로에게 이익을 얻을 수 있는 양자 관계에 있는 두 개체가 있을 때 발생하는 현상으로, 정적 피드백에 의해 가속화된다. 다윈은 공작의 꼬리가 그런 예라고 생각했다. 구애를 위한 과시

---

i 중간 형태의 눈은 아직 발견되지 않았다.

자료 11.1

눈의 초기 진화의 단계

(a) 평평한 눈 반점

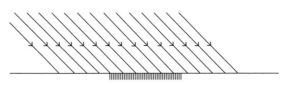

(b) 눈 굽이

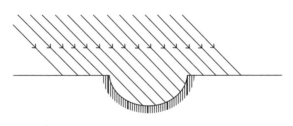

(c) 바늘구멍 눈

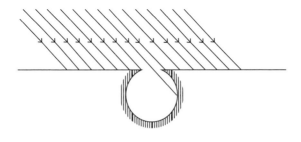

다. 다윈은 이를 성선택이라고 했다.

우연히 화려한 꼬리를 가진 수컷을 매력적으로 여긴 암컷이 있었다고 해 보자. 이 둘이 짝을 지으면 그러한 특징이 아들에게 내려간다. 딸은 긴 꼬리를 좋아하는 형질을 어머니로부터 물려받을 것이다. 세대를 거듭하면 수컷의 꼬리는 점점 길어지고, 긴 꼬리를 좋아하는 암컷의 성향도 더 강력해질 것이다.

아름다움과 웅장함이 넘치는 교미 행동은 대부분 성선택 때문이다. 다윈은 인간의 음악, 미술, 시에 대한 사랑이 성선택의 결과라고 믿었다. 이러한 특성은 실용적 가치에 비해 지나치게 과장된 것처럼 보인다. 현상적 의식도 마찬가지일까? 비실용적 수준으로 멋진 것일까? 그렇다면 짝이 서로의 **마음을 나누며 짝짓기**하는 과정에서 마음의 현상적 속성이 줄달음 과정을 통해 진화하게 된 것일까?

이제 확인해 보자. 지금까지 정의, 논쟁, 비유 등 예비 작업을 모두 마쳤으니 나의 독창적 이론을 제시할 때가 왔다.

12

우리가
걸어온 길

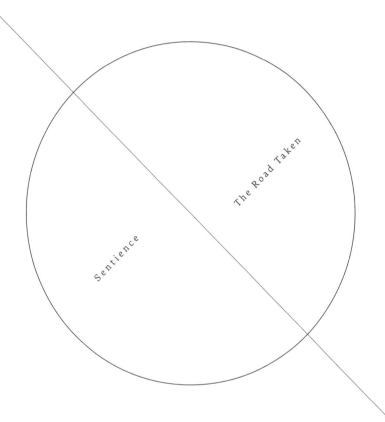

Sentience

The Road Taken

우리는 인간이 경험하는 감각에 대한 특정한 관점에 도달했다. 감각은 우리의 감각기관에서 발생하는 일과 그에 대한 감정을 대표하는 개념이다. 이는 뇌에서 자극에 의해 유발되는 운동 반응을 추적함으로써 이루어진다. 이것은 숨겨진, 실현되지 않은 신체적 표현 형태로 존재한다. 그다음 단계로서 이는 현상적 속성을 얻게 된다. 이 속성은 환상이 아니다. 그것들은 '어떤 것이 있는지'에 관한 느낌의 진실한 특성이다.

인간의 감각을 진화 과정의 종착점으로 가정하고, 이제 처음으로 돌아가 이를 다시 발명해 보자.[i] 즉 발전사를 쓰는 식으로 해 보자. 자료 12.1과 자료 12.2를 참고하면 이해가 쉬울 것이다.

고대 바다에 떠다니는 원시적인 아메바 같은 생명체를 상상해 보라. 다양한 일이 일어난다. 빛이 이 생명체에 떨어지고, 물체가 서로 부딪히며, 화학물질이 달라붙는다. 신체 표면에서 일어난 일 중 일부는 받아들일 기회로 인식되고, 다른 일부는 피해야 할 위협으로 인식된다. 생명체가 살아남으려면 좋은 것과 나쁜 것을 구별하고 적절하게 반응할 수 있는 능력

---

i 역공학적 연구 방법을 말한다.

을 빚어내야 한다. 수용하든 거부하든 말이다(자료 12.1a). 소금이 표면에 닿으면 이를 감지하고 '소금스럽게 몸짓wriggles saltily'한다. 빨간빛이 몸 위에 비치면 다른 종류의 몸짓을 할 것이다. 뭐, '빨갛게 몸짓wriggles redly'한다고 해도 좋겠다.

이러한 반응은 자동적이고 반사적인 행동으로, 자극에 대한 평가적 반응을 나타낸다. 자극의 이벤트, 즉 그것의 질, 강도, 신체 표면에 미치는 분포 양상 및 자신의 생명 활동에 미치는 영향을 고려하여 자연선택을 통해 세밀하게 조정되었다. 처음에는 이러한 반응이 신체 표면에서 국소적으로 구성되지만, 곧 더 정교한 조정을 위해 감각 정보가 중앙 신경절 또는 원시적 뇌로 전달되고 반사 반응이 개시된다(자료 12.1b).

이런 반사 반응을 '센티션sentition'이라고 부르자.[ii] 이것은 감각과 행동 사이에 위치하는 반응이다. 센티션은 동물에게 자극이 어떤 **의미가 있는지를** 행동으로 **나타낸다**. 이를 통해 외부에도 그 의미를 드러낼 수 있다. 그렇기 때문에 외부 관찰자가 있다면, 어떤 일이 일어나고 있는지에 대해 동물이 **어떻게 생각하는지**에 관해 그 동물이 **어떻게 행동하는지**를 보며 알아차릴 수 있다. 그러나 이 초기 단계에서는 동물 스스로 자신에게 일어나고 있는 일에 대해 어떤 정신적 이미지도 만들지 않으며, 자신이 가진 느낌도 없다.

그러나 동물이 더 복잡한 삶을 살아가게 되면서, 반사 행

[ii] 감지로 옮기기도 하나, 다른 의미와 혼동될 가능성이 높아 원어 그대로 옮겼다.

동만으로는 부족해진다. 더 유연하게 행동하기 위해서 자신과 주변 환경에 대한 정보를, 그것이 없는 상황에서도 참조할 수 있는 형태로 저장해야 한다. 특히 신체 표면에서 발생하는 사건에 대한 정보를 표상하고 '마음속에' 기억할 방법이 절실하다. 그렇다면 어떻게 이 새로운 단계로 진화할 수 있을까?

사실 센티션에 기반한 놀라운 방법이 존재한다. 외부 관찰자가 동물이 무엇을 느끼는지 행동을 통해 알 수 있는 것처럼, 원칙적으로 **내부 관찰자**도 알 수 있다는 것이다. 즉 동물은 **자신의 반응을 모니터링**하여 자극이 자신에게 어떤 의미인지 스스로 파악할 수 있다. 간단한 방법이 있다. 동물의 뇌가 반응을 만들기 위해 운동 명령을 보낼 때, 그 명령의 복사본을 만드는 것이다. 나가는 신호, 즉 '원심성 사본efference copy'이다. 그런 다음 이를 역으로 읽어, 자신이 어떻게 반응하고 그래서 어떻게 느끼고 있는지에 관한 표상을 얻을 수 있다(자료 12.1c).[68]

앞서 언급한 용어로 말하자면 표상 매체는 명령 신호의 복사본이고, 표상 대상은 발생 중인 자극이다. 그러면 표상 수령인, 즉 표상을 원하는 주체는 무엇일까? 동물이 일단 이런 식으로 세상을 표상하기 시작하면, 그때부터 **감각의 주체**가 되는 **자아**를 가지기 시작하는 것으로 볼 수 있을까?

1장에서 내가 제안했던 주장을 기억해 보자. 모든 정신 상태의 주체, 그 상태를 **소유한** 주체는 최소한 원시적 자아로 간주하자고 했다. 그 기준에 따르면, 최초로 표상을 시작한 원시적 동물은 실제로 자아를 만들고 있는 중이다. 이 자아가 표

자료 12.1

(a) 자극 부위에서 평가 반응 발생.

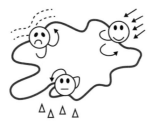

(b) 중앙 조절하의 반응.

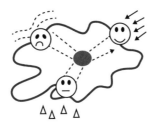

(c) 자극이 어떤 것인지 표상하기 위해서 운동 명령 신호 복제.

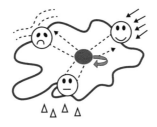

(d) 반응의 사적 변환-원심성 복제 지속.

상의 주체이며 우리가 알고 있는 감각의 전구체다. 물론 이 시점의 감각은 우리와 같은 지각 동물이 가진 두드러진 현상적 느낌은 가지지 못한다.

현상성 창발의 핵심은 센티션이 계속 진화하는 방식에 있다. 처음부터 센티션은 명백한 적응 반응을 동반한다. 동물은 자신에게 일어나고 있다고 느끼는 일에 대해 어떤 적응적 행동으로 대응할 것이다. 그러나 처음에는 적응적이었던 행동이 계속 그러리라는 보장은 없다. 동물들이 환경과 상호작용하는 더 세련된 방법을 빚어내면서 기존의 신체 반응이 점점 부적합해지는 시점이 반드시 찾아온다. 하지만 여기가 바로 문제가 생기는 시점이다. 이 시점이 되면 이미 반응은 자극의 의미에 관한 표상 매체로 유용한 역할을 하고 있기 때문이다. 예를 들어 보자. 이제 빨간빛을 접했다고 해서 해당 동물은 반사적으로 뒤로 물러날 필요가 없다.[i] 하지만 동물은 여전히 빨간빛이 자신의 몸에 비춰지고 있으며 이것이 위험하다는 것을 알기 원할 것이다.

그렇다면 어떻게 해야 할까? 여기 다시 기발한 제안을 해보겠다. 반응을 내부화internalized하거나 사적화privatized하는 것이다(자료 12.1d).

밖을 향한 명령을 통해 자극이 발생한 곳에 실제 신체 반응을 일으키는 대신, 감각기관이 먼저 뇌로 투영되는 내부 신

---

i 그런 회피 행동의 적응적 가치가 없어졌다.

체 지도를 대상으로 반응을 시작한다. 이렇게 하면 명령은 중요한 의도적 내용을 보존할 수 있다. 즉 '내 몸의 이 부분을 이용해서 나에게 일어나고 있는 일에 대응한다'는 일종의 도상계획이다. 여전히 원심성 사본이 보존되므로 주체가 정보를 얻을 수 있는 표상을 형성한다. 이제 명령은 표면에 드러나지 않는 가상의, 마치 그런 것 같은, 표현적 반응을 발행하는 것이다.

자, 여기서 운 좋은 사건이 발생했다(이 이야기는 현대적 모양으로 발전한 뇌가 그려진 자료 12.2에 요약했다). 신체 표면의 특정 부위에서 반응 행동을 보이도록 출력된 운동 신호가, 같은 부위에서 유입되는 감각 신호와 함께 뇌 안의 특정 위치로 방향을 틀면 이 과정에서 피드백이 생길 수 있다. 조건이 적절하다면, 나가는 운동 신호는 들어오는 감각 신호와 상호작용하여, 자기 꼬리를 잡으려 끊임없이 움직이는 순환 활동의 고리를 만들 수 있다(자료 12.2c).

기억날지 모르겠지만, 원숭이 뇌세포 실험으로 돌아가 보자. 청각 능력을 가진 세포의 반응과 그 반응이 스피커 소리로 출력되는 과정에서 우연히 루프가 형성되어 스스로 지속되는 '후아!'가 발생한 것처럼, 센티션에서도 비슷한 현상이 시작된다. 그리고 이로 인한 결과는 모든 것을 근본적으로 뒤바꿀 힘이 있다.

첫째로 센티션은 시간이 지나면서 점점 연장될 수 있다. 주체가 발신 신호를 모니터링하면서 각각의 감각 순간이 실제보다 더 길게 느껴진다는 인상을 받게 된다. 마치 감각이 더

자료 12.2

(a)
감각. 뇌의 모듈―원시적 자아―은 반응을 모니터링하여 자극이 어떤 **느낌**인지에 대한 정신적 표상을 형성한다.

(b)
사적화. 반응이 내면화되어 뇌에서 감각 신호가 도착하는 신체 지도로 대응한다.

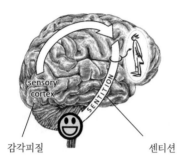

감각피질   센티션

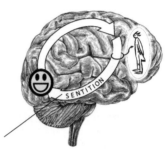

(c)
두터운 순간. 감각 입력과 운동 반응 사이에 피드백 루프가 생성되어 재귀적 활동이 오래도록 지속한다.

(d)
입선드럼. 피드백 활동이 끌개 상태로 안착한다.

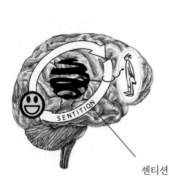

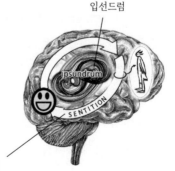

센티션

두꺼워지는 것처럼 느껴진다. 하지만 이것은 더 복잡한 변화의 시작에 불과하다. 일단 루프가 형성되면, 순환 활동은 채널링되고 안정화되면서 '끌개attractor' 상태로 진행할 수 있다. 끌개 상태로 들어가면, 복잡한 패턴이 거듭해서 자신을 복제해 낸다(자료 12.2d).[69]

끌개는 실제 수학적 객체임에도 불구하고 상상하기 어려운 놀라운 성질을 가질 수 있다. 사실 감각의 질을 '개선'할 기회가 생길 때마다 자연선택은 새로운 디자인 공간을 탐색할 수 있다. 회로를 조금만 조정해도 감각이 느껴지는 방식에 대한 주체의 인식에 큰 영향을 미칠 수 있다. 결과적으로 감각은 이 세상에 속하지 않은 사적 느낌으로, 즉 고유한 양식 특이적 질modality-specific qualities로 물들게 된다. 주관적 현재의 두꺼운 시간에 뿌리를 둔, 비물질적이며 정신적인 것들immaterial mind stuff[i]로 이루어진 것처럼 경험된다. 간단히 말해서 현상적인 경험이다.

우리가 얘기하는 수학적 끌개의 종류에 이름을 붙여 주자. 나는 입선드럼ipsundrum이라고 부르기로 했다. 이것은 실현 불가능한 삼각형인 그레건드럼에서 착안한, 자아 생성 수수께끼다. 이 이름은 현상적 감각의 매개체를 독특하고 실질적인 느낌이 들도록, 그리고 뭔가 실재하는 사물인 것처럼 들리게 한다. 물론 단지 수학적 객체에 불과하다. 입선드럼이란

---

i material에 대응하여 stuff라는 표현을 썼다.

어떤 동물(또는 어떤 로봇)의 뇌가 그것, 즉 입선드럼을 구성하며 읽어 낼 수 있는지 묻기 위해 만들어 낸 단어다.

만약 이 이름을 듣고 뭔가 불편한 느낌이 들어 책을 덮고 싶어졌다면, 그럴 법한 일이다. 입선드럼의 발명은 진화적으로 놀라운 일임에 분명하다. 충족인과율에 정면으로 도전하는 것일까? 아무것도 없는 상태에서 자연선택은 마법 비슷한 것을 창조하여 그것을 우리를 포함한 무수한 지각 동물의 두뇌에 심어 놓았다.

다음에 무슨 일이 발생할까? 심리학적 수준에서, 감각이 **자아 감각**에 기여하는 방식에 큰 변화가 일어난다. 감각은 항상 기본적으로 **개인적인** 경험이다. 주체로서의 당신을 위해, 감각은 **당신의 신체 표면**에서의 자극에 대한 **당신의** 관심을 나타내고, 그것은 당신이 어떻게 반응하는지를 고려함으로써 이루어진다. '나에게 일어나고 있는 일'을 표상하는 행위에서 '나는 무엇인가'라는 감각을 채워 나가게 된다는 것이다. 그런데 이러한 결과로 '나에게 일어나고 있는 일'에 대한 그림이 점점 더 멋지고 강렬한 그림으로 덧칠되어 간다면, '나'에 대한 생각도 역시 그렇게 발전할 것이다. 사실 처음에는 자기에게 자아라는 것은 그리 중요하지 않았다. 그러나 갑자기 가치 있는 현상적 자아로 승격된 것이다.

말 그대로 순식간이다. 현상성의 발명과 그에 따른 자아의 결과적 지위 향상은 아마 매우 빠르게 일어날 것이다. 입선드럼을 지속하는 자기 유지적 피드백은 **모 아니면 도**이기 때문이다. 피드백 루프에서 입력과 출력 사이의 커플링이 정교해지면서, 활동은 바로 끊어지거나 혹은 계속 확장되거나 둘 중 하나다(노래방에서 마이크와 스피커를 가까이 대 본 사람은 잘 알 것이다). 한 상태에서 다른 상태로의 급격한 전환을 통해서, 지각이 없던 동물 종이 어느 날 갑자기 현상적 의식의 두꺼운 순간에 살아 있다는 것을 깨닫는 일이 일어난다.

결론적으로 나는 진화를 통해 이러한 발전이 **일어날 수 있었다**고 믿는다. 원시적 꿈틀거림에서 완전한 현상적 감각에 이르기까지의 길 말이다. 감히 말해서 진화는 그런 길을 갈 **운명이었다**고 해야 할까? 운 좋은 기회가 여러 차례 있었다. 만약 그렇지 않았다면, 예상치 못한 다음 단계로의 진화는 없었을 테니 말이다.[i]

최소한 세 번, 이런 놀라운 일이 일어났다. (a) 감각자극에 대한 반사 반응의 명령 신호를 다른 식으로, 즉 자극이 의미하는 것을 표상하기 위해 활용할 수 있었다. (b) 이러한 반응을 내면화할 필요성으로 인해 감각-운동 피드백 루프가 만들어졌다. (c) 이러한 루프는 매우 묘한 잠재적 속성이 있는 끌개를 가지게 되었다.

세렌디피티가 일어나지 않았다면, 현상적 의식의 진화도 없었을 것이다. 사실 진화가 이 경로를 따를 수 있었던 것은 정말 운 좋은 일이었다. 그러나 불가능한 일이 일어난 것은 아

---

i 저자는 목적 없는 진화라는 원칙을 부정하는 것이 아니다. 이를 위트 있게 비틀어, 예기치 못한 과정을 통한 진화의 '운명'적 과거를 강조하고 있다.

니다. 사실 정반대다. 이번 장에서 진화의 역사를 거슬러 올라가며 알게 되었듯이, 이러한 우연한 기회는 항상 있었던 기회였다. 역사를 다시 시작한다고 해도 진화는 아마 비슷한 길을 다시 걷게 될 것이다.[70]

13

현상적 자아

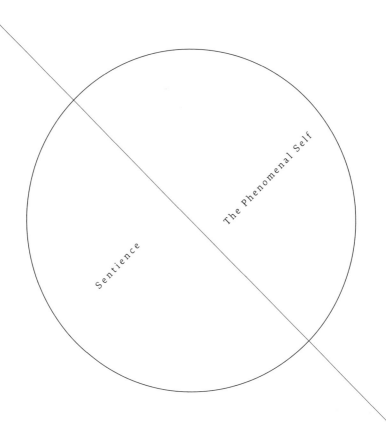

Sentience

The Phenomenal Self

우리는 지금까지 진화 이야기의 목적지
가 현상적 의식과 자아 강화라고 가정해 왔다. 이 둘이 어떻게
연결되는지, 결과적으로 어떤 이점이 생겨날 것인지를 좀 더
자세히 살펴봐야 할 때다. 나는 현상적 자아를 '스스로에게
가치 있는 자아self worth having'라고 언급했다. 그러나 주관적
으로 가치 있는 자아가 생물학적 생존의 측면에서 어떤 가치
가 있는지에 대해서는 아직 논의하지 않았다.

여기서 말하는 자아는 데카르트의 자아다. 그것은 당신
이 정신 상태의 주체로서 '나'를 내관함으로써 발견하는 자아
다. 데카르트는 이 자아의 본질을 발견하는 방법을 제시했다.
모든 의심스러운 것을 배제하면서 깊이 있는 자아 성찰을 통
해, '나'가 존재하기 위해 반드시 가지고 있어야 할 본질적 특
성을 찾았다. 그 결과 생각이 의심할 수 없는 필수적인 것이라
는 결론에 이르렀다. 즉, "**나는 생각한다, 고로 존재한다** I think,
therefore I am"라는 것이다.

데카르트의 연구 방법에 관해 따지고 싶진 않다. 하지만
그러한 접근이 도출한 결론에 관해서는 많은 이견이 있었고
지금도 그렇다. 철학자 데이비드 흄은 조금 다르게 접근했는
데, 지금까지 우리가 논의해 온 방향과 더 가까운 결론에 도달
했다. 흄은 "**나는 느낀다, 고로 존재한다** I feel, therefore I am"라고
결론을 내렸다.

나는 내가 '자아'라고 부르는 것에 가장 깊이 들어갈 때마다, 항상 특정한 인식이나 지각을 발견하곤 했다. 뜨거움이나 차가움, 빛이나 그림자, 사랑이나 증오, 고통이나 쾌락 등이 그 예다. 어느 순간에도 인식이 없는 상태에서는 나를 발견할 수 없으며, 인식 이외의 것은 관찰할 수 없다. 내 인식이 사라졌을 때, 깊은 잠을 자는 것처럼 나는 내 자신을 인식하지 못하며 사실상 나는 존재하지 않는다고 말할 수 있다.[71]

흄은 스코틀랜드 출신 동료 연구자였던 토머스 리드보다 50년 전에 글을 썼다. 흄은 감각과 인식을 구분하지 않았으며, 모든 종류의 감정에 대한 일반적인 용어로 인식을 사용했다. 그러나 그 의미는 분명하다. '내가 나 자신을 느끼지 못할 때 나는 존재하지 않는다.' 물론 여기서 논의되는 것은 감각적 현상학이다.

감각이 없을 때 '나'도 없다. "엄마, 나를 만져요. 그래야 내가 여기 있을 수 있어요."

그러나 흄은 이 통찰적 발견을 내가 생각하는 정도의 깊은 진실로 받아들이지는 않았다. 이렇게 발견한 자아는 **개성**이 없다고 여겼으며, 여러 요소를 의미 있는 전체로 묶어 주지 않는다고 생각했다. "우리는 여러 인식의 묶음이나 집합에 불과하며, 그것은 믿을 수 없을 만큼 빠르게 차례대로 이어지면서 끊임없는 흐름과 움직임 속에 존재한다. (……) 또한 영혼의 어떤 힘도, 단 한순간이라도 변하지 않고 머물러 있는 것은 없다." 그는 마음을 극장에 비유했다. 등장인물이 연속적으로 나타나고 지나가며, 다양한 배역이 보이는 무수한 자세와 무대 상황 속에서 서로 섞이며 나타나는 변화무쌍한 감각의 표상을 말했다. 이렇게 말하기도 했다. "한 시점에 존재하는 동일한 **단순성**도, 여러 시점 동안 유지되는 지속적 **정체성**도 없다. (……) 또한 이러한 장면이 어디서 연출되는지, 그것이 어떤 물질로 구성되어 있는지에 관해 어렴풋한 짐작도 할 수 없다."

흄은 이 부분에서 완전히 잘못 생각한 것 같다. 감각이 일시적으로 방해되는 것처럼 보일 수 있다. 곧 사라져 버리기도 한다. "일순간 하얗게 빛나고, 영원히 사라진다." 그러나 이러한 특성이 자아에 단순함과 정체성을 제공한다. 흄이 결여되었다고 여긴 바로 그것을 메꿔 준다. 바로 당신의 감각이 **본질적으로 개인적**이라는 것이다. 그것은 당신만 볼 수 있고 다른 사람은 볼 수 없다. 당신의 몸에서 일어나는 사건과 관련되며 당신이 만들어 낸 공간과 시간에 위치한다. 그리고 그것은 완전히 당신만의 발명품인 현상적 붉음, 짠맛, 고통 같은 특성을 가진다. 모든 감각은 당신만의 독특한 현상적 시그니처를 가지고 있다. 사실 당신도 알고 있듯이 붉은색을 보고, 소금 맛을 느끼고, 가시 달린 식물을 만지면서 **그렇게 느끼는** '나'야말로 우주에서 유일한 자아다.

이러한 '저자'의 시그니처, 즉 나만의 고유한 느낌은 여러 감각에 계속 날인된다. 당신의 '자아'의 각 에피소드를 바로 이전의 에피소드와 연결하여 지속적인 자아 존재를 확립할 수 있도록 해 준다. 흄의 걱정은 괜한 것이다. 감각이 잠시 사라질 때도, 즉 깊은 잠을 잘 때도 그것이 같은 '자아'라는 것을 의심할 필요가 없다. 당신은 여전히 **당신의 방식**으로 감각을 경험하고 있을 것이 분명하기 때문이다.

•

　　　　　당신의 감각이, 과거로 이어지는 긴 화랑에 걸린 일련의 그림으로 구성된다고 상상해 보자. 작품의 주제는 당신의 감각기관에서 일어난 일, 그리고 그것에 관한 당신의 순간적 느낌을 연속적으로 보여 준다. 그림의 스타일에는 당신만의 독특성이 있다. 피카소의 작품을 모두 '피카소풍의 피카소 작품들Picassos'이라고 하거나 세잔의 작품을 모두 '세잔풍의 세잔 작품들Cezannes'이라고 하는 것처럼 말이다. 이 작품은 모두 '당신풍 당신들Yours'이다.

　　이 '당신'들은 감각적 자극의 사실을 단순히 복사한 것이 아니다. 오히려 당신의 창의적 해석을 보여 준다. 이 점에서 진정한 예술가의 작품과 유사하다. 파울 클레의 말에 따르면 "예술은 보이는 것을 재현한 것이 아니다. 그보다는 그것을 볼 수 있도록 해 준다."[72] 파블로 피카소도 이렇게 말했다. "예술은 진실을 깨닫게 해 주는 거짓말이다. (……) 예술을 통해 우리는 자연이 무엇인지가 아니라, 무엇이 아닌지에 관한 우리의 생각을 표현해 낸다."[73] 외젠 들라크루아는 "그림의 주체는 당신 자신이다. 그것들은 자연 앞에 선 당신의 인상, 당신의 감정이다"[74]라고 했고, 빈센트 반 고흐는 "내가 가장 하고 싶은 것은 이러한 부정확함, 편차, 재구성 또는 현실의 조

정이 설령 '거짓'일지라도, 동시에 글자 그대로의 진실보다
더 진실된 그림으로 만들어 내는 것이다"[75]라고 했다. 새뮤얼
파머Samuel Palmer는 노트에 "자연의 조각들은 대체로 영혼 속
으로 들어오면서 훨씬 나아진다"[76]라고 적었다.

　이런 예술가의 알쏭달쏭한 말을 인용해서, 당신의 감각
이 당신에게, 다른 모든 사람에게는 보이지 않는 것을 드러낸
다고 하면 너무 나간 것일까? 자연 속에서 당신의 신체적 존
재에 관한 신묘한 진실을 드러낸다고 하면, 좀 오버하는 것일
까? 뭐, 그럴 수도 있다. 하지만 뭐라고 말하든 나는 여기서
중요한 과학적 핵심을 제시하고 싶다. 오랜 옛날, 물리적 세
계와의 상호작용을 추적하기 위해 시작된 감각은, 진화 과정
을 겪으며 전복적 이중 역할을 맡게 되었다. 물리적 환경과의

자료 13.1
예술로서의 의식

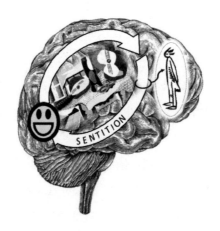

연결을 유지하면서도, 동시에 그것으로부터 당신을 멀어지게 하는 역할도 하게 된 것이다. 그들은 당신의 삶에 본질적인 비물질적 차원이 존재한다는 느낌을 준다. 마치 당신의 자아를 물질 세계 위로 떠다니는 마음의 거품처럼 고정시킨다. 감각은 당신이 '당신'이 되기 위해 필요한 역설적 본질을 포착해 낸 작품이 되었다.

프리드리히 니체는 "예술은 자연의 현실을 모방하는 것만이 아니라, 자연의 현실에 형이상학적 보강을 한다. (……) 진실이 사라지게 하지 않으려면 예술이 필요하다"라고 말했다.[77] 나는 감각이 우리의 체화된 현실에 관한 형이상학적 보강으로 진화했다고, 특히 인간에게 그랬다고 말하고 싶다. 니체처럼 장엄하게 표현하면 이렇다. 물질성이 사라지게 하지 않으려면 현상적 자아가 필요하다.

✐

자연선택이 왜 이렇게 일어났을까? 인간에 대해서는 너무 뻔해 보이는 모범 답안이 있다. 기나긴 생물 진화사에 비하면 상대적으로 최근에 일어난 인류 진화사 동안, 우리 조상 가운데 자신을 무형의 특성을 가진 존재로 생각한 사람이 있었을 것이다. 자신이 일반적 시공간 밖에 존재한다고 여긴 조상은 점점 자신의 존재를 더 진지하게 받아들였을 것이다. 현상적 의식의 기묘하고 초월적인 속성을 강하게 가지고 태어난 사람일수록, 자기를 더 중요하게 여길 것이다. 그리고 자기를 더 중요하게 여기는 사람일수록 자신의 삶, 그리고 타인의 삶에 더 큰 가치를 부여할 것이다.

언어능력이 진화하면서, 말을 하게 된 조상은 분명 서로 모여 이런 중요한 문제에 대해 논의하기 시작했다. 현상적 자아를 다른 존재로 전환하는 일, 즉 물리적 구성 기반에서 벗어나 죽음을 넘어서도 지속하는 존재 혹은 유령 같은 힘을 지닌 '영혼'적 존재로 전환하는 일은 금방 이루어졌을 것이다. 인간은 이제 문화적으로 훨씬 풍요로운 존재가 된 것이다.

하지만 이건 인간에 관한 설명 아닌가? 현상적 자아가 생물학적 생존 측면에서 자신의 가치를 처음 입증한 일이 이렇게 뜬구름 잡는 수준으로 일어났을 리 없다. 그렇다면 현상적으로 의식이 있는 동물은 왜 있을까? 자아에 대해 말하지 못하는 동물은? 그들도 '나'라는 개념을 가지고 있지만 그것을 표현할 단어는 없다. 그 녀석들도 다른 녀석이 자신과 같은 '나'를 가지고 있다고 생각해 낼 수 있을까? 그리고 그런 능력이 그들의 생존에 도움이 되었을까?

이 책 후반부에서 구체적 예를 살펴볼 테지만, 일부 비인간 동물이 실제로 다른 동물을 독특한 '개인' 정체성을 가진 개체, 즉 자신만의 마음을 가진 개체로 본다는 증거가 있다. 다시 말해 그들은 다른 이들을 의식이 있는 **주체**로, 단순한 물리적 **대상**이 아닌 존재로 본다. 단순한 **몸**이 아니라 그들의 **존재**를 보는 것이다.

언어가 없어도 다른 이의 자아에 대한 존중은 일 처리 방식에 큰 차이를 만들 수 있다. 다른 개체(짝, 어머니, 친구, 적)

가 자신과 같은 자아를 가졌다고 보면, 그들의 생각을 이해하고 행동을 예측할 때 남보다 앞설 수 있다. 우리는 상대방의 필요와 능력에 관해 더 많이 생각할 수 있을 뿐만 아니라, **나**에 관한 **상대**의 생각도 고려할 수 있다. 이제 '타고난 심리학자'가 되는 여정이 시작된다. 다른 이의 입장에서 자신을 상상할 수 있다면, 우리는 **상대방의 마음**을 자신의 것으로 모델링할 수 있다. 게다가 우리 마음은 이미 현상적 감각을 핵심 능력으로 장착하고 있으니 자기 자신의 마음을 쉽게 이해할 수 있지 않은가? 내 마음을 들여다볼 수 있다면, 남의 마음을 들여다보는 것은 어려운 일이 아니다.

이런 가능성, 즉 현상적 의식이 당신에게 '마음의 이야기' 또는 좀 과하게 말해서 '초보자를 위한 마음의 책'을 제공함으로써 큰 이점을 제공한다는 주장은 최근 몇 년 동안 철학자들에게 인기를 얻고 있다. 데닛은 오랫동안 내관introspection이 자신에게 뇌의 그림을 그대로 보여 주지 않으며(설령 그렇다고 해도 이해할 수 없을 것이다), 반¥허구적 서사를 제공한다고 주장해 왔다. "우리는 뇌에서 끊임없이 움직이는 복잡한 신경 시스템을 보거나 듣거나 느끼지 않는다. 단지 해석된 결과, 소화된 버전 혹은 사용자 착각에 만족해야 한다. 우리는 이것에 너무 익숙해져 있다. 그것을 그저 현실이라고 받아들이는 정도가 아니다. 훨씬 더 나아가서, 의심의 여지가 전혀 없는 유일한 현실, 딱 달라붙어 떼어 낼 수 없는 현실로 받아들인다."[78] 신경과학자 마이클 그라치아노Michael Graziano에 따르면 "우리의 본질적 마음 모델은 활발하고 세심한 뇌의 기능에 관한 만화 버전이다".[79] 키스 프랭키시는 "현상적 특성의 표상은 기저 현실의 단순화되고 체계적인 표상이다"[80]라고 말했다. 데이비드 차머스는 "(내관은) 정신 상태의 유사성과 차이를 추적해야 하지만, 이를 직접적으로 수행하는 것은 비효율적이다. 기저의 물리적 상태에 접근할 수도 없다. 그래서 특별한 질을 가진 정신 상태로 인코딩하는 새로운 표상 체계를 도입했다"[81]라고 말했다.

동의한다. 그러나 여전히 뭔가 어둡다. 지금까지의 철학적 논의는 실제로 어떻게 작동하는지에 대한 예시를 충분히 보여 주지 못한다. 그러니 하나의 예를 들어 보자. 마음 읽기의 가장 간단한 사례다. 우리가 어떤 감각기관을 사용해서 무엇을 알아내는지에 관한 것이다.

나는 각각의 감각 양식은 별도의 독특한 질 공간을 가지고 있다는 사실이 우리의 경험에서 가장 분명한 사실이라고 추정한다. 눈을 통해 중재되는 모든 감각은 명백하게 시각적이다(편광 현상에서 봤듯이 빛이 아닌 접촉 자극이더라도 여전히 시각적 감각이다). 귀를 통해 중재되는 모든 감각은 명백하게 청각적이다. 이런 식이다. 단일 양식 내에서는 감각이 연속적 스펙트럼의 일부다. 그러나 감각 방식 간에는 넘을 수 없는 격차가 있다. 예를 들어 한 가지 색감이 다른 색감으로 바뀌거나, 한 가지 소리가 다른 소리로 바뀌거나, 한 가

Sentience

⑬ 현상적 자아

지 냄새가 다른 냄새로 바뀔 수는 있지만, 색깔에서 소리로 또는 소리에서 냄새로 갈 수는 없다. 감각 방식의 구분은 분명하고 절대적이어서 자연의 깊은 구조를 반영하는 '자연적 종 natural kinds'처럼 보일 수 있다.

그러나 사실 생태 환경에서도, 그리고 대뇌생리학에서도 이러한 자연적 종은 찾을 수 없다. 서로 다른 감각기관의 수용체는 원래 단일 종류의 감각 **섬모**(털처럼 생겼다)에서 진화했다. 모두 동일한 방식의 전기화학적 기전으로 반응한다. 정보는 같은 종류의 신경을 통해 전달된다. 하지만 양식 특이적 과정을 통해 정보가 각 객체의 종류에 따라 특정적 표상을 전달할 수도 있지 않을까? 그러나 여전히 질적 차이가 일어나는 단계를 찾을 수 없다. 뇌로 들어오는 신경 경로의 신경세포를 관찰하는 생리학자를 붙잡고 물어보자. 그 신경세포를 지나는 신호가 빛에 관한 것인지, 아니면 소리 혹은 촉각에 관한 것인지? 대답할 수 없다.

그럼에도 불구하고 뇌 지도를 그릴 때, 종종 감각 경로에 여러 색상 코드를 사용한다. 예를 들어 최근 발간된 뇌 지도의 범례에는 다음과 같이 적혀 있다. "위의 이미지는 청각(빨강), 촉각(녹색), 시각(파랑)과 연결된 세 가지 주요 감각 영역을 보여 준다." 이렇게 범례를 그린 목적은 **뇌 사용자에게** 다른 **기능**을 가진 경로를 구별해 주려는 의도일 것이다. 런던 지하철 지도도 마찬가지이다. 각 노선을 다른 색상으로 표시한다. 베이컬루선은 갈색, 센트럴선은 빨강 등이다. 다른 목적지로 사람들을 데려가는 노선을 구분하려는 것이다. 그런데 감각 경로도 그럴까? 다른 곳으로 데려간다면, 그곳이 어디인가?

대뇌 수준에서는 이러한 질문에 답할 수 없다. 행동생태학 수준에서 질문하고 대답해야 하는 문제다. 실제로 우리가 살아가는 세상에서 우리는 서로 다른 감각기관을 어떻게 사용하는가? 이제 질의응답이 더 명확해진다. 다른 감각기관은 외부 세계의 다른 부분에서 자극을 샘플링한다. 더 중요한 창문이 열린다. 세계의 서로 다른 곳에서 유입된 자극은 이제 서로 다른 행동상의 가능성, 즉 행동 **어포던스**affordance^i를 제공하는 하부 세계로의 창문을 열어젖힌다.

밥 먹기, 기어오르기, 집기, 차기, 쓰다듬기, 후려치기, 긁기 등과 같은 행동 결정을 내릴 때 어떤 감각에 의지하는지 생각해 보라. 우리의 감각기관은 분명히 다른 유관 영역relevance zone을 가지고 있다. 나무에 있는 과일은 **볼** 수는 있지만 들을 수는 없다. 호수의 온도를 **느낄** 수는 있지만 맡을 수는 없다. 대화는 **들을** 수는 있지만 맛볼 수는 없다. 이 부분을 흘려 읽지 말자.

사실 이건 너무 당연해서 별로 주의를 끌지 못할 것이다. 그러나 마음 읽기 과정에는 엄청난 함의가 있다. 만약 우리가 다른 사람의 행동에 관해 그들의 입장에서 상상하여 예측하려

⑬ 현상적 자아

---

i 어포던스는 생물을 둘러싼 물리적 혹은 생태적 속성이 해당 생물에게 제공하는 행동 가능성의 여러 선택지를 말한다. 예를 들어 의자라는 물체는 사람에게 앉거나 기대거나 올라가는 등의 여러 어포던스를 제공한다. 그러나 먹거나 덮는 등의 어포던스는 제공하지 않는다.

고 시도한다면, 제일 먼저 해야 할 일은 그들이 사용하는 감각 방식을 이해하는 것이다. 우리가 느끼는 경험의 현상적 질이 바로 여기서 빛을 발한다. 우리는 이미 바로 적용 가능한 필터 세트를 가지고 있기 때문이다. 다른 사람이 된 것처럼 상상할 때, 우리의 생각은 적절한 감각 영역으로 이어진다. 이에 따라서 상대가 보일 수 있는 예상 행동의 범위를 좁히는 것이다.

너무 당연하게 느껴지는가? 그게 바로 핵심이다. 우리는 다른 식으로 생각해 낼 수 없다. 각각의 감각 양식을 퀄리아 코드화qualia-coding하는 것은 우리의 두 번째 본성인 것 같다. 그러나 퀄리아 코드화는 실제로 본성을 넘어서서, 생리학적으로는 연속체에 불과한 환경으로부터 감각 정보를 수집하는 방식 간에 본질적 차이를 일으킨다. 마음은 마치 당신의 뇌에서 무슨 일이 일어나는지에 관해 어떻게 표현할지 '예술적 자유'를 취하는 것처럼 보인다. 피카소가 말했듯이 퀄리아 코드화는 '진실을 깨닫게 하는 거짓'이다.

✒

이야기를 좀 더 확장해 보자. 1980년대에 이미 나는 인간과 고릴라를 타고난 심리학자로 언급하며, 마음 읽기 능력이 뇌의 작동을 관찰하는 '내부의 눈inner eye'으로부터 진화했다고 주장했다. 미국자연사박물관에서 진행한 강연[82]에서 이렇게 설명했다.

내부의 눈은 뇌의 작동을 볼 수 있는 인지 기능입니다. 사람들이 유용하게 사용할 수 있도록, 즉 해당 주체가 이해하기 쉬운 형태의 정보를 적절한 양만큼 제공하도록 진화했습니다. 오랜 진화사를 통해 다양한 방식으로 뇌의 활동을 묘사하는 방법이 시도되었을 것입니다. 신경세포도 있고 RNA도 있었겠죠. 그러나 오로지 사회적 존재로서의 우리들이 원하는 가장 적합한 방법, (타고난) 심리학에 알맞은 방법만이 살아남았습니다. 따라서 우리 인간이 지금까지 갖고 있는 우리 자신의 내부 모습은 사회적 존재로서의 우리 요구에 가장 알맞게 조율된 뇌에 관한 묘사입니다. 따라서 우리는 다른 방식으로는 우리 내부를 생각하지 못합니다. 즉 의식은 사회생물학적 산물입니다. 사회적으로나 생물학적으로 최고의 성능을 가지고 있죠.

같은 강연에서 나는 마음 읽기를 마음 이식에 비유하면서, 마치 장기를 이식하는 것처럼 수혜자와 기부자가 서로 알맞아야 한다는 점을 강조했다. 즉 다른 사람을 이해하기 위해 그들의 입장에 자신을 두려고 한다면, 그들의 마음과 나의 마음이 비슷한 원리로 움직인다는 것을 가정할 수 있어야 한다. 더 나아가 서로 마음의 모습을 같은 방식으로 상상한다면 더욱 좋다.

인간에게 이러한 호환성은 개인 간 상호작용의 주고받기 역동에 의해 지속적으로 검증되고 수정된다. 삶을 살아가면서 우리는 점점 더 자신에 대한 이해가 다른 사람을 이해하는

데 어떻게 도움이 되는지, 더 나아가 상대방이 나를 이해하는 데에도 어떻게 도움이 되는지 알게 된다.

상호작용을 통해 조정 및 개선되는 정신 모델의 정교화 과정은 개체의 삶이 이어지며 계속된다. 인간은 언어와 문화를 통해 이러한 작업을 더 잘해 낼 수 있다. 그러나 인간이 아직 인간이기 전, 자연선택도 비슷한 일을 해냈다. 내가 가지고 태어나는 현상적 경험의 기본 구조는 우리 종, 즉 호모사피엔스의 다른 개체도 역시 가지고 태어나도록 했다.

양방향 마음 읽기는 현상적 의식의 속성을 설명하는 데 아주 중요하다. 앞서 '성선택'에 관해 말하면서 정적 피드백이 어떻게 동물의 세계에 구애 과시의 아름다운 줄달음 현상을 만들어 내는지 이야기했다. 수컷 공작의 꼬리가 암컷 공작에게 더 매력적으로 보일수록, 수컷 새끼가 긴 꼬리를 가지도록 해야 유리하다. 사실상 길고 아름다운 꼬리는 스스로 자신을 선택해 내는 것이다. 현상적 의식에서도 이런 일이 가능할까? 현상적 의식을 가진 사람은 다른 이에게 마음 읽기를 해낼 더 좋은 대상일 테다. 그러니 마음 읽기를 통해 현상적 의식을 가진 개체가 더 큰 이익을 누릴 수 있다.[i] 즉 현상적 속성은 스스로 자신을 선택해 낼 수 있다. 이러한 과정이 나선형 상승 현상을 보이면서 오늘날 우리가 향유하는 기이한 수준의 아름다운 현상적 의식이 나타났다는 것이다.

---

i 성선택을 통해 긴 꼬리를 가진 개체가 더 큰 이익을 누리듯이.

『메이팅 마인드』의 저자 제프리 밀러Geoffrey Miller는 의식이 사회적 기능뿐 아니라 성적 기능도 가진다고 단언했다. 잠재적 파트너에게나 당장의 파트너에게나 마음 읽기는 아마도 타고난 심리학자가 갖추어야 할 가장 중요한 기술일 것이다. 연애를 해 본 사람이라면 밀러의 말에 동의할 것이다.

14

이론적
오해들

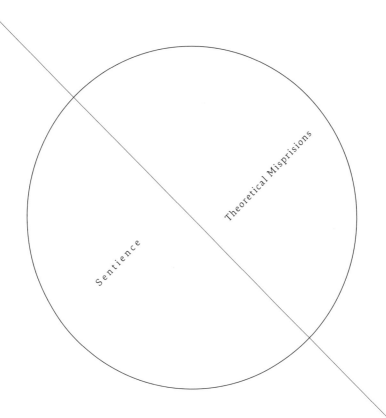

Theoretical Misprisions

Sentience

앞서 말한 진화 이야기에 이견이 있을 수 있다. 뭐, 아닐 수도 있지만, 지금까지 내 이야기를 들은 다른 사람들은 그랬다. 일단 원칙적으로 이 이야기가 현상적 의식의 진화, 그리고 그것의 생존상 이점에 대해서는 설명할 수 있지만, 오직 현상적 의식만 이 역할을 할 수 있음을 입증할 수 없다는 것이다. 나는 사회적 존재로서 생존 가능성을 높이는 지각이 자연선택을 통해 진화했다고 주장했다. 선택된 형질이 목적에 **충분히 부합**하긴 하지만, 이 해결책이 유일한 방법이었다는 것은 아직 분명히 이야기하지 않았다.

이에 대해서 심리학자 스튜어트 서덜랜드Stuart Sutherland는 다음과 같이 말했다.

불행하게도 이러한 주장에는 명백한 오류가 있다. 뇌는 동기, 사고 등의 기저 과정을 표상할 수 있으며, 따라서 이러한 과정을 통해 다른 사람의 행동 및 행동 기저의 힘에 관한 모델을 표상으로 사용할 수 있다. 그러나 그러한 표상이 의식에 나타날 필요는 없다. (……) 의식이 만들어 낼 수 있는 여러 기능을 떠올리는 것은 쉬운 일이다. 그러나 그것이 오직 의식을 통해서만 행사될 수 있음을 보여 주는 것은 어려운 일이며, 아직 아무도 이를 증명하지 못했다.[83]

물론 이 말에 어느 정도 동의한다. 이 책 초반에 인지적 의식을 가지고 있지만 현상적 경험이 없는 생명체도 어떤 종류의 자아 개념을 발전시키고 심지어 마음 이론마저 익힐 수 있다고 언급한 바 있다. 현상적 의식은 자아 형성이나 마음 읽기에 논리적으로 필요한 것은 아니다. 사실 엔지니어라면 높은 수준의 사회적 로봇을 설계하면서, 지각을 제외하고도 충분히 바람직한 대안을 찾아낼 수도 있을 것이다.

뭐, 그럴 수도 있다. 하지만 서덜랜드에게 이렇게 말하고 싶다. 다른 방식으로 일을 처리할 수 있다는 이론적 가능성이 있더라도, 그것이 생물학적 진화가 그러한 방향으로 나타날 실질적 가능성을 의미하는 것은 아니다. 인공 뇌가 현상적 의식을 포함하지 않고 마음을 표상할 수 있다 하더라도, **우리** 뇌가 그렇게 진화했다고 하기는 어렵다. 혹은 우리 뇌가 그렇게 할 수 있었다고 치자. 그렇더라도 역시 지금 우리가 아는 것처럼 결국 유용한 방식으로 사용자 친화적 마음 모델을 제공하게 되지 않았는가? 마음 읽기가 원칙적으로 현상적 의식이 아닌 다른 방법으로는 일어날 수 없다는 말이 아니다. 실제로 현상적 의식을 통해서 마음 읽기가 효과적으로 제공되고 있으며, 운이 좋은 것인지 모르겠지만 진화적 경로도 그것을 가능하게 해 줄 수 있다는 말이다.

데이비드 차머스는 내가 제안한 진화적 설명에 대해 비슷한 이의를 제기했다. "좋아. 그렇다면 자연선택이 왜 그 문제를 **그런** 방식으로 해결해야 했지?"라는 반박이다.

험프리는 진화적 맥락에서 우리 스스로 자신을, 이러한 신비한 방법을 통해 의식적 존재로 생각하게 되었다면, 우리는 자신 그리고 타인의 삶에 더 큰 가치를 부여하게 될 것이라고 말했다. (……) 흥미로운 주장이다. (그러나) 다른 생명체도 이미 자신의 삶에 높은 가치를 부여하고 있지 않은가?"[84]

어느 정도 옳은 말이다. 생명체가 다른 이유로도 완벽하게 자신의 삶에 가치를 부여할 수 있다고 이야기하고 있다. 충분히 정당한 주장이다. 살아남고자 하는 욕구는 오직 현상적 의식에 의해서만 일어날 수 있는 것이 아니다. 실제로 많은 동물은 훨씬 더 기본적인 무의식적 생존 본능을 충분히 가지고 있다. 그러므로 내가 제안한 해결책은 불필요해 보일 수 있다. 우리 조상은 이미 생존 본능을 가지고 있었다. 그런데 자연선택은 왜 그것을 그대로 내버려 두지 않았을까? 고장 난 것도 아닌데, 왜 내가 주장한 이른바 신비한 방식으로 고치려고 했을까? 다른 비평가도 비슷한 문제를 제기했다. 내가 문제 아닌 문제에 해답을 제안하고 있다는 것이다.

그러나 '그대로 두기'는 진화의 방식이 아니다. 자연선택은 생물학적 적합성을 향상시키는 기회를 계속 찾아내며, 이전에 도달하지 못한 삶의 방식을 받아들이고 적응하게 한다. 이 때문에 목적 없는 진화에 마치 방향이 있는 것처럼 보인다. 이미 잘 적응하고 있음에도 새로운 적응 환경으로 나아가는 이유다.

예를 들어 새들은 날개를 진화시키며 하늘을 날게 되었

다. 하지만 땅에서의 삶도 여전히 만족스러웠다. 날지 못하는 새들이 불만족을 감내하며 살고 있는 것은 아니니 말이다. 그러나 날개가 문제 아닌 문제에 관한 공연한 해답이라고 할 수 있을까? 물론 아니다. 날개는 새의 조상이 중력을 이겨 공중에 머무르는 방법을 찾아내야 했던, **그 문제에** 대한 해답이었다. 반드시 이러한 생태적 틈새로 이동할 **필요는 없었지만** 아무튼 그렇게 해낸 새는 새로운 세계로 진입하는 여권을 발급받은 셈이었다. 마찬가지로 현상적 의식은 타고난 심리학자로서 개별화된 자아 감각과 마음 읽기 능력을 만들어 낼 방법을 찾아야 했던, **그 문제에** 대한 해답이었다. 그들은 이 생태적 틈새로 이동할 **필요는 없었지만** 그렇게 한 생명체에게 현상적 자아는 새로운 틈새로의 접근을 가능하게 했다.

하지만 다른 이의도 있다. 백번 양보해서 현상적 의식이 필요하다는 것을 인정한다고 해도 그렇다면 왜 이 정도에 그쳤는지 따지는 것이다. 현상적 의식이 감각을 중심으로 자아 감각을 강화하고 마음의 작동 방식에 대한 그림을 제공하는 데 탁월한 역할을 한다면, 왜 정신적 상태의 현상화가 앞으로 더욱 전진하지 않았을까? 왜 자연선택이 더 나은 방식을 만들어 다른 정신 상태, 예를 들면 믿음이나 의식, 의도 등에도 고유의 현상적 속성을 부여하지 못했냐는 비판이다. 차머스는 "(감각) 양식에 관한 접근만이, 태도에 관한 접근에 비해서 이렇게 큰 차이를 만들어 낼 수 있는지 사실 잘 모르겠다"[85]라고 말하기도 했다.

사실 다른 종류의 정신 상태도 고유한 현상적 특성을 가지게 된다면, 마음 읽기가 훨씬 쉬워지고 현상적 자아가 더 가치 있게 될 수 있다는 주장에 전적으로 동의한다. 그러니 오직 감각만 현상적 특성을 얻게 된 이유를 설명해 보자.

다행히 이미 준비된 대답이 있다. 그 이론에 따르면 감각은 감각자극에 대한 평가적 반응에서 시작되었다. 주체에 무슨 일이 일어나고 있는지 파악하기 위해, 감각자극의 신체적 표상을 읽어 내려는 목적에서 진화했다. 이 반응이 내적으로 일어나면 피드백 고리가 발생할 잠재적 가능성이 생겨난다. 현상적 경험을 만들어 내는 복잡한 끌개를 만들어 낼 수 있는 것이다. 이 부분이 중요하다. 진화의 **역사**에서 일어난 특수한 상황이 이걸 만들어 냈다. 바로 감각이 신체적 표현에서 시작되었다는 것이다. 이 이유로 감각은 현상적 특성을 획득할 수 있었다. 다른 정신 상태i는 이런 식으로 시작되지 않았고 따라서 현상적 속성을 만들어 내지 못했다.

따라서 감각이 자아 감각을 만들어 낸 독특한 역할을 수행하는 것은 놀라운 일이 아니다. 당신이 느낀다. 고로 존재한다. 만약 자연선택이 데카르트와 미리 약속이라도 했다면 '나는 생각한다, 고로 존재한다'는 일이 생길 수도 있었을 것이다. 그러나 그런 일은 일어나지 않았다. 당신이 아무리 오래 **생각**해도 당신은 **그곳에 존재할** 수 없다.

---

i 믿음, 의식, 의도 등이 있다.

15

존재의 시작:
신체감각과 지각

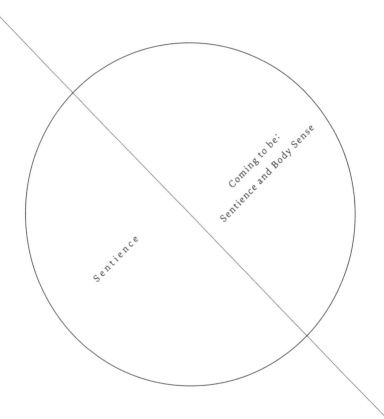

Coming to be:
Sentience and Body Sense

Sentience

만약 생각이 자아의 바탕이 될 수 없다면 인식 역시 마찬가지다. H.D.의 경우를 보자. H.D.의 시력은 부분적으로 회복되었지만 시각피질이 실제로 더 이상 기능하지 않는 상황이었다. 즉 시각적 감각이 없는 상황에서 시각적 인식이 존재했고, 이러한 경험은 주관적 존재감을 동반하지 못했다. H.D.가 실망한 이유다.

물론 감각과 인식 사이의 이러한 해리는 상당히 이례적인 일이다. 우리 대부분은 경험하기 어려운 일이다. 그러나 일반적으로 겪을 수 있는 경험에도 이와 비슷한 것이 있다. 책의 주제에서 잠시 벗어나, 정상적 감각 경험의 영역에서 실제로 감각과 인식 사이에 극심한 불균형이 발생하는 두 가지 흥미로운 사례에 밑줄을 쳐 보자. 하나는 '신체 위치감각'이고 다른 하나는 '성적 쾌감'이다.

위치감각, 즉 고유감각은 관절과 근육의 센서에서 얻은 정보를 사용하여 몸 부위의 공간적 위치를 인식하도록 해 준다. 뇌는 고유수용체에서 전달되는 정보를 사용하여 객관적 정위正位 상태를 나타낸다. 예를 들어 왼손 엄지손가락이 공간좌표상 어디에 위치해 있는지 나타낸다. 따라서 어두운 곳에서도 고유감각을 사용하여 엄지손가락의 위치를 인식할 수 있고, 밝은 곳에서는 시각 인식을 사용하여 같은 사실을 인식할 수 있다. 즉 두 가지 인식 표상은 다른 감각 기관을 통해 조정된다.

그러나 고유감각은 시각과 청각 같은 감각과 비교할 때 눈에 띄는 특징이 있다. 동반하는 감각이 없다는 것이다. 뇌는 고유수용체에서 전달되는 정보를 사용하지만, 감각자극의 표상은 제공하지 않는다.[i] 감각이 없기 때문에 현상성이 없고 물론 양식 특이적 퀄리아도 없다. 예를 들어 어두운 곳에서 엄지손가락이 어떤 위치에 있을 때 그 **느낌이 어떤 것인지** 마음속에 떠올릴 수 없을 것이다.

위치감각은 맹시와 매우 비슷한 면이 있다. 순수한 인지적 지식의 사례다. 옆에 있는 사람에게 엄지손가락이 어디 있는지 어떻게 아는지 물어보라. 아마 상당히 당황할 것이다. 심지어 추측한 것이라고 대답할지도 모른다.[ii]

그러면 이제 오르가슴 이야기를 해 보자. 오르가슴은 반대다. 감각이 주를 이루고 인식은 거의 없다. 뇌는 생식기 자극에 의한 신호에 반응하여 신체에 특정 지시를 담은 신호를

---

[i] 관절과 근육의 고유수용체가 감지하는 고유감각proprioception은 우리말에 '감각'이라는 표현이 들어가 있지만, 잘못 옮겨진 용어다. 고유감각은 감각sensation 하지 못한다.

[ii] 엄지손가락이 어디에 있는지는 정확하게 알고 있지만 어떻게 해서 그걸 알고 있는지는 모른다는 뜻이다.

돌려보낸다. 질을 윤활시키고, 페니스를 뻣뻣하게 만들고, 혈액을 강하게 펌프질하고, 숨을 빠르게 쉬게 한다. 이러한 강도는 점점 강해지다가 폭발적 해소와 더불어 이완된다. 이 과정에서 심박수는 2배나 높아지고 여성의 자궁은 규칙적으로 수축하며 남성의 정액이 신체 밖으로 배출된다. 뇌는 운동 반응을 위한 명령 신호를 모니터링하면서 이러한 느낌을 표상한다. 이러한 과정은 피드백 고리에 의해 점점 확장되는데, 예를 들면 어디서 일이 벌어지는가(생식기에서 시작해서 전신으로), 언제 일어나는가(아마도 주기적 율동에 따라서), 감각적 퀄리아는 어떤가(양식의 특징은 사실 통증과 유사하다), 그리고 지금 느낌이 얼마나 좋은가 등을 표상해 낸다.

그러나 이러한 과정에는 인식이 결여되어 있다. 오르가슴은 신체적 사건 경험, 그 자체다. 이를 유발하는 객관적인 외부 상황과는 별로 관련되지 않는다.[i] 순수한 느낌의 사례다. 오르가슴이 어떤 느낌인지 물어보면 분명 당황할 것이다(성적 코드로 인한 당황스러움 외에도). 오르가슴은 그 자체로 명백한 경험이다. 어떻게 그걸 모를 수 있는가? 추측할 이유는 없다.[ii]

고유감각과 오르가슴 감각은 인간의 감각 시스템에서 아

---

[i] 물론 성적 관심을 잘 일으키는 외부 자극이 있지만 그것으로 인해 오르가슴을 느끼는 것은 아니다.

[ii] 오르가슴의 느낌은 시각이나 청각, 촉각 등의 인식이 동반되지 않아도 감각으로 표상된다는 뜻이다.

주 독특한 경우다. 이런 대조적 특징은 우리가 나눈 진화 이야기와 잘 부합한다. '왜' 그리고 '무엇'에 관한 이야기 말이다.

고유감각은 **외부** 자극에 대응하거나 **외부** 자극을 평가할 이유가 없다. 즉 진화사를 통해서 '내 근육과 관절에서 유입되는 자극과 느낌'에 대해 '내가 뭘 하고 있는 것인지(실제로는 거의 아무것도 안 하고 있지만)에 관해 정신적 표상을 만들 필요가 있었던 적이 없었다는 것이다. 반면에 오르가슴은 다르다. 생식기 감각수용체의 주요 임무는 외부에서 오는 자극(주로 다른 사람의 신체)에 관한 평가적 반응을 해내는 것이다. 일종의 신체 간 감각이다. 그러므로 우리는 '내 페니스나 질에 도달하는 자극, 그리고 그 자극에 대한 나의 느낌'에 관해서 '내가 지금 뭘 하고 있는지(중요한 일이니까)'를 통해서 표상해 낼 필요가 있었다. 사실 오르가슴은 자극이 발생한 부위에 대한 반응에서 어떻게 감각이 기원하는지를 설명하는 일반 이론의 대표적 사례다. 우리는 '(오르가슴이) 왔다'는 식의 능동적 용어를 사용한다. 분명 자신의 느낌이지만 완전히 사적인 느낌은 아니라는 것이다.

즉 고유감각은 현상적 속성이 없기 때문에 자아 감각을 형성하는 데 별로 중요하지 않다. 전혀 필요 없을 수도 있다. 몸이 어떤 공간적 위치에 있는지 지각적 지식을 제공하지만 역설적으로, 깊은 의미에서 그곳에 있는 느낌은 주지 않는다. 흥미로운 점은 자신의 신체와의 관계에 대한 개념이 상당히 불안정할 수 있다는 것이다. 최근 연구에 따르면, 인공 신체를 자신의 신체인 것처럼 느끼는 환상은 제법 잘 일어나는 것으로 보고되었다. 심지어 그러한 인공 신체가 자기 가슴에서 뻗은 제3의 팔이라고 믿게 할 수도 있었다. 고유감각을 확인 혹은 부인할 수 있는 감각이 없기 때문이다. 현상적으로 실제 존재하는 현실을 **느끼게** 할 수 없는 것이다.

반면에 오르가슴은 자아 감각을 선명하게 강조한다. 이런 측면에서 보면 오르가슴은 진짜 고통과 밀접한 관련이 있다. 산악인 조 심슨을 다시 인용하면 그는 "다리에서 치솟는 고통을 느꼈습니다. 엄청난 아픔이었죠. 나는 몸을 웅크리고 신음했습니다. 고통이 더해짐에 따라 나는 살아 있는 것이 사실임을 깨달았죠"라고 했다. 소설가 밀란 쿤데라는 『참을 수 없는 존재의 가벼움』에서 '나는 생각한다, 고로 존재한다'라는 문장을 두고, 치통을 과소평가하는 지성인의 발언이라고 했다. 이렇게 썼다. "자아의 기초는 생각이 아니라 모든 감정의 핵심인 고통이다. 고통을 겪는 동안에는 설령 고양이라고 해도 고유한 자아, 대체 불가능한 자아를 의심하지 못할 것이다."[86] 이를 이렇게 바꿔 말해 보자. '자위하고 있는 동안에는 설령 보노보라고 해도 고유한 자아, 대체 불가능한 자아를 의심하지 못할 것이다.' 나중에 또 이야기하겠지만 이건 그저 우스운 농담은 아니다.

16

끝없이
이어지는 지각?

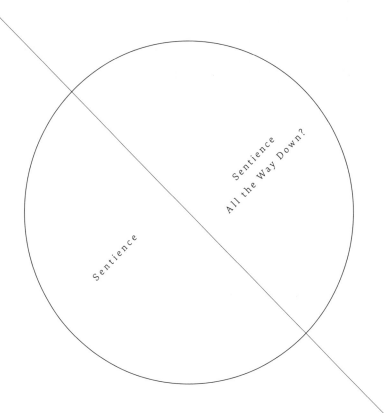

Sentience
All the Way Down?

Sentience

우리 논의는 인간에 초점을 맞추고 있다. 인간의 경험은 우리가 가장 궁금해하는 질문이다. 설명을 절실하게 기다리고 있다. 게다가 우리 자신의 경험은 앞으로 지각 능력이 인간을 넘어서 얼마나 더 나아갈 수 있는지를 묻는 동기도 된다. 우리는 경험이 **우리 자신에게** 얼마나 인상적인지 알고 있으며 따라서 다른 생명체, 심지어 기계들의 경험이 **그들 자신에게** 어떻게 느껴지는지 알고 싶어 한다.

다른 생명체의 경험을 직접 체험할 수 없기 때문에 외부 증거로부터 이를 추론할 수밖에 없다. 그들의 뇌, 행동 그리고 자연의 진화사에서 얻을 수 있는 단서를 통해 추정하는 것이다. 이론이 없다면 단서를 발견할 수 없을 것이다. 아니, 눈앞에 있는 사실이 단서**인지** 여부도 알아채지 못할 것이다. 인간의 지각에 관해서 '왜, 그리고 어떻게'라는 우리의 이론을 활용하면 다른 생명체의 지각에 관한 질문을 시작할 수 있다. 그것을 일으키는 외적 조건에 관한 두 가지 핵심 질문 말이다.

첫째, 해당 생명체는 지각을 제공할 수 있는 적절한 종류의 뇌를 가지고 있는가? 다시 말해서 반복적 감각-운동 회로를 기반으로 인간의 지각을 뒷받침하는 끌개를 생성할 수 있는 뇌가 있는지 여부다. 둘째, 지각이 알맞게 필요한 삶의 방식대로 살아가는가? 즉 개인적, 사회적 생존을 향상시키는 '자아 감각'이 필요한 삶을 말한다.

이렇게 우리의 이론을 사용하여 고려에서 **제외할** 생명체의 범위를 결정할 수 있다. 그리고 이 두 가지 예비 테스트를 통과한 생명체를 대상으로, 이제 누구를 **포함시킬지** 결정하는 좀 더 구체적인 진단용 질문을 던져 볼 수 있다. 후보 생명체의 행동은 현상적 의식을 가정하지 않으면 너무 이상하지 않은가? 예를 들어 실험실이나 야외에서 자신의 개별화된 자아를 소중히 여기고, 동종의 다른 생명체도 소중하게 여기는 증거가 관찰되는가?

다시 말해서 두 단계 과정을 거치는 것이다. 일단 배제 기준을 사용하여 지각 능력이 절대 있을 수 없는 생명체를 결정한다. 그다음, 더 엄격한 포함 기준을 적용하여 어떤 생명체가 지각 능력이 있을 가능성이 가장 높은지 결정한다.

그러나 이 방법을 쓰려면 과학적 신념의 도약이 필요하다. 우리 이론이 모든 종류의 지각을 포함한다고 확신해야 한다. 만약 우리가 아직 고려하지 않은 형태로 현상적 의식이 존재할 수 있다면 어떨까? 지각 능력이 완전히 다른 종류의 뇌 과정에 의해 생성되거나 지금까지 우리가 설명한 것과 다른 심리적 이점을 보인다면 어떨까? 만약 그렇다면, 지금의 포함 및 배제 기준은 너무 엄격한 것이다. 우리 이론이 제안하는 것처럼 '전부' 혹은 '전무'가 아니라, 덜 발달된 지각부터 더 발달된 지각까지 연속적 상태가 존재할 수 있을까? 그렇다면 '포함' 또는 '배제'라는 기준은 적당하지 않을 것이다.

이런 궁금증으로 이미 고개를 갸웃거리고 있는가? 아니라면 좋겠지만, 아무튼 나중에 이 문제를 다룰 테니 너무 걱정할 필요는 없다. 하지만 지금 너무 궁금해하는 독자가 있을 테니, 상황이 더 악화되기 전에 이 문제를 살짝 다뤄 보자.

　　　　　우리 이론의 최대 약점이 무엇일까? 아마도 가장 큰 반박은, 완전히 다른 의식 개념을 사용하는 여러 종류의 대안적 이론에서 제기될 것이다.

　지금까지 우리는 현상적 의식을 **마음의 상태**로 가정했다. 즉 빨간색을 의식한다는 것은 눈에 들어오는 빨간빛이 불러일으키는 현상적 적색감이라는 **아이디어**를 느끼는 것이다. 그런데 혹시 의식이 **물질의 상태**라면 어떨까? 현상적 적색감이 시각 정보를 처리하는 뇌 활동의 본질적 속성이라는 가정이다. 그렇다면 빨간색을 표상하기 위한 인지적 과업이 필요하지 않으며, 이것에 의해 수행되는 과업도 없다.

　이러한 가능성은 이미 10장에서 의식의 신경 상관성을 논의할 때 언급했다. 그때는 이 아이디어를 간단히 나쁜 생각으로 일축했지만, 이는 사실 여러 버전으로 계속 등장하는 주장이다. 1971년, 의식에 대해 토론한 저명한 학자 두 명의 이야기다.[87]

　앤서니 케니(Anthony Kenny, 철학자): 워딩턴이 제시한 관점에 따르면 이 컵이 의식을 가진다는 주장은 전혀 말이 안 되는 것 같아요.

C. H. 워딩턴(C. H. Waddington, 이론생물학자): 케니가 방금 제기한 몇 가지 주장에 답변하고 싶어요. 사실 저는 이 컵이 약간의 의식도 가지고 있지 않다는 것을 확신하지 못하겠어요. 저는 원자의 정의에 의식과 관련된 뭔가를 더해야 한다고 말했지만, 이 의식은 우리의 의식만큼 발달한 것은 아니라고 덧붙였죠. 분명히 지구 전체에 의식과 유사한 어떤 것이 있다는 것을 배제할 수 없다고 생각합니다.

뭔가 미친 이야기 같을 것이다. 그러나 물질이 어떤 식으로든 현상적 경험을 본질적 속성으로 가질 수 있다는 주장의 역사는 제법 길다. 1929년에 출판된 『브리태니커백과사전』의 '의식' 항목에서는 '사이코닉 이론Psychonic theory'을 찾을 수 있다.

이 이론은 신체의 각 원자가 의식의 고유한 속성을 가지고 있다고 주장한다. 각 원자가 자신만의 의식을 발산한다면, '자아'는 이러한 작은 인식 단위들의 결합체로 구성된다고 할 수 있다. (……) 두 번째 이론은 뇌에 의식을 생성할 수 있는 특별한 신경세포가 있다고 가정한다. (……) 사이코닉 이론은 의식과 신경세포 간 현상 사이의 상응 관계에 기반하여, 개별 신경세포 사이의 연결 조직이 활성화될 때마다 의식이 발생한다고 제안한다. 이러한 연결 조직 단위를 사이콘psychons이라고 하며, 각 사이콘의 신경 자극은 물리적 의식의 단일 단위로 간주된다. 이 이론은 현재 실험 조사가 진

행 중이다.[88]

지금도 여전하다. 알고 있겠지만, 필립 고프와 게일런 스트로슨Galen Strawson 등의 철학자가 비슷한 아이디어를 주장하고 있다. 설상가상으로 신경과학자 굴리오 토노니Guilio Tononi는 정교한 과학적 버전의 범심론을 제안했다.

토노니의 '통합 정보 이론Integrated Information theory, IIT'은 사이코닉 이론과 마찬가지로 의식과 신경세포 간 현상의 '상응 관계'로 시작하여, 경험의 현상학을 바탕으로 두뇌에서의 물리적 기반을 도출하려고 시도한다.

현상학에서 출발하여 사고 실험의 비판적 접근을 통해 IIT는 이렇게 주장한다. (i) 의식의 양은 요소의 복합체가 생성하는 통합 정보의 양이며, (ii) 의식의 질은 복합체의 요소 사이에서 생성되는 정보 관계 집합에 의해 지정된다.[89]

이 이론은 큰 전체의 부분 간에 정보가 조율되면서 의식이 발생한다고 주장한다. 살아 있는 뇌뿐만 아니라 어떤 규모의 통합 시스템에서도 일어날 수 있는 일이라는 것이다. 심지어 경험을 하는 주체나 그 경험이 **어떻게** 느껴지는지에 대해서도 정의하지 않는다. 전체 시스템 자체가 체험자이며 경험은 그 자체에 대한 것이라는 주장이다. 이는 《뉴사이언티스트》잡지의 '우주적 의식'에 대한 기사에서 "수학적으로 가장 성숙한 의식 이론"으로 묘사되었으며, 이론 개발에 기여한 크리스토프 코흐는 이 이론을 "유일하게 유망한 기본적 의식 이론"이라고 했다.

이 이론은 어느 정도 우아한 면이 있지만, 나는 이론의 수학적 내용을 이해한다고 말하지 못하겠다. 그러나 나는 통합 정보 이론이 이 책에서 논의하는 의식과 아무 상관이 없다는 것은 확신할 수 있다. 아니, 도대체 **주체도 없고, 경험도 없는** 주관적인 현상적 경험에 관한 이론을 논의하는 이유가 무엇인가?

시인 콜리지는 다른 사람의 믿음을 버리기 전에 그들이 **왜** 잘못됐는지 자문해 보는 것이 좋다는 명철한 충고를 했다. "작가가 무지하다는 것을 이해할 때까지는, 그의 이해에 당신이 무지하다고 가정하라"[90]라고 했다. 그러나 토노니와 그의 추종자가 가진 무지의 원인은 분명하다. 이전에도 말했지만, 뇌의 현상적 속성이 어떻게 나타나는지 묻는 것이 아니라 이러한 속성을 가진 뇌의 특징을 찾아 헤매고 있다. 즉 **C를 표상하는 NC**가 아니라 **C의 NC**를 찾고 있는 것이다.

물론 때로는 표상 매체가 표상 대상의 속성을 가지는 경우도 있다. 예를 들어 빨간 잉크로 쓴 '빨강'이나 일곱 개의 점으로 표현된 '일곱' 등이 그렇다. 그러나 뇌가 감각을 나타낼 때도 이러리라는 보장은 없다. 데닛은 감각적 경험의 현상학 퀄리아가 "자체적으로 색칠한 것이 아닌, 단지 색깔에 대한 아름다운 토론"[91]이라고 한 바 있다.

앞부분에서 『모비 딕』 이야기의 비유를 한 바 있다. 다시 비슷한 비유를 해 보자. 문학 이론가가 소설의 허구적 스토리를 전달하는 책에 관한 '통합 텍스트 이론Integrated Text Theory'

을 제안했다. 인쇄된 책 자체가 책의 이야기가 가진 형식적 구조를 담고 있어야 한다는 전제에서 시작한다. '통합 정보 이론은『모비 딕』스토리의 본질적 특성을 찾아내려고 노력하면서, 소설이 표상하는 이야기의 현상학에서 책이 인쇄 제본된 방식으로 나아가려고 한다.' 그러나 이러한 이론은 아마 진지하게 받아들여지지 않을 것이다.

범심론을 더 이상 논하지 않기로 하면, 일단 잘못된 유의 의식에 대해 논의하고 있는 것은 아닌지 걱정할 필요는 없다. 그러나 의식의 스케일은 어떨까? 잘못된 규모의 의식 말이다. 우리가 이야기 **중**인 의식, 즉 현상적 속성을 가진 감각이 더 단순한 형태로도 가능하다고 가정해 보자. 머그잔 정도는 아니지만, 개미나 박테리아 등 하급 동물에서 더 작은 규모의 심리적 기능을 수행할 수 있다는 가정이다. 그렇다면 뇌의 끌개 상태에 초점을 둔 우리 주장은 너무 높은 기준을 적용한 것인지도 모른다.

입선드럼이라고 설명한 나의 주장은 혹시 현상적 경험을 표상하는 롤스로이스는 아닐까? 끌개를 포함하지 않는 덜 정교한 매개체가 다른 식으로 진화하여 다른 형태의 표상적 자아를 위한 기반으로 기능할 수도 있을 것이다.

하지만 나는 그런 작은 규모의 지각이 존재할 것으로 생각하지 않는다. 재귀적 피드백에 기반한 끌개 이론의 장점을 과소평가하지 말자. (a) 이러한 끌개들은 상대적으로 사소한 회로 조정을 통해 광범위한 속성을 가질 수 있으며, (b) 뇌에서 쉽게 존재할 수 있는 피드백 회로에 의해 생성될 수 있고, (c) 그 과정의 모든 단계에서 설득력 있는 진화 경로를 상정할 수 있다.

내가 믿는 것처럼 이것이 유일하게 타당한 이론이라면, 이것은 의식의 분포에 대해 중요한 함의를 보여 줄 수 있다. 즉 지각적 동물과 비지각적 동물 사이에 명확한 임계점이 있다는 것이다. 지각을 절반만 가진 동물은 존재하지 않을 것이다.

'카테시안 잠수부Cartesian diver' 장난감을 가지고 놀아 본

자료 16.1
카테시안 잠수부

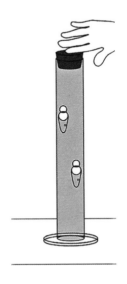

적이 있는가(자료 16.1)? 마개 압력을 줄이면 공기 거품이 팽창하여 잠수부가 위로 올라간다. 위로 올라갈수록 물의 무게는 줄고 따라서 거품은 더 빠르게 팽창한다. 잠수부는 수면을 향해 빠른 속도로 상승한다. 그러나 압력을 높이면 방향이 반대가 된다. 이제 아래로 내려간다. 정적 피드백이 작동하므로 잠수부는 중간에 머무를 수가 없다. 이름은 카테시안, 즉 데카르트의 이름이 붙어 있지만 정말 그가 이 장난감을 만들었는지는 모르겠다. 하지만 의식이 전부 혹은 전무인 이유에 대한 은유라면 그가 만들었다고 해도 이상하지 않다.

이것이 내 이론의 장점이라고 생각한다. 반지각적 생물을 배제할 수 있다는 점이다. 물론 이런 이유로 범심론자는 이 주장을 싫어한다. 지각이 널리 분포한다고 믿는 사람들도 마찬가지다. 일단 내 주장을 좀 변호하고 약간의 타협적 제안도 해보겠다.

아마 데닛은 잠수부의 은유를 좋아하지 않을 것이다. 25년 전에도 그랬다. 임계점이라는 개념을 반박하며 이렇게 말했다.

감각 이상의 지각이 과연 무엇인가? 이 질문은 거의 제기되지 않았고, 물론 제대로 대답된 적도 없다. 좋은 답이 있다고 가정해서도 곤란하다. 다시 말해 질문이 좋지 않을 수도 있다는 뜻이다. (……) 다들 지각은 감각에 뭔가 확인되지 않은 요소 X를 더해야 한다고 생각한다. (……) 하지만 지각 문제에 관한 보수적 가설도 있다. 추가적인 현상은 필요하지 않은 가설이다. 이 가설에 의하면 지각은 상상할 수 있는 모든 수준 혹은 강도의 범위 내에서 일어날 수 있다. (……) 우리가 역치, 즉 도덕적으로 의미 있는 '단계' 혹은 새로운 길로 향하는 나들목을 발견할 가능성은 극히 낮다.[92]

물론 데닛은 이 보수적 가설을 실제로 지지한 것은 아니다. 단지 가능성으로 제안했다. 그러나 데닛의 견해가 어느 쪽으로 기울었는지는 분명하다. 2013년, 동물 의식에 관한 심포지엄에서 그는 "우리와 같은 의식을 가진 존재, 그리고 그러지 않은 좀비 같은 동물 사이에 칼로 그은 듯한 경계를 가정하는 것은 위험하다"라고 말한 바 있다.

약 100년 전, 위대한 심리학자 윌리엄 제임스William James는 『심리학의 원리』에서 동료 진화학자에게 이렇게 경고한 바 있다.

따라서 우리는 의식의 시작을 가능한 모든 방식으로 이해하려고 진심으로 노력해야 한다. 그래서 그동안 이전에는 그 성질이 존재하지 않았던 우주에 급작스럽게 나타나는 것처럼 보이지 않도록 해야 한다. (……) 사실 불연속성은 새로운 본성이 처음부터 나타나는 경우에만 가능하다. 만약 그렇다면 그 양은 전혀 중요한 문제가 아니다. 『바다 사나이Midshipman Easy』[i]에 등장하는 여인이 "우리 아이는 아주

---

i 19세기의 유명 소설.

작다고요"라는 말로 사생아의 출생을 변명할 수는 없는 일이다. 의식은, 아무리 작더라도 연속적인 진화의 결과로 설명하지 않는다면 사생아다.[93]

흥미로운 말이다. 의식의 갑작스러운 불연속적 등장을 왜 '위험한 일' 혹은 '사생아'로 생각하는 것일까? 사실 데닛의 걱정, 즉 '도덕적으로 의미 있는 단계'라는 말도 비슷한 맥락이다. 그러나 역치의 가능성을 부정하는 이유가 뭐든 간에 그 이유는 과학적인 것이 아니다. 일반적으로 **자연이 불연속성을 꺼린다**고 믿을 이유는 없다. 철학자 헤겔은 자신의 책『논리학』에서 이렇게 말했다.

> 자연에서 갑작스러운 변화는 없다고들 한다. 성장 혹은 파괴를 말할 때 우리는 항상 점진적 성장이나 점진적 소멸을 가정한다. 그러나 우리는 존재의 변화가 질적 수준에서 갑자기 다른 것으로 도약하는 전환의 사례를 여러 번 목격했다.[94]

갑작스러운 변화, 예를 들면 상전이, 대멸종, 티핑 포인트, 폭발 등은 자연현상의 일반적 특징이다. 빅뱅이나 자기 복제형 생명, 인간의 언어 등 위대한 사건일수록 더 그렇다.

내가 보기에 현상적 의식이 "상상할 수 있는 모든 수준 혹은 강도의 범위"로 나타날 수 있다는 생각은 합리적 결론이 아니라 희망적 결론이다(물론 그게 왜 더 큰 희망을 주는지는 통 모르겠지만). 이러한 주장은 이론적으로도 지지할 수 없고 경험적 데이터나 주관적 경험과도 상충된다. 나는 이른바 '요소 x'가 존재하는 이유를 제시했다. 즉 입선드럼은 있거나 없거나 둘 중 하나다. 몇몇 동물에서는 정말 '좀비'처럼 현상적 의식의 희미한 흔적도 찾아보기 어려운 것 같다. 나중의 논쟁에 대비해서 나는 그것이 도리어 기쁘다고 미리 고백한다.

이제 내 입장을 다소 완화해 보겠다. 내 이론은 모든 지각을 가진 동물이 '우리와 같은 수준의 의식을 갖고 있다'고 생각해야 한다는 것이 아니다. 또한 그들이 모두 우리의 의식과 **비슷한** 양상의 의식을 가진다는 견해에 대해서도 그렇다. 지각을 가진 동물의 지각 범위가 서로 다르다는 일반적 의견에도 동의한다. 따라서 지각과 비지각 사이에 단계가 있다고 해도 **지각을 가진 동물 사이에서는 그 수준 차이가 나타날 수 있다.**

이러한 차이가 생기는 이유는 지각이 다양한 감각 양식으로 확산되기 때문이다. 인간이나 동물이 지각을 여러 개 가질 수 있다는 뜻이다. 시각적인 지각이 하나 있고, 촉각적 지각이 더해지고, 청각적 지각이 덧붙을 수 있다. 즉 지각은 양식을 가로지르며 중첩된다.

진화사를 통해서 단 하나의 양식에 기반하여 지각이 나타났고 이후 점점 확장되었다고 해 보자. 시간이 지나면 점점 넓은 지각 범위를 가진 동물이 나타날 것이고 다양한 스펙트럼으로 확장될 수 있다. 금붕어는 통증에 대해서는 현상적 의식을 가지겠지만 다른 감각에 대해서는 아닐 수 있다. 개구리는 후각에 대해 현상적 의식을 추가적으로 가진다고 가정할 수도 있다. 그렇다면 개구리는 금붕어보다 더 높은 지각을 가진

동물이다.[95]

아마 인간에 대해서도 그런 중요한 구분을 할 수 있을지 모른다. 헬렌 켈러는 시각장애인이자 청각장애인이었으므로 다른 사람에 비해 현상적 의식이 더 적었을지도 모른다. 뇌 손상으로 시각 감각을 잃고 맹시만을 갖게 된 환자는 이전에 비해 지각 수준이 낮을 것이다.

그러나 여전히 지각과 비지각 사이에는 아주 중요한 격차가 있다. 윌리엄 제임스의 우아한 비유를 따라 해 보자. '부모'가 되는 것은 과연 무엇을 의미하는가? 부모로서의 역치를 넘어선 것이다. 아이를 한 명 더 낳으면 아마 조금 더 높은 수준의 부모가 될지도 모른다. 그러나 부모가 되어 본 사람과 그러지 않은 사람 사이에는 분명한 질적 변화, 즉 전부 아니면 전무라는 상태 차이가 있다. 연속적인 변화가 아니다. 심리적으로도 그렇고 도덕적으로도 그럴 것이다. 지각으로의 전이도 마찬가지다. 부모가 되는 것처럼 갑작스럽고 심오한 변화다.

17

현황 조사

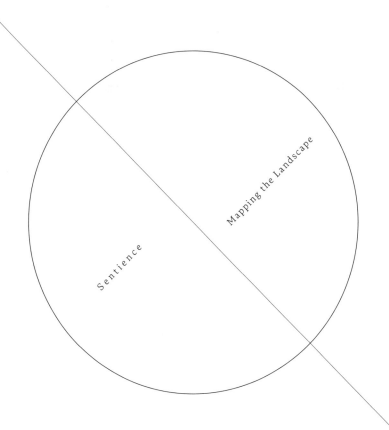

Mapping the Landscape

Sentience

어떻게 그리고 왜 진화했는지에 관한 이론이 없다면, 현상적 의식이 자연계에 존재하는 이유를 논의할 수 없다. 우리의 이론은 여전히 개략적 수준에 머무르고 있지만 그래도 올바른 개요를 가지고 있다고 생각한다. 잘못된 의식의 유형, 잘못된 의식의 연속성에 대한 가정은 하고 있지 않으니 말이다. 나중에 깜짝 놀랄 일은 없을 것이다.

일단 지각을 진단하기 위한 두 단계 전략으로 시작해 보자. 먼저 뇌의 한계 혹은 진화적 자연사의 특징으로 인해 지각이 아예 불가능한 동물을 골라내자. 그리고 좀 더 특이적인 검사를 해서 지각을 가진 동물을 추려 보자.

사실 제외 기준에 속하는 대상은 꾸준히 많아지고 있다. 지렁이부터 시작해서 침팬지에 이르기까지 동물계를 들여다보자. 현상적 의식에 관한 뇌의 특징, 그리고 진화의 역사를 추론해 나갈수록 지각이 없는 동물의 후보가 늘어나는 중이다. 우리 주장이 옳다면 동물 대부분은 지각하지 못한다. 초기값이다.

어떤 사람은 이런 사실에 충격을 받는 것 같다. "아니, 당신은 동물 대부분이 좀비라는 건가요?" 좀비가 만약 현상적 속성이 없는 동물을 칭하는 것이라면 답은 '그렇다'이다. 하지만 이 점은 명확하게 하자. 어감과 달리 이는 동물을 비하하는 말이 아니다. 앞서 말한 이론적 프레임에 비춰 보면 이른바 좀비의 삶은 꽤 풍부할 수 있다. 즉 좀비는 자신의 인식, 믿음, 욕구 등 정신적 상태에 관한 내관적 능력을 가질 수 있다. **인지적 의식**이 있다는 것이다. 물론 이에 상응하는 지적 능력도 있다.[96]

더욱이 비지각 동물도 여전히 일반적인 비현상적 감각이 있을 수 있다. 간단한 기본적 감정이다. 그러면 진화사를 다시 요약해 보자. (a) 먼저 **센티션**sentition이다. 즉 감각자극에 대한 평가적 운동 반응이 나타났다. (b) 그다음은 감각, 즉 **센세이션**sensation이다. 센티션을 모니터링하여 그것이 자신에게 무엇을 의미하는지에 대한 정신적 표상을 도출하는 감각이 나타났다. (c) 그리고 나면 **현상적 감각**phenomenal sensation이다. 반응이 개인화되고 피드백 고리가 형성되면서 완전히 새로운 모습의 표상과 함께 현상적 감각이 나타났다.

이 경로를 따라 얼마나 많은 다양성이 나타났을까? 그건 현상적 감각이 무엇을 줄 수 있는지에 달린 문제다. 분명 많은 동물은 첫 번째 단계를 넘지 못했을 것이다. 이들을 '센시티브sensitives'라고 부르자. 감각자극에 반응하지만, 정신적 표상은 만들어 내지 못한다. 원시적인 신경계, 중앙집권화되지 않은 신경계를 가진 동물이 여기에 포함될 것으로 추정한다. 이들의 행동 대부분은 반사적이며, 창조적 처리는 없다. 예를 들어 산호, 불가사리, 지렁이, 달팽이 등이다.

다음 단계에 도달한 동물을 보자. 이들을 '서브센티엔트sub-sentients', 즉 하위 지각 동물이라고 부르자. 감각자극도 느끼고, 그 의미를 정신적으로 표상할 수도 있다. 하지만 현상적 속성이 없다. 인지적 의식이 필요한 지능적 행동을 구사할 수 있다. 발달된 뇌를 기반으로 복잡한 사회를 만들기도 한다. 하지만 개별적 자아 감각을 가질 뿐 다른 이에게 정신적 상태나 자아성selfhood을 부여하지는 못한다. 예를 들어 꿀벌, 문어, 금붕어, 개구리 등이다.

이제 마지막 단계다. 이들을 '센티언트sentients', 즉 지각 동물로 부르자. 이들은 진정한 지각을 보이는 동물이다. 자신의 감각기관에서 일어난 일을 현상적 깊이를 가지고 고유하게 표상한다. 나는 이들에게 입선드럼을 유발하는, 복잡한 감각 운동 피드백 고리를 보유한 대형 뇌가 있을 것이라고 추측한다. 사회적 영역에서 특히 높은 수준의 지능이 있으며 개인적 자아성을 강력하게 갖고 있을 것이다. 예를 들어 개, 침팬지, 앵무새, 인간 등이다. 더 있을까?

범위를 좀 줄여 보자. 나는 이제 지각이 포유류와 조류에 한정되어 나타난다는 주장을 해 보려고 한다.

18

따뜻해지다

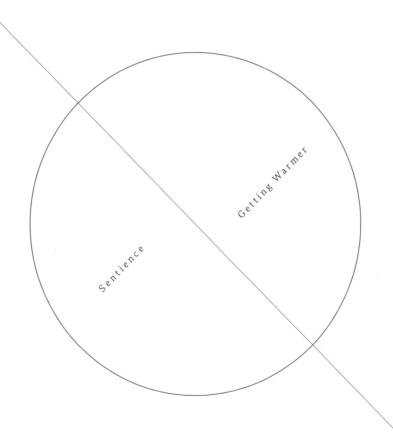

Getting Warmer

Sentience

　　다른 생물과 비교했을 때 포유류와 조류가 갖고 있는 독특한 특성은 무엇일까? 두뇌나 생활 방식은 뭐가 다를까? 거기서 지각이 나타난 이유는 무엇이고, 왜 다른 생물은 그에게는 그러지 않았을까?

　앞에서 감각의 역사를 되돌아보며 지각이라는 현상적 차원으로 도약한 과정을 살펴보았다. 센티션이 개인화되고 피드백 고리가 형성되면 지각이 일어난다는 것이다. 그러나 이는 위층 테라스에서 하는 손짓과도 같다. 입선드림이 가능한 뇌 회로 구조를 재설계하는 것은 상당한 도전이었을 것이다. 이것이 단순히 유전자 변이와 재조합만으로 짧은 시간에 일어날 수 있는 일이었을까? 아무래도 미심쩍다. 그래서 여기서는 좀 다른 제안을 해 보고 싶다. 급격한 환경 변화가 일부 동물에게 지각을 밀어붙이는 강력한 선택압이 되었고, 이를테면 유전자가 겨우 이를 따라잡았다는 것이다.

　조류와 포유류는 다른 어떤 동물도 가지지 못한 생리적 특성을 공유한다. 즉 피가 따뜻하다. 일반적으로 체온이 포유류의 경우 37°C, 조류의 경우 40°C이다. 주변보다 높은 체온을 일정하게 유지한다.

　나는 따뜻한 혈액이 지각 발달에 이중 역할을 했다고 생각한다. 한편으로는 지각을 필수적인 심리적 자산으로 만드는 생활 방식의 변화를 가져왔고, 다른 한편으로는 뇌가 그것을 제공할 수 있도록 해 주었다.

●

　　　따뜻한 혈액에 대해 간략한 설명을 해 보
자. 포유류와 조류는 내부에서 열을 생성하며, 열 손실을 방지
하기 위해 털이나 깃털로 된 단열막을 가지는 생리적 상태에
있다. 화석 증거에 따르면 이 능력은 공룡(조류의 조상)과 견
치류(포유류의 조상)에서 약 2억 년 전, 주요 기후변화가 일어
난 시기에 독립적으로 진화한 것으로 보인다.

　　따뜻한 혈액을 가지는 것은 비용이 많이 든다. 높은 온도를
일정하게 유지하려면 많은 에너지를 소비해야 한다. 37°C의 체
온은 어떤 서식지의 연간 평균 온도보다도 따뜻하다. 이를 유
지하기 위해 인간은 동일한 크기의 보아뱀보다 거의 50배 이상
자주 식사를 하고, 전체적으로 최대 30배의 칼로리를 섭취해야
한다. 이러한 비용을 고려했을 때 뭔가 이유가 없었다면 진화
하기 어려운 형질이다.

　　실제로 여러 가지 이점이 있다. 일단 체온이 상승함에 따
라 여러 신진대사의 에너지 효율성이 높아진다. 이를 통해 비
용이 약간은 상쇄된다. 특히 신경은 약 37°C에서 가장 효율적
으로 신호를 전달한다. 결과적으로 따뜻한 피를 가진 동물의
신체 유지 비용은 증가하지만, 뇌의 비용은 감소한다. 포유류
와 조류가 상대적으로 적은 수준의 에너지 추가 지출을 통해
더 크고 복잡한 뇌를 지탱해 낸다는 뜻이다.

다른 이점도 있다. 따뜻한 혈액은 진균과 박테리아에 의한 감염을 효과적으로 방어한다. 곤충, 파충류, 양서류와 같은 냉혈동물은 흔히 진균 감염에 시달린다. 37°C 이상에서 살아남을 수 있는 진균은 매우 적다. 포유류와 조류는 진균 감염으로부터 상대적으로 자유롭다.

그러나 진짜 이익은 따로 있다. 온혈동물이 진화한 시기에 지구 온도가 크게 변동한 사실로 미루어 보면, 급격한 기후 변화를 이기고 지리적 서식지를 확장할 수 있었을 것으로 보인다.

냉혈동물은 상대적으로 좁은 지리적 범위 내에서만 생활할 수 있다. 시시각각 변하는 주위 온도에 활동 수준이 좌우된다. 해가 지거나, 심지어 구름 뒤로 숨기만 해도 도마뱀은 몸이 차가워지고 근육과 신경이 느리게 반응한다. 더 추워지면 가사 상태에 빠진다. 그러나 온혈동물은 환경을 따라 이동하므로 주야 내내, 사계절 내내 열심히 주위를 경계하며 활동할 수 있다. 고산지대나 평원 지대에 상관없이 전천후로 먹이를 찾고, 사회적 행동을 보이고, 이동할 수 있다. 화석 기록에 따르면 수많은 냉혈동물이 변동하는 기온에 대처하지 못하고 멸종했던 것으로 보인다.

클로드 베르나르Claude Bernard[i]는 다음과 같은 유명한 격언을 남겼다. "내면의 안정성은 자유로운 삶의 조건이다." 즉

---

i 19세기 프랑스의 유명한 생리학자.

내부 환경의 안정성은 자유로운 삶의 조건이다.

·

이제 그들의 '자유로운 삶'이 **몸**이 아니라 **마음**에 어떤 의미인지 살펴보자. 온혈동물의 몸이 점차 자립적이고, 독립적이며, 자기 충족적인 구조로 발전함에 따라 그들의 **자아 감각**도 그렇게 되었을 것으로 생각한다. 수백만 년 동안 그들의 조상은 환경의 온도에 삶을 제약받았지만, 이제는 마치 목줄이 풀린 듯 자유롭게 움직일 수 있게 되었다. 몸과 마음, 양쪽에서 점점 더 독립적인 주체가 되어 언제 어디로든 이동할 수 있는 자유를 갖게 되었다.

윌리엄 제임스는 인간 정신의 개별성을 이렇게 찬양한 바 있다. "절대적 독립성과 기본적으로 분리할 수 없는 다양성이 법칙이다. 정신의 기본적인 사실은 단순히 이런 생각이나 저런 생각이 아니라, **내** 생각인 것처럼 보인다는 것이다. 즉 모든 생각이 소유된다."[97] 정신의 고립적 특성은 아마도 몸의 독립적 특성과 함께 시작되었을 것이다. 제임스의 말을 다시 인용해 보자.

우리가 정신적 활동이라고 일컫는 것의 전체적 느낌은, 사실 사람들 대부분이 간과하는 몸의 활동에 대한 감각이다. (……) 내가 돌봐야 하는 자아를 가지려면, 자연은 먼저 그 자체로 소유욕을 부르는, 본능적 흥미를 충분히 불러일으키

는 어떤 대상을 제시해야 한다.[98]

따뜻한 피를 가진 몸은 차가운 피를 가진 몸보다 자기에게 훨씬 더 흥미롭고 도움이 되는 대상이었을 것이다.

하지만 이것은 그저 절반에 불과한 일이었다. 따뜻한 피가 몸과 자아에 대한 태도에 가져온 변화, 그러한 변화는 대뇌 생리 수준에서 더 확대되어 나타났을 것이다.

지금까지 나는 신경세포 수준에서 어떤 것들이 현상적 의식을 일으키는 끌개를 생성해 내는지에 대해 논의한 바 없다. 사실 정확한 해부학적 모델 혹은 신경생리학적 모델을 제시할 자신은 없다. 그럼에도 불구하고 뇌의 진화에 도움이 될 것으로 예상되는 변화로 다음의 예를 들어 보자. (a) **신경세포의 전도 속도 증가**에 힘입은 회로 단축, 대뇌 운동 영역 및 감각 영역의 근접화 및 이에 동반한 (b) **신경세포 발화 후의 불응기(타임아웃) 감소**에 힘입은 신경세포의 주기적 재활성화.

뇌 온도 증가가 이상의 두 가지 효과를 모두 낳는 것은 우연의 일치다. 신경세포의 기능적 특성이 온도에 따라 변한다는 것은 잘 알려진 생리학적 사실이다. 연구에 따르면 온혈동물과 냉혈동물을 막론하고 다양한 종류의 신경세포에 대한 전도 속도가 1°C당 약 5퍼센트 증가하고, 불응기에도 거의 같은 수준으로 감소한다. 이는 포유류와 조류의 조상이 15°C의 냉혈 체온에서 37°C의 온혈 체온으로 전환되었다면, 뇌 회로의 속도가 두 배 이상 가속화되었음을 시사한다.[99]

우리는 이미 여러 차례 감각의 진화에서 일어난 '행운의 사고lucky accident'에 대해 논의했다. 따뜻한 혈액은 핵심 역할을 했을 것이고 이를 통해 두 가지 도움을 주었다. 첫째, 동물이 자아의 자율성에 대해 생각하는 방식을 바꾸었다. 둘째, 뇌가 현상적 의식을 뒷받침할 수 있도록 도왔다. 정말 멋진 행운의 사고였다.

이제 때가 되었다. 뇌가 나서기 시작했다.[100]

19

검증
또 검증

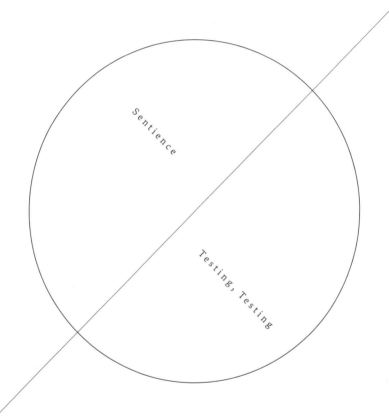

Sentience

Testing, Testing

이를테면 이럴 것 같다는 말이다. 아마도 동물은 자아에 대한 개별적 감각이 필요할 때만 지각 능력을 가지도록 진화했을 것이다. 현상적 의식을 위해서는 따뜻한 혈액으로 가득한 큰 뇌가 필요할 것이다. 논란은 있지만, 포유류와 조류만이 그런 형질을 가지고 있다.

그렇다면 이제 증거를 찾아보자. 동물이 실제로 지각 능력이 있는지 검증할 수 있는 경험적 검사가 있을까? 어떤 행동을 하는 동물의 마음에 빛이 켜졌는지 알아낼 수 있을까? 혹은 반대로 어떤 동물의 행동을 보고 빛이 꺼졌다고 단언할 수 있을까?

사람이 색채 식별 능력이 있는지 어떻게 평가하는가? 당신은 이시하라 판을 알고 있을 것이다. 검안사가 색맹을 검사하는 데 사용하는 그림책이다. 이 중 제3종 소실형은 일반인만 같은 밝기의 녹색 점 사이에서 적색 점으로 표시된 12를 볼 수 있다. 제4종 은폐형은 색맹인 사람만 숫자 5를 볼 수 있고, 일반인은 보지 못한다.[i] 색각이 있는 사람이 볼 수 있는 색깔 패턴으로 숫자가 가려져 있기 때문이다.

하지만 지각 능력 진단 테스트는 너무 어려운 일이다. 지각 능력은 색채 식별 능력과 다르다. 존재의 한 방식이며, 처음부터 사적 수준에서 드러나는 능력이다. 그러므로 지각 능력 귀속 여부를 평가하는 것은 직접 관찰보다 추론의 문제가 될 것이다. 너무 많은 것을 기대해도 안 되지만, 너무 적은 것을 요구해도 안 된다. 최근 수년간 여러 학자가 지각에 관한 확진 검사를 포기했다. 아마도 너무 관대한, 그래서 거짓 양성을 양산하는 검사를 만들려고 시도하다 벌어진 일이다.

오늘날 철학자와 과학자에게 널리 권장되는 전략은 단순하다. 인간의 현상적 의식에 동반되는 행동 혹은 심리 특질을 해당 후보 동물이 보이는지 검사하는 것이다. 우리가 어떠한 행동을 현상적 의식에 **기반하여** 벌이는 것이라고 암묵적으로 가정하고, 이를 통해 인간에게 그렇다면 다른 비인간 동물에게도 그럴 것이라고 유추하는 것이다.

예를 들어, 철학자 마이클 타이Michael Tye는 아이작 뉴턴이 제안했던 원칙을 제안했다. 바로 "가능한 한, 동일한 종류의 자연적 효과를 일으키는 원인은 동일해야 한다"[101]라는 원칙이다. 따라서 인간이 의식적 경험에 의해 어떤 상황에서 어떤 방식으로 행동한다면, 동일한 상황에서 비슷한 방식으로 행동하는 동물도 비슷한 경험을 했을 것이라고 가정하는 것이다. 영장류학자 프란스 드발도 이러한 주장에 동의한다. "인간의 어떤 능력이 의식을 동원하여 실현되는 것이라면 다른 종도 마찬가지다."[102]

이런 가정은 우리를 해방시켜 줄 수 없다. 특정한 인간 행

---

i 이시하라 색맹 검사표는 총 38장의 그림판으로 되어 있는데 다섯 종으로 나뉜다. 순서대로 데모형, 변화형, 소실형, 은폐형, 분류형이다.

동을 예시로 들어, 그것이 현상적 의식을 동반한다는 사실에 동의한다고 해서, 실제로 현상적 의식이 인과적으로 반드시 '동원되어야' 하는 것은 아니다. 현상적 의식이 없다고 해서 똑같은 행동을 하지 못한다는 보장이 없다.

타이는 고통 행동을 전형적 사례로 제시했다. 고통을 겪는 인간은 일반적으로 유해한 사건에 대응하고 도움을 요청하기 위해 디자인된 행동을 보여 준다는 것이다. "이것은 확실한 진실이다. 우리는 고통을 없애고 싶어 하며, 우리가 고통을 줄이거나 제거하기 위해서 행동하는 이유는 바로 고통의 느낌 때문이라는 것이다(타이는 '때문'을 강조했다)."[103]

그러나 그렇게 간단한 문제가 아니다. 앞서 논의했듯이 뜨거운 가스레인지를 만질 때 고통을 느끼고 손가락을 뒤로 빼는 경우를 생각해 보자. 고통에 대한 **의식**, 즉 고통이 있다는 것을 아는 것은 행동의 원인이라고 하기 어렵다. 고통 감각이 행동의 원인이라는 점은 분명하다. 물론 우리는 고통 감각의 질, 즉 아프기 때문에 손을 뒤로 뺐다는 **인상을 받겠지만**, 그건 그냥 자신에게 하는 이야기에 불과하다. 현상적 감정이 없었다면 여전히 가스레인지에서 불타는 손을 바라보고 있을 것인가? 이건 사용자 착각일 가능성이 높다. 마음에서 인과성이 드러나지 않는 일을 스스로 이해하기 위해 사용하는 환상이다.

자유의지 문제와 비교해 보자. 아마 자발적으로 손가락을 움직여 보라는 요청을 받으면, 당신은 의식적 의지를 사용하여 그런 행동을 한다는 인상을 받을 것이다. 그러나 그건 그냥

223

이야기다. 이는 뇌 활동을 기록한 연구를 통해 실험적으로 입증되었다. 자신의 의지를 의식하기 **전에** 이미 뇌가 움직임을 시작한다. 뜨거운 가스레인지를 만지고 움츠리는 행동도 분명 의지에 **선행**할 것이다.

즉 우리가 인간에 대해 알고 있는 것, 혹은 알고 있다고 믿는 것을 바탕으로 유추할 때는 회의적인 태도가 필요하다. 어떤 행동이 실제 현상적 의식으로 인해 발생하는지에 대해 확신할 수 없다면, 동물이 비슷한 행동을 보여도 역시 현상적 의식이 **유일한 원인이라고 결론** 내려서는 안 된다.

물론 맨날 의심만 하라는 것은 아니다. 나는 현상적 의식이 인과적 행동을 일으킬 수 있다고 믿는다. 앞서 말한 대로 현상적 의식은 '행동과 관련된 태도 변화'를 유발하기 때문이다. '그런다고 해서 무슨 일이 일어날 수 있는가?'라는 질문을 한다면, 이렇게 대답하겠다. 인간은 인과관계를 정확하게 읽을 수 있다. 늘 그런 것은 아니지만 말이다. 다음에 무슨 일이 일어날지, 그리고 그 이유가 무엇인지 정확하게 인식할 수 있다는 것이다.

그러므로 인간에서 후속 사건이 발생하는 원인을 정확하게 실제대로 감별할 수 있고, 동물에서도 같은 일이 벌어지는 것을 관찰할 수 있다면, 그때에야 비로소 뉴턴의 원리를 적용해야 마땅하다. 나는 물론 타이나 드발의 주장, 즉 유추에 의한 유사성 논증이 비인간 동물의 지각 능력을 추론하는 가장 최선의 방법이며, 아마도 유일한 방법일 것이라고 생각한다. 그러나 여기에는 반드시 짚고 넘어가야 할 전제 조건이 있다.

일단 인간에 관해 먼저 올바르게 이해하는 일이 필요하다.

따라서 지각 경험의 고유 속성이 원인이 될 수 있는 분명한 현상, 즉 태도 변화에 초점을 두어야 한다. 쉽게 생각할 수 있는 '전형적' 행동이 아니라, 더 멀리 나아가야 한다는 것이다. 고통의 예를 들어 보자. 앞서 말한 대로 고통은 지각이 없어도 행동을 유발한다. 그러나 종종 고통은 삶을 더 긍정적으로 만들어 주기 때문에 고통을 **환영**하는 태도를 만들기도 하고, 그러면서도 동시에 고통 자체를 끝내고 싶어 하는 태도를 일으키기도 한다.

앞서 인용했던 쿤데라의 말을 기억하는가? "고통을 겪는 동안에는 설령 고양이라고 해도 고유한 자아, 대체 불가능한 자아를 의심하지 못할 것이다." 하지만 '슈뢰딩거의 고양이'라면 어떨까? 고양이는 상자 안에 있지만, 살았는지 죽었는지 누가 상자를 열어 볼 때까지는 불확실하다. 상자 뚜껑이 열리는 순간, 고양이가 **자신의 볼을 꼬집어서 살아 있는지를 확인**하는 장면을 상상해 보자.

분명 고양이는 이런 행동을 하지 못할 것이다. 자신의 뺨을 꼬집는 고양이의 행동은 분명 일반적인 것은 아니지만, 이러한 이상한 행동을 확인하는 것이 지각 여부에 관한 결정적 증거를 제공할 것이라고 확신한다.

좀 더 나아가려면 **현상적 자아**의 존재를 밝혀낼 수 있는 다양한 행동을 논의해야 한다. 현상적 자아는 인간의 경우 성찰, 주의 및 야망의 대상이 되는 이른바 '나라는 것I-thing'이다. 이렇게 접근하면 우리는 현상적 의식의 단순한 부수적 결과가 아니라, 확실한 인과적 **결과**에 관한 증거를 찾을 수 있다. 게다가 이론에서 제안하는 현상적 의식의 진화적 적응 이유를 검증할 수 있다. 자연선택에 작동한 이유를 다시 확인할 수 있는 것이다.

세 가지 행동을 고려해 보자. 첫째, 현상적 자아가 **있어야만 가능한** 행동이다. 현상적 자아가 결여되면 그런 행동은 **일어날 수** 없다. 둘째, 현상적 자아가 **촉진하는** 행동으로, 만약 결여된 상태라면 행동이 일어나지 **않을 수도** 있다. 셋째, 현상적 자아를 유지하기 위해 **필요한** 행동으로, 현상적 자아의 결여와 **관계없이** 일어날 수도 있다. 처음 두 가지는 현상적 자아가 **하는** 일과 관련되며, 마지막은 현상적 자아의 **요구**와 관련된다. 세 가지 모두 자아의 존재를 확증해 줄 수 있다.

그리고 이러한 행동을 분석해서 얻은 결론에 대해 확실성 수준을 둘로 나눠 볼 수 있다. 첫째, **지각을 가진 동물만** 보일 수 있는 행동이 있다. 지각 여부에 관한 충분한 증거다. 둘째, **지각을 가진 모든 동물이 보여야만 하는** 행동도 있다. 만약 이 행동이 결여된다면 비지각에 관한 충분한 증거다.

다음 장에서 현상적 자아의 **성장과 유지**에 필수적인 것으로 추정되는 행동을 검토해 보겠다. 그리고 그 이후의 길게 쓴 장에서 현상적 자아가 가진 일부 **능력**을 살펴보자.

20

퀼리아
애호가

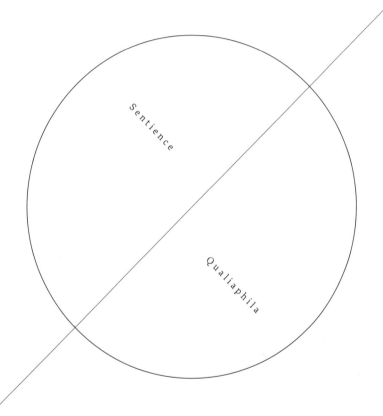

13장에서 현상적 자아가 지속적 정체성을 얻는 것이 무엇을 의미하는지 논의하면서, 감각의 흐름을 과거로 거슬러 올라가는 화랑 복도에 죽 걸려 있는 그림에 비유했다. 각자 성장해 가면서 새로운 그림이 내걸리고 그러면서 이 그림들이 모두 '나'라는 것을 깨닫게 될 것이다.

하지만 다시 생각해 보자. 인간의 경우, 대뇌의 감각 운동 경로는 출생 후 몇 달이 지난 후에야 미엘린 수초myelin sheaths가 발달하므로, 그때까지는 현상적 속성을 부여하는 피드백 고리가 작동하지 않을 것이다. 즉 아기에게는 처음 경험하는 현상적 감각, 예를 들어 통증이나 냄새, 색깔, 그 밖에 헤아릴 수 없는 수많은 감각이 완전히 새로운 것처럼 불현듯 나타난다는 뜻이다. '아니, 이게 무슨 일이지?' 아마도 '이건 나로구나'라는 깨달음을 얻는 데 제법 시간이 걸렸을 것이다. 내가 나로 느껴지기 위해서는 연습이 필요하다.

심리 발달에 미치는 자아의 중요성을 고려할 때, **감각을 가진** 새끼 동물은 감각 영역을 최대한 탐색하려는 동기를 가지고 태어날 것이라고 추정할 수 있다. 옆에서 볼 때는 그저 탐험 놀이를 즐기는 것처럼 보일 것이다. 하지만 내면에서는 다르다. 새로운 경험을 통해 **내가** 되어 가는 것, 즉 그림에 새로운 조각을 추가하면서 현상적 정체성을 확립해 가는 과정이다.

그런데 이런 감각적 놀이를 즐기는 동물은 주로 어떤 녀석일까?

① 일단 새가 그렇다. 새끼 부엉이는 잎사귀를 향해 뛰어올라가고, 새끼 까마귀와 새끼 제비갈매기는 반짝거리는 여러 물건을 집어 살펴보고 숨긴다. 새끼 갈매기와 물떼새는 작은 물건을 들고 날아가다가 떨어뜨리고, 다시 공중에서 낚아채고 또 떨어뜨리기를 즐긴다. 병아리는 새로운 물건을 찾아내어 쪼거나 찔러 본다. 앵무새는 성체의 행동, 예를 들어 깃털 정리와 노래, 소리 모방을 따라 한다. 참새는 서로 괴롭히기도 하고 고양이를 놀리기도 한다.

② 포유류도 그렇다. 인간의 아이도 그렇고 늑대 새끼, 염소 새끼, 돌고래 새끼 등 거의 모든 새끼 포유류가 벌이는 놀이 목록을 길게 작성할 수 있을 것이다.

③ 그러나 다른 동물은 그렇지 않다. 파충류, 어류, 연체동물, 곤충, 갑각류 등은 거의 놀지 않는다. 목록을 작성할 도리가 없다. 지능이 높지 않은 동물이므로 크게 놀랄 일은 아니라고 생각할지도 모르겠다. 그러나 유연한 몸과 창조적 마음을 가진 문어는 개나 앵무새처럼 경험의 한계를 확장하는 면에서 더 높은 위치에 있다. 새끼 문어는 사실 쥐나 앵무새보다 더 장난기가 많다.[104]

문어 이야기는 아마 여러분의 직관과 충돌할 것이다. 그러나 현상적 자아를 성장시키며 풍부한 자아를 만들기 위해 노력하는 행동을 보이지 않는다면, 아마 그 동물은 현상적 자아를 가지고 있지 않다고 추정해도 될 것이다.

이것이 지각 여부를 확인하는 약한 기준이다. 물론 탐험 놀이에 몰두하는 새끼 동물이 반드시 지각을 가지고 있다고 할 수는 없다. 놀이는 다른 이유에서도 생존에 도움을 줄 수 있다. 그러나 놀지 않는 동물이 지각을 가지고 있기는 대단히 어려울 것이라 생각할 수는 있다.

◦

그럼 유아기를 넘어서 더 강력한 종류의 테스트로 넘어가 보자. 철학자 톰 네이글Tom Nagel은 다음과 같이 말했다.

경험에 추가되면 삶을 더 좋게 만드는 요소가 있지만 반대로 삶을 더 나쁘게 만드는 다른 요소도 있다. 그런데 이 둘을 제외하고 남는 것은 중립적일까? 아니다. 분명 그것도 확실하게 긍정적 경험이다. (……) 즉 경험의 가치 가중치는 경험의 내용과 무관하게 경험 자체가 제공한다.[105]

네이글에 따르면, 현상적 의식은 그 자체로 본질적 가치를 지닌다. 이런저런 효용을 따지며 그 가치를 입증할 필요가 없다. 그러나 내 이론은 다르다. 현상적 의식의 가치는 생물학적 필요성에 의해 뒷받침된다. 지각을 가진 동물은 현상적 자아를 유지하기 위해 애쓴 조상의 후손이다. 조상은 생존할 수 있었고 그래서 지금의 후손을 남긴 것이다. 우리는 지각 경험을 좋아하도록 진화했다.

따라서 지각 여부 확증을 위한 두 번째 테스트는 간단하다. 성체가 된 동물이 자아를 살찌우며 확고하게 유지하기 위해 **살아가며 자아를 느낄 수 있는 경험**kind of experience selves live by을 계속 찾아다니는가? 그 경험은 어떤 종류의 것인가?

네이글은 경험이 삶을 더 나쁘게 하든 좋게 하든 상관없이 가치 있다고 했다. 동의한다. 예를 들어 달콤함과 시큼함의 감각은 다른 영양소를 시사하지만, 둘 다 현상적 자아를 지탱하는 데에 긍정적일 것이다. 그러나 네이글이 말한 '경험 그 자체'와 '경험의 어떤 내용'에 관한 언급은 동의하기 어렵다. 도대체 경험의 내용을 결여한, 경험 그 자체라는 것이 있을 수 있는가?

네이글의 주장은 감각과 인식의 차이에 다름 아닌 것 같다(다른 수많은 철학자가 그렇듯, 네이글은 리드의 분류를 잘 **모르는** 것 같다). 감각 경험의 긍정적 가중치는 객관적 사실 인식이 아니라 주관적 현상 경험이 부여한다. 내 이론과 일치한다. 하지만 이것을 지각 여부 판별 테스트로 발전시키려면 현상적 내용에 대해 좀 더 논의해야 한다. 왜 어떤 경험이 다른 경험보다 자기에게 더 도움이 되는가?

앞선 이야기에서 우리는 현상적 경험이 다양한 감각 양식을 통해 더해진다는 것을 알게 되었다. 경험에 포함된 감각 양식이 많을수록 경험이 더 풍부해지고 무게감이 더해진다고 할 수 있다. 그러나 하나의 양식 내에서도 경험이 풍부해질 수 있다. 자극의 범위가 다양하고 미적으로 구조화될수록 경험이 더 중요해진다. 흑백보다 컬러로 보면 의식이 더 활성화될 것이다. 칸딘스키의 그림은 더욱 그럴 테고.

인간은 **감각적인 시적 경험을 하는 눈**이 있다. 물론 이런 경험을 코와 귀로도 할 수 있다. 즉 감각이 서로 상호작용하며 경험을 이룬다. 이러한 경험은 다양한 감각 요소가 상호작용하면서 더욱 풍부해진다. 비인간 동물이 인간처럼 감각자극의 패턴을 즐기는지 여부는 논쟁 주제지만, 인간에게는 분명 강력하게 뿌리박힌 특성이다. 우리는 일반적으로 인간을 지적인 종, 즉 지구상에서 가장 영리한 종인 호모사피엔스로 간주한다. 그러나 사실 인간은 여러 가지 면에서 지구상 가장 감각적인 종이다.

현대인이 처음 등장한 약 10만 년 전부터 인류의 예술적 유물이 나타났다. 플루트, 벽화, 조각상, 보디페인팅, 장식용 보석, 예쁜 조개류 컬렉션 등이다. 또한 춤, 요리, 꽃 화환, 섹스와 같은, 지금은 증거가 없는 예술 형식도 창조했을 것이라고 믿을 만한 이유가 있다.

아마도 예술 작품이 첫 시작은 아닐 것이다. 우리 조상은 깊은 과거에도 지금처럼 자연에서 영감을 받았을 것이다. 자연의 리듬과 조화를 느낄 수 있는 세상 속에 살았다. 인간은 특별한 감각을 가지고 있지만, 다양한 감각적 경험으로 가득한 세계에서 살고 있다는 것도 큰 행운이다. 문만 열고 나가면 시적 경험이 쏟아진다. 무지개, 구름, 산, 일몰, 파도, 눈송이, 별, 천둥과 번개, 새의 노래, 고사리, 꽃, 향기, 나비, 블랙베리 등이다.

시인 폴 발레리는 "세상에 모든 것이 존재하고, 나도 존재하는 것이 얼마나 놀라운지 말로 다할 수 없다!"[106]라고 했다. 아마 인간을 대표하여 '모든 것이 존재하기 때문에, **그러므로 나도 존재한다**'고 말한 것인지도 모르겠다.

그런데 비인간 동물을 대표해서도 그런 말을 할 수 있었을까? 이제 알아보자.

인간에게 가장 뛰어난 경험은 음악이다. 작곡가 마이클 티펫Michael Tippett은 이렇게 물었다.

음악은 정말 무엇을 표현하는 것일까요? 외부 세상에서 파악되는 감각이 아니라, 우리 안에서의 직감, 통찰, 꿈, 환상, 감정, 느낌에 관한 것입니다. (……) 우리가 왜 이것을 원하는지 아무도 모릅니다. 하지만 분명히 이것은 '영혼'이라는 말을 써야 마땅한 어떤 것의 일부로 우리가 원하는 것입니

다. 우리는 영혼의 양식을 원합니다. 양식을 먹지 못하면 죽을 겁니다.[107]

그렇지만 음악은 먼저 감각과 관련이 있다. 동일한 소리 정보가 다른 감각으로 전달된다면 우리는 소리를 느끼지 못한다. 음악에 대한 관심은 사라질 것이다.

물론 악보를 시각적으로 인지하는 것이 소리와 동일하다는 주장도 있다. 한 비평가는 슈베르트의 현악 오중주 4악장에 대해 "악보 페이지의 음표조차 아름답게 보인다"라고 썼다. 심지어 실제 소리가 방해가 된다는 주장도 있다. 철학자 아도르노는 머릿속에서 조용히 음악을 듣는 것이 이상적인 방법이라고 주장하기도 했다. 그러면서 드뷔시가 자신의 작품이 실제 어떻게 들리는지에 너무 몰두했다며 비판했다. '물질 성애'라는 것이다.[108] 지휘자 토머스 비첨Thomas Beecham은 경멸적인 태도로 말했다. "영국인은 분명 음악보다 그것이 내는 소리를 사랑한다."[109]

이런 우아한 의견은 일반적 법칙을 강조할 때만 인용할 가치가 있다. 즉 우리는 **귀에서 들리는 감각**의 즐거움을 느끼고, 그 주관적 경험을 **그 자체로**, 그것이 주체로서 좋기 때문에 즐기는 것이다. 뭘 **배우려는** 것이 아니다. 뭘 **해야** 하기 때문도 아니다. 티펫이 말한 것처럼 그것은 우리의 영혼을 살찌운다.

위에서 제시한 지각 진단 기준으로 돌아가 보자. 음악을 듣는 행위의 원인은 분명 현상적 의식이다. 청각적 퀄리아가 없으면 대다수 사람은 음악을 듣지 않을 것이다. 그러나 음악 감상은 기분이 좋아지는 자기 느낌 외에 별다른 이점이 없다. 이 행동에 관해 더 낮은 수준의 환원적 설명을 제공하는 것도 과학자로서는 할 일이 아니다. 따라서 비인간 동물이 음악을 감상한다면, 그런데도 그 녀석이 현상적 의식을 갖고 있지 않다고 하긴 어려울 것이다.

그럼 실제로 비인간 동물이 음악 감상 같은 것을 하는 경우가 있을까?

음악을 틀어 줄 때 동물의 행동이 어떻게 달라지는지 관찰한 여러 연구가 있다. 느리고 리듬 있는 음악은 진정 효과를 주었다. 개는 레게와 소프트록을 들을 때, 헤비메탈에 비해 스트레스를 덜 받았다. 심박수가 안정되었고 눕는 확률이 높아졌다. 또한 소는 베토벤의 〈전원 교향곡〉처럼 느린 클래식 음악을 듣고 더 많은 우유를 생산했다.

이런 결과는 동물이 어떤 음악을 듣고 싶어 할지에 대해 알려 주지는 않는다. 그런데 몇몇 연구에서는 동물이 특정 종류의 음악을 다른 종류보다 선호하는지를 확인했다. 한 연구에서는 고양이가 '고양이 음악'을 인간의 음악보다 선호하는지 확인하기 위해, 고양이가 두 스피커 중 하나를 선택할 수 있도록 실험을 고안했다. '고양이 음악'은 고양이의 청력 범위 내에 있고, 고양이 관련 소리를 포함한 특별한 음향 시퀀스였다.[110] 비교 대상인 인간의 음악은 포레의 〈엘레지〉와 바흐의 기타 현악곡 등 상대적으로 단순한 클래식이었다. 실험 결과 고양이는 고양이 음악을 재생하는 스피커에 더 많이 다가갔다.

연구 결과는 흥미롭지만, 고양이가 정말 고양이 음악을 **즐기는지** 확실히 알기는 어렵다. 소리 근원에 접근하는 다양한 이유가 있다. 고양이는 먹기 위해서, 가까이하기 위해서, 교미하기 위해서 접근할 수 있다. 또는 가장 가능성 있는 이유, 즉 단지 더 알고 싶기 때문일 수 있다. 고양이 음악은 인간 음악보다 고양이에게 **더 흥미롭게** 들리기 때문에 고양이의 호기심을 자극할 수 있다. 그러나 소리 원천에 대한 관심과 소리 자체의 즐거움 사이에는 큰 차이가 있다. 우리는 호기심 때문에 뭔가 알아내기 위해 바흐의 현악곡을 듣는 것이 아니다.[111]

해석 문제로 들어가면 상황은 더 복잡해진다. 앞서 8장에서 언급한 원숭이 미학 연구에서 알게 된 것처럼, 선호도 테스트에서 얻은 증거(한 자극에서 다른 자극보다 더 오래 머무르는 시간적 척도)는 동물의 주관적인 매력 선호를 정확하게 판단하는 데 적절한 척도가 아니다. 예를 들어 원숭이는 파란빛과 빨간빛 중에서 선택해야 하는 경우, 파란빛에서 세 배 더 많은 시간을 보낼 것이다. 그러나 이후 연구에서 원숭이가 파란색을 더 좋아해서가 아니라, 대안적 선택을 시도하기까지 더 오래 망설였기 때문이라는 것을 알게 되었다. 마찬가지다. 고양이가 고양이 음악이 재생되는 스피커 주변에서 더 많은 시간을 보내는 것은 다른 스피커로의 이동 결정을 더 늦게 내리기 때문일 수 있다.

이제 알겠지만, 어쨌든 이러한 연구는 모두 접근 방법이 잘못되었다. 사실 인간은 음악적 경험을 **찾아다닌다**. 제공된 음악에만 반응하는 것이 아니라 심지어 음악적 경험을 스스로 만들어 내려고 애쓰기도 한다. 따라서 비인간 동물과의 공통점을 찾으려면 동물 중심으로 접근해야 한다.

●

     동물이 자유롭게 행동하며 어떤 종류의 감각 경험을 찾아다니는지 관찰하는 더 자연스러운 연구 방법이 필요하다. 이런 연구 전략은 성공과 실패가 좀 불확실하겠지만 성공하면 노다지를 캔 것 같을 것이다.

다행히도 우리에게는 유튜브가 있다. 영국 고고학이 고대 농장을 순회 발굴하는 금속 탐지기 애호가 덕분에 발전했듯이, 동물 마음에 대한 연구는 인간처럼 행동하는 동물의 사례를 찾아 인터넷을 뒤지는 유튜버 덕분에 발전했다.

그럼 함께 살펴보자. 실제로 유튜브에는 악기 연주자에게 동물들이 스스로 다가가는 동영상이 허다하다. 주로 다음과 같은 제목이다.

고래가 바이올린 연주를 들으러 온다
소들이 아코디언 음악을 듣기 위해 달려온다
카롤리나 프로첸코가 다람쥐에게 바이올린을 연주해 준다

말이 전통 플루트 음악에 매료된다

일부 영상은 정말 놀랍다. 한 영상에서 다람쥐는 어린 바이올린 연주자에게 다가가 악기를 쳐다보며 머리를 기울인다. 지하철 역 앞에서 버스킹하는 연주자에게 다가가듯이, 다람쥐도 다가간다고 생각할 것이다. 물론 동물이 스스로 다가가는 것은 분명하다. 그러나 해석은 어렵다. 단지 **관심이 있는** 것에 불과할지도 모른다. 어떤 경우에는 동물이 **당황한** 것처럼 보인다. 반대로 생각해 보라. 트롬본을 연주하는 캥거루를 만나면 당신은 분명 가까이 다가갈 것이다. 트롬본 연주가 마음에 들어서 다가가는 것은 아닐 것이다.

호기심보다 즐거움이 작용하고 있다고 확실히 말할 수 있는 시점은 언제일까? 이미 그 장소를 잘 알고 있고 거기서 무엇을 기대해야 할지 알 경우, 동물이 즐거움을 위해 행동한다는 주장이 더 힘을 얻을 것이다. 인간이 음악을 들을 때도 이런 상황이 자주 발생한다. 베토벤의 소나타를 들으면서 느끼는 즐거움은 몇 번 들어도 줄어들지 않는다(실제로 더 증가할 수도 있다). 그러나 내가 아는 한, 동물이 같은 음악을 계속해서 듣기 위해 돌아온 일은 없다.

그러나 다른 상황에서 기대하는 감각을 더 느끼기 위해 돌아오곤 하는 동물도 있다. 예를 들어 콩고의 침팬지는 꿀을 모으기 위해 높은 나무 위로 올라가서 벌집을 곤봉으로 공격한다. 한 연구원은 "영양적 이득은 그리 크지 않지만, 성공했을 때 보이는 침팬지의 흥분은 놀랍습니다. 꿀을 맛보는 것을 얼마나 즐거워하는지 알 수 있죠"[112]라고 했다. 침팬지는 분명 감각적 경험을 얻으려는 것이다. 무언가를 배우려는 것이 아니라 달콤한 맛, 벌에 쏘인 통증, 근육의 힘, 곤봉 소리, 흥분의 비명, 그리고 지속되는 위험 등을 조합하여 감각의 교향곡을 창조한다.

그러나 문제는 여기에 분명한 하위 수준의 대안적 설명이 있다는 것이다. 영양적 이득이 크지 않더라도 무시할 수준은 아니다. 침팬지는 칼로리가 부족할 때 달콤한 감각을 찾도록 프로그래밍되어 있다고 가정해 보자. 이 경우는 그런 프로그램이 과잉 활성화된 것으로 간주하면 그만이다. 그러니 아무래도 미각적 대상보다는 음악과 같은 사례, 즉 감각이 자체적 보상을 유발하면서 동시에 다른 것의 대리물일 수 없는 경우를 찾아야 한다.

폭포에서 보이는 침팬지의 행동이 좀 더 적당할 것 같다. 탄자니아의 곰베국립공원에서 다 큰 수컷이 거센 폭포를 찾아가는 것이 관찰되었다. 의미심장한 경험을 추구하려는 목적이 아니라면 다른 목적을 떠올리기 어렵다. 《내셔널지오그래픽》의 사진사 빌 월라워Bill Wallauer는 자신이 겪은 일을 이렇게 이야기했다.

프로이트(우두머리 수컷)는 전형적인 리듬감 있는 진동을 타며 덩굴에 매달려 천천히 흔들기 시작했다. 몇 분 동안 약 2.4미터에서 3.6미터 높이의 폭포를 가로질러 움직였다. 어느 순간 프로이트는 폭포 정상에 도착해 물에 손을 담갔으며, 돌을 하나씩 들어 폭포의 표면으로 굴렸다. 마침내 덩굴에 천천히 매달려 폭포를 내려갔고, 약 9미터 떨어진 바위에 앉았다. 편안해진 프로이트는 그다음 폭포를 향해 돌아서서 몇 분 동안 물끄러미 바라보았다. 그때 침팬지의 깊은 속내를 알 수 있다면 몸이라도 바치고 싶었다.[113]

제인 구달은 그런 것을 두고 침팬지가 경외감을 느끼는 경험이라 보았다. "정말 침팬지는 어떤 식으로든 영성을 가질 수 없는 것일까요. (……) 자신의 외부에 있는 어떤 것에 놀라움을 느끼는 수준의 영성도 가질 수 없을까요?"[114]

혹은 우리의 주장처럼, 자기 자신에게 경탄하며 스스로**에게** 존재를 드러내는 것은 또 어떤가?

✦

침팬지 이외의 동물도 이런 식으로 자연 현상에 영감을 받을까? 이러한 질문은 인터넷에서 쉽게 찾아볼 수 있지만 진지한 답변은 훨씬 찾기 어렵다. 동물이 일부러 일몰, 무지개, 구름, 네모난 꽃밭 등을 즐기기 위해 돌아다닌다는 증거는 없다. 산을 오르는 것도 마찬가지다. 하지만 각자의 수준에서, 분명 자연이 제공하는 감각적 모험의 기회를 활용한다.

유튜브에서는 멋진 영상을 찾아볼 수 있다. 백조가 파도 위를 서핑하며 들어오고 돌아가는 모습, 까마귀가 눈 내린 집의 지붕에서 작은 양철판을 타고 반복해서 미끄러지며 눈썰매를 즐기는 재미있는 모습, 뱃전에서 시작된 파도를 타는 돌고래, 높은 나무에서 소리 지르며 수영장으로 다이빙하는 원숭이 등 다양한 동물의 즐거운 행동이 담긴 영상이 있다. 작은 앵무새가 회오리바람을 타고 큰 소리를 내며 내려오고, 버펄로는 얼어붙은 연못 위에서 놀이를 즐기며 흥분한다. 또한 썰매를 끌어올린 개가 다시 썰매 위에 올라타고 눈 덮인 언덕을 내려가는 모습도 볼 수 있다.[115]

이러한 행동의 공통된 주제를 찾아보면 아주 흥미롭다. 종도 다르고 환경도 다르지만, 여러 활동은 모두 **땅에서 떨어지는** 행동을 포함한다. 중력을 거스르고, 무게감을 잃는 행동이다. 인간도 마찬가지다. 스키, 글라이딩, 다이빙, 그네, 롤러코스터를 즐긴다. 마치 신체의 질량을 뒤로한 채 위로 솟구치려는 전형적 충동을 드러내는 것 같다. 사실 우리는 종종 하늘을 나는 **꿈**을 꾸지 않는가?

중력을 이기고 땅 위로 떠오르거나 새처럼 날아다니는 꿈은 놀랍도록 흔하다. 모든 문화에서 관찰되고 긴 역사를 통해 반복되어 온 꿈이다. 지그문트 프로이트는 비행몽이 그네를 타거나 어른이 팔로 잡아 공중에서 놀아 주던 어린 시절의 기억에 의해 형성된다고 했다.

인류학자는 종종 우리가 꿈을 물질적 신체와 다른 독립적 마음의 증거로 간주한다고 지적한다. 클레어 미첼Claire Mitchell은 비행몽이 각자에게 어떤 의미인지, 특히 꿈속에서 날아다닌 대상이 '그들 자신'이었는지 물었다.[116] 모든 참가자가 그

⑳ 퀼리아 애호가

들 자신이었다고 확언했다. 그러나 그게 전부는 아니었다. "실제로 그들은 꿈이 '자신 그 이상'이 되는 것을 묘사하고 있다는 사실을 깨달았다." 한 참가자는 이렇게 말했다. "나는 나다. 분명 나지만, 세상의 무게에서 해방된 나다." 그리고 또 다른 참가자는 "죽음의 공포가 느껴지지 않는다"라고 했다. 뭐, 새는 당연한 일이지만, 다른 동물도 비행몽을 꿀까? 부정할 이유는 없을 것이다. 동물의 자아상에 긍정적 효과를 가질 수 있을 테다.[117]

●

　　　　지금까지 특별한 종류의 감각 추구를 남겨 두었다. 자신의 몸을 조작하여 원하는 자극을 내부적으로 만들어 내는 특별한 감각 추구다. 바로 자위다.

자위는 포유류와 조류에서 널리 행해지는 행위다. 빈도 면에서 인간이 선두를 달리고 있다. 젊은 남성은 평균적으로 사흘에 한 번 정도 절정에 이르는 자위를 하며, 여성도 그다지 뒤처지지 않는다. 보노보원숭이는 인간의 뒤를 바짝 좇으며 2위를 차지했다. 하지만 당나귀도, 펭귄도, 박쥐도 열심이다. 그렇다. 사실 거의 모든 동물이 오늘도 자위 중이다. 아마도 가장 창의적인 형태의 자위는 수컷 큰돌고래bottlenose dolphin가 보여 준다. 자신의 음경을 사용해서 모래에서 뱀장어를 건져 올리고, 음경의 등 부분에 꿈틀거리는 뱀장어를 올려 두는 방법으로 일을 처리한다. 큰돌고래 못지않게 기발한 방법을 원숭이나 침팬지가 개발했는데, 살아 있는 두꺼비를 섹스 토이로 이용하는 것이다.[118] 에리카 종Erica Jong [i]은 지퍼 없는 섹스를 찬양한 것으로 유명하다. "지퍼 없는 섹스는 절대적으로 순수하다. 부수적 동기로부터 자유롭다. (……) 누구도 다른 이에게서 무언가를 증명하거나 확보하려고 하지 않는다. 지퍼 없는 섹스는 가장 순수하다. 그리고 유니콘보다도 더 귀하다. 나는 아직 한 번도 해 보지 못했다."[119, ii] 물론 논쟁의 여지가 있겠지만, 자위는 이상적인 섹스, 즉 지퍼 없는 섹스에 가장 가깝다. 쿠엔틴 크리스프Quentin Crisp [iii]가 BBC용 영화에서 경쾌하게 다음과 같이 말했다(비록 이후에 이 대사는 검열 삭제되었다). "성교는 자위의 불충분한 대체물이다."

15장에서 인간의 경우 오르가슴이 현상적 자아를 확실히 집중시킨다고 언급했다. 그리고 그 경험은 신체적 감각 위주로 돌아가지만 환상적인 비물질적 특성도 있을 수 있다. 마치 비행몽처럼, 그러나 그보다 더 강렬하게 말이다. 비인간 동물에게도 비슷한 일이 가능하다고 하면 너무 나간 것일까?

꿀 모으기처럼, 여기서도 대안적 하위 수준의 설명이 가

---

[i] 미국의 페미니즘 소설가.

[ii] 에리카 종은 『비행공포』라는 소설에서 여성의 섹슈얼리티에 관해 묘사하여 큰 논란을 일으켰다. 여기서 이른바 '지퍼 없는 섹스'라는 용어를 사용했는데, 이는 어떤 감정적 관여나 정서적 헌신 혹은 그 밖의 다른 동기가 전혀 없는 성적 만남을 이야기한다.

[iii] 영국의 만담가.

능하다. 사실 자위는 성교를 모방한다. 따라서 비지각 동물도 기회가 주어지면 반사적으로 그것을 실행하도록 프로그래밍 될 수 있다. 실제 교미 상황과 착각하면 비지각 동물도 때때로 자위한다. 놀랄 일이 아니다. 거북이, 도마뱀, 개구리에서 실제로 관찰되었다. 뇌를 제거한 개구리도 자위할지는 모르겠지만 설령 그런다고 해도 그리 깜짝 놀랄 일은 아니다.

그러나 포유류와 조류의 자위는 몇 가지 이유로 생식 목적의 섹스가 과도하게 나타난 것에 불과하다고 여기기 어렵다. 인간은 어린 나이부터 자위를 시작해서 자주 하고 늙어서도 한다. 인간을 포함한 많은 동물에서 오르가슴은 성교보다 자위를 통해 흔히 느껴진다. 자위는 사실 이어폰을 통해 음악을 듣는 것처럼 고독한 활동이다. 감각적 기쁨이라는 측면에서, 최소한 인간의 경우에는 자위가 파트너와의 섹스와 같은 정도의 만족감을 주거나 혹은 그것을 능가한다.

진화적 관점에서 이런 현상의 이득, 즉 성적인 이득 이외의 것이 없다면 정말 이상한 일일 것이다. 자연선택에 의해 최초의 오르가슴이 진화해 교미를 촉진하고 자손 번식으로 이어지게 했다는 것에는 의문의 여지가 없다. 그러나 오르가슴은 왜 그러한 이상한 속성이 있게 디자인되었을까? 적합도를 향상시키는 번식 행위와 무관한 자위 행위를 왜 이리 쉽고, 또 즐겁게 만들어 냈을까? 오르가슴 자체가 오랫동안 자아의 탄생과 지속에 역할을 했다고 가정해 보자. 그리고 오르가슴의 특성이 그러한 방향으로 점점 조정되어 갔다고 해 보자.

앞에서 보았듯이 오르가슴의 감각은 그 자체로 독특한 범주에 속한다. 다른 어떤 감각도 이런 수준으로 운동 반응과 밀접하게 연결된 것은 없다. 오르가슴은 실제로 근육의 움직임이다. 그러나 다른 감각처럼, 경험은 실제로 반응이 아닌 운동 명령의 신호를 읽는 데서 생겨난다. 심지어 이 감각은 사정이나 자궁수축 등의 반응이 제거된 척수 절단 환자에게도 나타난다. 남성과 여성의 성적 반응 중 일부(예를 들면 생식기를 넘어서 확산되는 흥분)는 사실 임신과 관련이 없다. 이러한 요소도 오르가슴의 설계 과정에서 복잡성과 조화를 더하기 위해 특별히 도입된 형질일까? 좀 더 쉽게 말해서 오르가슴은 스스로 만들어 내는 몸의 음악일까?

지금까지 현상적 자아를 보살펴야 할 가치 있는 속성이라고 주장했다. 지각 동물은 자아를 유지하기 위해 주기적인 현상적 경험을 요구한다. 동물이 감각을 단순히 감각만을 위해 추구한다면, 이는 그들이 지각하고 있다는 강력한 증거다. 침팬지의 폭포 탐험, 개의 눈썰매, 오리의 자위 등이 모두 이를 지지한다. 이러한 행동은 현상적 경험을 염두에 두지 않았다면 도대체 왜 하는지 상상하기 어렵다.

이것은 지각 여부 검사로는 상당히 견고한 근거지만, 기준이 높으므로 모든 지각 동물이 이 검사를 통과하지는 못할 것이다. 지금까지 단순한 호기심이나 음식 섭취나 성욕에 의해 발생하는 행동의 가능성을 배제하기 위해, 실용적 가치가 결여된 경험을 추구하는 동물의 증거를 찾았다. 하지만 어떤 행동은 실질적 이득도 주면서 동시에 현상적 경험도 제공할 수 있다. 자아와 몸 모두를 위한 음식이다. 침팬지의 꿀 찾기나 번식 목적의 교미에서 느끼는 오르가슴이 바로 그렇다.

그러나 일상적 활동에서도 이러한 경험을 얻는 지각 동물이 있을 수 있다. 먹기, 털 고르기, 서로의 엉덩이 냄새 맡기 등의 활동이 그것이다 그러면 앞서 말한 엄격한 기준을 통과하기 어려울 것이다. 구분하기 너무 어렵다. 자위를 할 필요도, 얼음 위에서 미끄럼을 즐길 필요도 없다. 현상적 경험을 위해 유희를 즐기는 동물이라면 참 간단하다. 그들은 지각 동물이다. 하지만 그러지 않는다고 해서 비지각 동물이라고 결론 내릴 수는 없다.

이것은 인간도 마찬가지다. 음악을 즐기지 않는 사람도 있다. 음악을 통해 영혼을 살찌운다는 티펫의 주장은 아마 옳을 것이다. 양분을 주지 않으면 영혼이 죽을 수도 있다. 그러나 음악을 듣지 않는 사람의 영혼이 죽었다고 할 수는 없다. 물론 생기가 조금 덜하겠지만.

●

아무튼 '퀄리아 애호가'라는 제목 아래에서 여러 증거를 중간 평가해 보자.

포유류와 조류는 새끼 시절에 모두 놀이를 즐긴다. 일부 (모두는 아닐 수도 있지만)는 감각적 경험을 스스로 찾아낸다.

포유류와 조류 이외의 동물은 거의 놀이를 즐기지 않는다. 그리고 내가 아는 한, 감각적 쾌락을 추구하는 녀석은 없다.

예측대로다. 놀이는 모든 지각 동물에서 기대되는 행동이다. 따라서 놀이가 관찰되지 않는다면 지각이 없다는 뜻이다(물론 놀이가 관찰된다고 지각이 있다는 뜻은 아니다). 감각을 위한 감각을 추구하는 행동은 **오직** 지각 동물에서만 기대되는 현상이다. 따라서 그것이 관찰된다면 분명 지각 동물이다(물론 그런 행동이 안 보인다고 해서 비지각 동물이라는 것은 아니다).

지금까지 우리는 현상적 자아를 성장시키고 유지시키는 행동의 증거만 살펴보았다. 이제 지각 동물이 현상적 자아를 이용하여 삶을 더 유용하게 만들어 간다는 긍정적 증거를 찾아볼 차례다.

21

행동 속의
자아

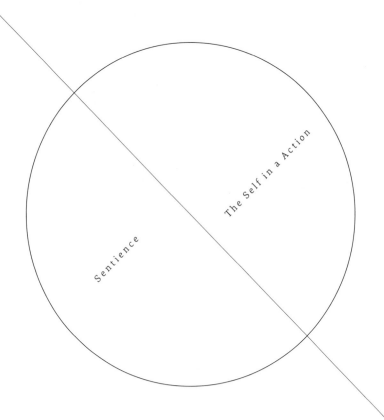

Sentience

The Self in a Action

지금까지 우리는 인간에게 자아가 어떻게 작용하는지에 대해 이야기했다. 인간의 자아는 자신의 신체적 감각 경험에 따라 형성된다. 이렇게 형성된 자아가 인간의 심리에 어떤 영향을 미치는지, 자신의 가치관과 타인에 대한 태도에 어떤 영향을 미치는지 논의했다.

현상적 자아는 인간의 지속적인 존재를 형성하며 '나'를 만들어 낸다. 매일 아침 깨어나서 밤에 잠들 때까지 당신이 마주하는 '나'이다. 믿음, 욕망, 행동을 소유하며 그것에 서사적 일관성을 부여한다. 이것은 기억과 꿈에도 나타난다. 희망, 두려움, 야망을 전달하며 다른 이의 자아를 상상하는 데 준거로 쓰인다.

그렇다면 이것이 비인간 동물에는 어떻게 작용할까? 동물이 '나'라는 것을, 혹은 그와 유사한 것을 가지고 있을까? 그 구조를 이해하고, 다른 개체에게 이러한 자아성을 귀속시킬 수 있을까? 그런 증거를 찾을 수 있을까?

바람직한 질문이다. 지각 능력을 확인하는 잠재력 높은 검사법이다. 그러나 동물에게 이런 질문을 할 수 있을까? 적절한 수준에서 동물에게 이런 질문을 할 수 있다는 것을 보여 주기 위해 내가 잘 아는 특정 동물의 예를 들어 보겠다. 다른 종을 위한 질문을 만드는 시작점이 될 것이다.

우리 개 버니는 네 살 된 스탠더드 푸들
이다. 버니는 감각이 매우 발달한 것 같다. 그 증거로, 끝없는
즐거움의 기운을 볼 수 있다. 물론 눈썰매를 타는 것을 본 적
은 없다. 하지만 산책을 갈 예정이라고 암시만 해도 기쁨에 겨
워 1미터를 펄쩍 뛴다. 길에서는 공기 냄새를 맡으려고 머리
를 쭉 뻗고, 움직이는 것이든 뭐든 미친 듯이 쫓아간다. 나뭇
가지를 찾아와 다시 던져 달라고 계속해서 요구한다. 강에 도
착하면 뛰어들어 수초를 입으로 물었다가 던진 다음, 언덕을
올라와 광대처럼 빙 돌곤 한다. 집에 돌아오면 그냥 재미로 고
양이를 나무로 쫓아 올린 다음, 나를 따라 서재로 들어와 창가
자리에 앉아 밖을 구경한다. 가끔 걸어와 내 의자에 손을 올리
고 쓰다듬어 달라고 요청도 한다. 우편집배원의 노크 소리를
듣고는 현관문까지 달려가서 화난 듯이 짖어 댄다.

퀼리아 애호가 버니다. 버니, 그리고 다른 유력한 후보 종을
위한 지각 기능 검사를 어떻게 만들어 볼지 한번 생각해 보자.

버니는 자신의 지속적 정체성에 대한 인식이 있을까?
지속적으로 가져가는 '나'라는 것이 있을까?

버니는 자기 이름을 알아듣는다. 단어로 자신을 표현할
수 있다면 아마 '버니'도 그중 하나일 테다. 사실 미국에 사는

251

자료 21.1

버니

스텔라라는 개는 키보드의 29개 버튼 중 하나를 누르는 훈련을 받았다. 버튼마다 다 다른 단어가 소리 나도록 되어 있는 키보드이다. 버튼 중 하나는 '스텔라'라는 소리를 낸다. 그 녀석은 '스텔라' '산책' '밖으로'를 누르고는 이내 문을 향해 달려 나간다.[120]

다른 종의 동물도 종종 상징적 의사소통을 배운다. 수화를 쓰는 침팬지 와쇼, 말하는 앵무새 알렉스, 신호를 사용하는 고릴라 코코, 그림문자를 사용하는 침팬지 세라 등이 그 예이다. 그중 누구도 인간 수준의 언어를 사용하지는 못하지만, 자신을 가리키는 기호나 부호를 사용하는 수준에는 빠르게 도달했다. 일인칭 욕구와 감정을 자기 기호를 사용하여 표현하는 것이다.

이런 사례로 미루어 보면, 어느 정도 자기 정체성을 인식하는 동물이 있는 것 같다. 버니도 지속적 정체성에 관한 인식이 있을 가능성이 높다. 그러나 이러한 인식이 인간이 느끼는 '나'에 견줄 수준인지는 모르겠다.

2001년에 나는 뉴욕 할렘에 사는 아프리카회색앵무새 엔키시와 그의 주인 에이미 모르가나Aimée Morgana를 관찰할 기회가 있었다. 에이미는 엔키시를 새끼 때부터 집에서 키워 왔으며, 영어 의사소통을 강도 높게 훈련시켰다. 엔키시는 세 살이 되었을 때, 단어 수백 개를 자연스럽게 사용하여 사물과 사람을 가리키고 때로는 의미 있는 문장을 만들어 내곤 했다.[121]

내가 방문한 날, 엔키시는 거실에서 자유롭게 날고 있었다. 구석에는 다른 어린 앵무새인 엔도라가 새장 안에 있었다.

에이미는 엔키시에게 엔도라 쪽으로 가지 말라고 지시했다. 엔키시는 선반에 앉아 엔도라를 갈망하는 듯한 눈빛으로 바라보았다. 그리고 자책하듯이 "엔키시, 안 돼. 엔키시, 안 돼"라고 말했다.

하지만 결국 참지 못하고 새장 위로 날아, 내려앉았다. 엔도라가 엔키시의 발을 공격해 발가락 중 하나를 꽤 깊게 깨물었다. 엔키시는 선반으로 돌아와 아픈 발을 한탄스럽게 들어올렸다. 에이미를 쳐다보며 말했다. "엔키시, 아파, 거기로 날아가고 싶어." 에이미가 대답했다. "좋아, 불쌍한 엔키시." 그러자 엔키시는 에이미의 어깨에 앉으러 날아갔다.

버니가 발을 다쳐도 비슷할 테다. 아마 내게 와서 발을 돌봐 달라고 할 것이다. 버니가 "버니, 다쳤어" 혹은 "나는 귀여움을 받고 싶어" 등의 생각을 표현할 수 있다고 가정해 보자. 그럼 '버니'라는 용어는 무엇을 가리키는 것일까? 아마 다친 주체이자 욕구하는 주체일 것이다. 실제로 그 녀석은 주관적 자아를 생각하고 있다. '내가' 다쳤어, '내가' 원해.

버니가 '나'라는 개념을 가지고 있다는 다른 증거로는 뭐가 있을까? 개의 자아 개념에 대한 연구는 제한적이다. 크게 의미 있는 결과를 찾기 어렵다. 개는 거울 표지 검사mirror-mark test를 통과하지 못한다. 거울 속에 보이는 실험견의 얼굴에 느닷없이 표지를 붙이고, 자신의 얼굴에 상응하는 것을 인식할 수 있는지 검사하는 방법이다.[i] 그러나 거울 냄새 검사는 통과한다. 자기 오줌 자국의 냄새를 맡을 때, 다른 개의 오줌 자국에 비해 관심을 적게 보이는지를 평가하는 검사다.

하지만 이런 검사는 개의 주관적 자아의 존재와 큰 관련이 없다. 거울 표지 검사는 동물의 '의식적 자아'의 증거로 종종 인용되지만 자아 검사라기보다는 지능검사에 가깝다. 동물은 거울 속의 얼굴이ⁱ 자신의 얼굴 **이미지**라는 것을 연습을 통해 배울 수 있어야 하기 때문이다(자기 얼굴을 볼 방법이 없으니 말이다).

침팬지, 코끼리, 돌고래 등 소수의 동물 종만이 이 능력을 보인다. 그러나 이것이 **가능하다**고 해도, 자기 얼굴 인식능력과 주관적 자아 여부가 어떤 관련이 있는지는 분명하지 않다. 밀란 쿤데라의 말마따나 "얼굴은 우연한 특징의 비반복성 조합이며, 성격이나 영혼, 혹은 우리가 자아라고 부르는 것을 반영하지 않는다. 얼굴은 단지 표본의 일련번호일 뿐이다".[122] 버니의 피부에 마이크로칩을 심어, 번호가 화면에 표시되게 한다면 어떨까? 아마 그를 훈련시켜 그 번호를 자신의 일부로 인식하게 할 수 있을 것이다. 그 번호는 버니 이름의 시각적 버전으로 '버니'라는 청각적 버전에 대응한다. 그러나 자아는 번호에 배태된 것이 아니다. 물론 자아는 이름이나 얼굴에 배태된 것도 아니다.

자아는 '나'라는 단어에도 존재하지 않는다. '나'라는 단

---

i 거울 표지 검사는 자기 인식능력을 평가하는 행동 실험이다. 동물의 이마나 볼에 색칠을 한 뒤 거울에 비친 얼굴에 동물이 어떻게 반응하는지 평가하는 것이다. 만약 얼굴에 붙은 표지를 떼어 내려고 시도하면, 자신의 외모를 인식한다는 뜻이다. 그러나 이 검사가 정말 자기 인식을 나타내는지 여부에 대해서는 논란이 있다.

어도 이름이다. 진부한 말을 자꾸 해서 미안하지만 '나'는 화자의 신체에 대한 이름이 될 수도 있다. "나, 키가 1.8미터야" "나, 장보러 가" 하지만 흥미롭게도, 그리고 대부분의 경우 화자의 주관적 자아를 가리키는 이름이다. "나는 느껴" "나는 생각해" "나는 기억해". 버니가 정말로 자신의 이름을 사용해 자신의 마음 상태를 전달할 수 있다면, 스텔라 역시 그렇게 할 수 있다면 그것은 어떤 거울 검사보다 의식적 자아를 확인하는 더 좋은 검사 방법일 것이다. 그렇게 할 수 있다면 말이다. 버니가 내게 다가와 발을 들어 올릴 때, 나는 그가 그런 행동을 하고 있다는 사실을 믿을 수 있다. 마찬가지다. 이름을 부르면 듣고 나에게 다가온다. 행동은 말만큼이나 크게 들릴 수 있다.[123]

버니는 '자기 자신'과 함께 시간 여행을 할까?

에이미가 말하기를, 엔키시는 자신이 물렸던 사건에 대해 몇 번이고 되짚어 얘기했다고 한다. "개가 내 발가락을 물었어(She cut my toe)"라고 했다고 한다. 이것은 자신이 겪었던 에피소드를 다시 회상하는 명확한 사례로 보인다. 엔키시의 과거로 거슬러 간 것이다. 삽화적 기억에 관한 더 놀라운 증거가 있다. 언젠가 에이미는 시카고에 사는 친척집에 방문하면서 엔키시를 데리고 갔다. 하지만 실망스럽게도 엔키시는 시카고에서는 입을 꾹 다물었다. 그러다가 집에 돌아오자 여행에서 겪었던 일을 다시 이야기하기 시작했다.

버니도 이렇게 시간을 거슬러 올라갈 수 있을까? 엔키시처럼 드라마틱한 증거는 아니지만 작은 예가 있다. 나는 보통 산책 전에 밥을 준다. 그래서 그릇에 밥을 채우고 문 앞에 서서 나가기를 기다리면 버니는 곤란해한다. 밥을 다 먹고 나갈까, 아니면 바로 나갈까? 대개 밥을 급하게 먹기로 결정하지만, 산책을 너무 좋아하므로 가끔 그릇을 다 비우지 않고 따라나선다. 관찰한 바에 따르면, 30분 후 집으로 돌아왔을 때 버니는 자신이 밥을 남겼는지 아닌지 정확하게 회상했다. 남기고 갔으면 재빨리 그릇으로 뛰어가고, 그러지 않았다면 그릇에 신경 쓰지 않는다.

버니가 이런 사실을 기억할 수 있다면, 즉 그릇이 마지막에 비어 있었는지 여부를 기억할 수 있다면, 자신의 행동을 기억할 수 있을까? 이를테면 **자신이** 마지막으로 **했던** 행동 말이다. 자신의 행동을 기억하는 개의 능력은 실험을 통해 입증되었다.[124] 실험견 열 마리를 사용한 연구에서, 일단 각 실험견은 주인의 명령에 따라 몇 가지 동작을 수행하도록 훈련했다. 그다음 "다시 해!"라는 명령을 받으면 다시 그것을 수행하도록 훈련했다. 그리고 테스트 세션에서 주인은 개가 자발적으로 새로운 행동을 하도록 기다렸다. 예를 들어 장난감을 집거나 그릇에서 물을 마시거나 소파로 뛰어오르는 행동이 그것이다. 그런 다음 주인은 잠시 후에 개를 불러서 예기치 못한 명령, 즉 "다시 해!"라는 명령을 내렸다. 지연 시간이 20초라면 70퍼센트가 선행 행동을 성공적으로 반복했다. 지연 시간이 1분일 때는 65퍼센트가 선행 행동을 반복했다. 1시간 지연 후, 개가 집에 들어가 쉬고 있을 때도 35퍼센트가 성공했다. 이 실험에서 연구자들은 '삽화 기억과 유사한 기억'에 대한 증거만 발견했다고 주장했다. 의식적 자아가 반드시 관여된 것이라고 주장하지는 않았다. 그러나 버니를 대신해 그들에게 이렇게 말하고 싶다. 버니는 실제로 최근의 개인사를 계속 기록, 저장하고 있으며 그러한 기억 속에서 '나'라는 일인칭 대상으로 돌아갈 수 있다.

자, 동물이 시간을 거슬러 자아를 상상할 수 있다면, 즉 과거에 어떤 일이 **있었는지** 기억할 수 있다면, 앞으로 어떤 일이 **일어날** 것인지 상상하며 미래를 예견하는 능력으로 나아가는 일은 그리 어렵지 않을 것이다. 개가 미래를 예견할 수 있다는 증거는 보지 못했지만, 다른 종이 미래 계획을 세울 수 있다는 믿을 만한 증거가 있다. 케임브리지의 니키 클레이튼Nicky Clayton 연구실에서 수행한 연구에서는 까마귓과 새들이 미래에 대해 학습하며, 예상되는 필요에 맞춰 미리 준비할 수 있다는 사실을 보여 주었다. 예를 들어 덤불까마귀scrub jays는 다음 날 허기를 느낄 것으로 예상되는 위치에 음식을 저장한다. 비슷한 예로 침팬지는 문제 해결을 위한 도구가 무엇인지 학습하고, 필요할 때 그것을 가져올 수 있다. 말모동물원에는 도랑 반대편에 있는 관람객에게 돌을 던지며 특별한 재미를 즐기는 침팬지가 있다. 동물원이 밤에 문을 닫으면 그 녀석은 내일을 위해 돌 더미를 모아 두었다.

만약 동물이 시간을 밀었다 당겼다 하면서 종적 자아를

상상해 낼 수 있다면, 횡으로 이동하는 것도 가능할까? 미래의 어느 때 신발을 신고 있는 자아를 상상할 수 있다면, 지금 옆에 있는 사람의 신발에 관한 상상도 할 수 있을 것이다. 약 200년 전, 윌리엄 헤이즐릿William Hazlitt은 이렇게 이야기했다. "미래의 대상을 예상할 수 있는 유일한 수단인 상상력을 통해 나를 다른 사람의 감정으로 인도하는 동시에, 미래의 나라는 존재로 스스로 던져지는 과정을 통해 나를 나 자신 밖으로 꺼낼 수도 있다."[125]

헤이즐릿은 아주 쉬운 일인 듯이 이야기했지만 실제로는 그렇지 않다. 과거의 나, 미래에 있을 나, 그리고 지금의 '나'는 직접적으로 연결될 수 있지만, 다른 사람의 '나'는 좀 다른 이야기 아닐까? 버니가 이런 일을 해낼 수 있다고?

버니는 다른 이에게 자신만의 '나'가 있다고
생각할 수 있을까?

버니는 자신의 사회적 세계에 속한 사람, 개, 고양이를 개별 존재로 분명하게 인식한다. 그들을 다르게 대하며 각각에 대해 서로 다른 기대를 한다. 심지어 몇몇의 이름까지 알고 있다. 하지만 그렇다고 해서 버니가 그들 각각에게 **자신만의 '나'**가 있다고 여기는 것은 아닐 수 있다. 버니는 자신 이외의 존재가 자신의 경험을 현실적이고 개인적인 어떤 것으로 받아들인다는 것을 이해할 수 있을까?

259

우리는 '나'라는 단어가 일반적으로, 말하는 사람의 자아를 지칭한다는 것을 논의한 바 있다. 따라서 그것은 '당신'이나 '그'와 같이 누가 말하느냐에 따라 참조 대상이 달라지는 **인칭**대명사 중 하나다. 우리는 다른 사람이 '나'라는 단어를 사용하는 것을 듣게 되면, 우리가 아닌 그에게 속한 자아 핵심을 가리킨다고 무의식적으로 추정한다. 이러한 개념이 비인간 동물에게도 가능할까? 너무 어려운 것은 아닐까? 그러나 교토에서 진행한 탁월한 실험에서 연구자는 이러한 과제에 도전했다. 이름이 아이(Ai)인 암컷 침팬지에게 인칭대명사를 뜻하는 기호를 가르치는 데에 성공한 것이다.[126]

침팬지 아이와 인간 동료가 대화형 컴퓨터 콘솔 앞에 같이 앉아 샘플 잇기 게임을 진행했다. 각 라운드에서 둘 중 한 명이 버튼을 눌러 화면에 ME(나) 또는 YOU(당신)를 나타내는 기호를 표시하면 게임이 시작된다. 곧이어 2초 뒤에 침팬지와 인간 동료의 사진 두 장이 나란히 나타난다. 침팬지 차례에 ME가 나타나면, 침팬지는 자신의 사진을 클릭해야 한다. 반면 YOU가 나타나면, 인간 동료의 사진을 터치해야 한다. 반대로 인간 동료의 차례에 ME가 나타나면, 침팬지는 동료의 사진을 클릭해야 하고, YOU가 나타나면 자신의 사진을 건드려야 한다. 침팬지 아이는 이 작업을 며칠 만에 숙달했다. 심지어 인간 동료가 아홉 명 중 누구로 교체되더라도 여전히 올바른 선택을 해낼 수 있었다.

이것은 침팬지가 기호의 **조건부** 의미를 이해할 수 있다는 놀라운 증거다. '내가 ME라는 기호를 꺼내면 나의 사진을 의미하지만, 당신이 같은 기호를 꺼내면 당신의 사진을 의미한다'는 사실을 아는 것이다. 버니는 침팬지만큼 영리하지 않으니, 추상적 기호를 사용하는 이런 작업을 배울 수 있다면 정말 놀라울 것이다. 그러나 **몸짓 표현**의 조건부 의미를 이해하는 과제라면 어떨까? '내가 아이코!라고 말하면 내가 아픈 것이고, 네가 아이코!라고 말하면 네가 아픈 것이다'라는 식으로 말이다. 버니는 이런 식으로 설계한 과제라면 잘해 낼 수 있을지도 모른다.

실제로 버니가 이런 과제를 해내고 있다고 확신한다. 앞서 말했듯이 다치거나 헐떡이게 되면 버니는 내게 위로를 기대한다. 그러나 내가 힘들어하면 버니는 **나를** 핥아 준다. 버니는 자신에게 어떤 경험이 가지는 의미와 동일한 것을, 다른 이도 같은 경험을 통해 가질 수 있다고 이해하는 것 같다. 다른 이도 사적 경험의 주체가 될 수 있다는 사실을 이해한다는 것이다. 그런데 정말 그런가? 만약 그렇다면 버니는 그 경험이 정말 어떤 것인지 어느 정도나 이해할까?

버니는 타고난 심리학자?
버니는 마음을 읽을 수 있을까?

내 대답은 "그렇다, 어느 정도까지는"이다. 그러나 버니를 포함한 비인간 동물의 질적 차이를 고려하지 않고 "그렇다"라고 하긴 좀 곤란하다. 뭔가 앞뒤가 안 맞는 말처럼 들릴 것이다. 여기서 '마음 이론'의 역사에 관해 좀 이야기하는 것이 좋겠다.

9장에서 '타고난 심리학'에 관한 아이디어의 배경을 설명했다. 산악고릴라 관찰 경험을 통해 나는 사회적 지능, 그리고 행동과 관계를 추론하는 동물의 능력에 필요한 요구 조건에 관해 고민해 왔다. 즉 동물은 심리학자가 될 수 있을까? 혹은 되어야만 할까? 동물은 어떤 모델을 사용하여 다른 생명체의 마음이 어떻게 작동하는지 추론하는 것일까?

이에 대해 이미 50년 전에 하나의 가설이 제안되었다. 좀 케케묵은 주장인데, 동물은 행동주의 심리학자처럼 관찰 증거만을 고려하여 상대의 마음을 이해하려 시도한다는 주장이다. 하지만 나는 이런 해답이 좀 곤란하다고 생각했다. 너무 느리고 너무 어렵다. 다른 방법이 있어야 한다. 물론 **우리** 인간은 그 방법을 알고 있다. 지름길이다. 즉 나의 마음을 모델로 다른 사람의 마음을 이해할 수 있다. 자아에 관한 내관적 지식을 활용하여 다른 사람이 되어 보는 것이다.

인간은 현상적 의식을 통해 **정신주의자**mentalist가 될 수 있지만 **행동주의자**behavioralist는 아니다.

그런데 인간이 할 수 있다면 다른 동물도 할 수 있지 않을까? 처음에는 고릴라에 관심을 가졌지만 곧 다른 사회적 종에 눈을 돌리게 되었다. 쥐, 고래, 그리고 지당하게도 개다(당시에는 새는 생각하지 않았다).

1977년, 영국과학발전협회the British Association for the Advancement of Science의 강의에서 이러한 아이디어를 제시했다.

자연이 찾아낸 비결은 내관introspection입니다. 우리는 자신과의 유사성 추론에 의거하여 다른 사람의 행동에 관한 모델을 만들어 낼 수 있음이 증명되었습니다. 의식의 내용을 평가하는 과정을 통해서 자신에게 드러나는 자신에 관한 사실 말입니다. (……) (사회적 동물은 행동주의자로서는 성공적으로 살아갈 수 없습니다) 만약 개별 쥐가 가진 다른 쥐의 행동에 관한 지식이, 지금까지 행동주의 심리학자가 연구한 내용 정도에 불과하다면, 쥐는 동료의 행동을 거의 이해하지 못할 것이고 모든 사회적 상호작용에 참담한 실패를 경험할 것입니다. (……) 행동주의는 심리학의 자연과학 영역을 위한 철학으로서는 적합할 수 없으며 아마 지금도 그럴 것입니다.[127, i]

바로 이듬해, 1978년이었다. 데이비드 프리맥David Premack과 가이 우드러프Guy Woodruff는 《사이언스》에 침팬지 세라와 수행한 실험을 보고했다. 세라가 다른 이의 정신 상태를 추론하는 데에 뛰어난 능력을 보여 주었다는 것이다.[128] 그들은 세라에게 뭔가 곤란해하고 있는 남자의 비디오를 보여 주었다. 예를 들어 높이 달려 있는 바나나 송이에 닿지 못하거나, 우리 문을 열지 못하거나, 호스에서 물을 얻지 못하는 남자의 영상이었다. 그리고 세라에게 사진 두 장을 보여 주었다. 그중 하나

---

i 지금의 행동주의 심리학자가 적합하지 않은 접근 방법을 추구하고 있다는 뜻이다.

는 해당 문제를 풀어내는 해결책을 담고 있었다. 예를 들면 발을 디딜 수 있는 상자, 자물쇠에 맞는 열쇠, 비틀어 틀 수 있는 수도꼭지 등이다. 여덟 개의 문제 상황에서 세라는 일곱 개의 정답을 골라냈다. 남자의 관점에서 대상을 바라볼 수 있었다는 뜻이다.

논문 제목은 바로 「침팬지의 문제 해결: 이해도 검사Chimpanzee Problem-Solving: A Test for Comprehension」였다. 이 논문에서 그들은 이렇게 썼다. "이 검사는 (······) 동물의 문제 해결에 관한 지식, 즉 문제의 본질을 추론하고 잠재적 해결책을 인식하는 능력을 평가할 수 있다." 흥미로운 일이지만, 연구진은 이러한 실험이 구체적으로 **정신적** 이해력을 평가한다는 사실에 크게 주목하지 않았다.

나는 위의 논문이 발표되기 1년 전, 프리맥과 편지를 주고받은 적이 있다. 나는 《사이언스》에 그의 책 『유인원과 인간의 지능Intelligence in Apes and Man』의 서평을 기고했다. 그에게 '타고난 심리학자' 제하의 복사본을 보냈는데, 그는 아무 코멘트를 남기지 않았다. 그러나 곧 나와 프리맥이 같은 방향으로 나가고 있다는 것이 명백해졌다. 실제로 그해에 프리맥과 우드러프는 「침팬지는 마음 이론을 가지고 있을까?」[129]라는 제목으로 또 다른 논문을 발표했다. 이제 관심의 초점은 마음 이론으로 옮겨 갔다. "우리는 물리학자로서의 침팬지보다는 심리학자로서의 침팬지에 더 주목한다. (······) 본 논문에서 우리는 침팬지가 다른 개체에 정신 상태를 귀속시킬 가능성을 제기한다." 그리고 다음과 같이 결론 내렸다. "침팬지는 정신주의자임에 분명하다. 우리가 크게 잘못 생각한 것이 아니라면 (……) 침팬지는 행동주의자가 되기에는 충분히 똑똑하지 않다."

여기서 마음 이론이라는 도전적 용어가 처음으로 등장했다. 이 논문은 세련된 실험을 통해 다른 동물과 인간의 마음 읽기 능력에 대한 연구를 더욱 확대했다. 행동과학계는 침팬지 세라의 연구 결과를 재확인하고 확장할 수 있기를 기대했다. 그러나 결과는 실망스러웠다. 침팬지나 다른 비인간 동물이 타인의 생각과 감정을 정확하게 인식할 수 있다는 것을 입증하는 후속 연구는 뚜렷한 결론을 내지 못했다. 2015년, 셀리아 헤이스Celia Heyes[i]는 다음과 같이 결론 내렸다.

동물의 마음 읽기 연구는 정신 상태를 추론하는 인간 능력의 본질과 기원에 대한 핵심적 질문에 대응할 수 있을 것으로 기대되었지만, 현재 문제에 직면한 것 같다. 1978년부터 2000년까지 여러 연구 그룹이 다양한 방법론을 사용하여 동물이 여러 가지 정신 상태를 이해할 수 있는지를 연구했다. 그러면서 점점 많은 열정적 연구자는 회의론자가 되었고, 연구 방법은 더 제한되었으며, 동물 대상 마음 읽기 연구가 무엇을 발견하려고 하는지 점점 불투명해졌다.[130]

---

i 실명은 세실리아Cecilia이며, 저자는 애칭으로 불렀다. 옥스퍼드대학 심리학과 교수로 인간 정신의 진화를 연구한다.

무엇이 문제였을까? 내 생각에는 '마음 이론'이라는 표현의 '이론'이라는 단어가 문제의 시작이었다. 정신을 이해하는 데에 과도한 수준의 정교함을 암시했다. 기대가 너무 컸다. 나는 앞서서 훨씬 간단한 것을 제안한 바 있다. 타고난 심리학자로서 우리는 상대의 마음을 읽으며, 우리가 상대의 처지에 있었을 때 어떤 생각과 감정을 가지고 있었는지 회상하며 상대의 상태를 가정한다. 이를 통해 상대의 다음 행동을 예측할 근거를 확보한다. 당연히 이론은 필요 없다. 그러나 프리맥과 우드러프가 이를 공식화하면서 마음 이론은 너무 웅장한 어떤 것이 되어 버렸다. 예를 들어 도망치려는 사람이 열쇠를 찾지 못하고, 침대 밑에 뱀이 있다고 잘못 믿고, 방 안에서 바나나를 볼 수 없는 것 등을 실험에서 확인하려고 했다.[i]

추론에 관한 이런 식의 강조는 더 악화되었다. 프리맥 등은 데닛이 제안한 '의도적 태도intentional stance'라는 개념에 집착했다. 이 개념은 1971년, 데닛이 다른 '의도적 체계intentional systems'의 행동 예측을 인간이 어떻게 하는지에 관해 언급하면서 제안한 것이었다.

---

i 추론 능력에 너무 집중했다는 뜻이다.

작동 원리는 다음과 같다. 먼저 예측할 대상을 합리적 행위자로 취급하기로 결정한다. 그다음 세상의 위치와 주어진 목적에 비추어서, 그 행위자가 가지고 있어야 할 믿음이 무엇인지 알아낸다. 그리고 같은 고려 사항에 따라서 해당 행위자가 가지고 있어야 할 욕망이 무엇인지 파악한다. 마지막으로 이 합리적 행위자는 그 믿음에 따라 목표를 추구할 것이라고 예측하는 것이다. 선택된 믿음과 욕망의 집합에 기반하여 약간의 실용적 추론을 더하면, 대부분의 경우에는 그 행위자가 무엇을 해야만 할지 결론을 도출할 수 있다. 당신이 그 행위자의 행동을 예측해 냈다.[131]

이런 수준의 합리성을 가지고 다른 존재의 마음속 상황을 '파악'할 수 있는 두뇌 능력을 가진 비인간 동물이 분명 있을 수 있다. 하지만 놀랍게도 그렇지 않았다. 심지어 침팬지도 마찬가지였다. 합리적으로 추론할 수 있는 능력은 보잘것없는 수준이었다.

너무 급한 것인지 모르겠지만, 프리맥이 제안한 의미의 마음 이론이나 데닛의 의도적 태도를 가지고 있지 않더라도 타고난 심리학자가 될 수 있다. 그들은 너무 이론에 치중했다. 앞서 살펴본 바와 같이, 자신의 경험을 활용하여 다른 이들에 대한 통찰을 얻는 것은 그리 어려운 일이 아니다. 상대방의 입장에서 그들이 지금 생각하거나 느끼는 것을 파악할 수는 없더라도, 우리는 자기 자신을 모델로 사용하여 그들에게 일어날 수 있는 일에 대한 일반적 이해를 얻을 수 있다. 특히 다른 동물의 감각능력 범위를 이해할 수 있다면, 즉 그들이 우리와 같은 방식으로 보거나 듣거나 맡거나 맛보거나 만질 수 있다면 우리는 상대방이 어떤 종류의 행위자인지 잘 파악할 수 있을 것이다.

이전에도 이 문제를 여러 번 다뤘던 것을 기억할 테다. 현상적 자아의 이점을 논의할 때, 앞을 보지 못하는 원숭이 헬렌은 다른 동물의 본다는 느낌을 이해하기 어렵다는 점을 논의할 때 말이다. 9장에서 헬렌의 사례를 사고실험으로 발전시켰다. 지금 다루는 이야기와 관련이 있으므로 다시 좀 자세하게 이야기해 보자.

상상해 보라. 태어나자마자 수술을 받아서 시각 감각을 한 번도 의식하지 못한 원숭이의 가상 사례를 말이다. 이 원숭이는 오직 인식능력을 기반으로 하여, 온전한 뇌를 가진 다른 원숭이처럼 시각 정보를 활용하는 기본 능력을 발달시킬 것이다. 눈을 사용해 깊이, 위치, 모양을 판단하고, 물체를 인지하며, 길을 찾는 데 능숙해질 것이다. 사실 이 원숭이가 다른 원숭이와 사회적으로 격리되어 있다면, 어떤 결함도 찾기 어려울 것이다. 하지만 일반 원숭이는 사회적으로 격리되어 살지 않는다. 다른 원숭이와 지속적으로 상호작용하며, 그들 삶의 상당 부분이 다른 원숭이에 대한 행동 예측에 의해 좌우된다. 그런데 원숭이가 다른 원숭이의 행동을 예측하려면, 최소한 다른 원숭이가 시각 정보를 활용한다는 것을 깨달아야 한다. 즉 다른 원숭이도 볼 수 있다는 것을 이해할 수 있어야 한다. 그래서 태어날 때 시각피질이 제거된 원숭이는, 내 생각으로는, 이런 능력에 심각한 결함을 보일 것이다. 시각적 감각에 눈먼 원숭이는 다른 원숭이가 볼 수 있다는 생각에 대해서도 인식하지 못할 것이다.[132]

왜 다른 사람이 사용하는 감각 방식을 이해하는 것이 그렇게 중요한 것일까? 그 이유는 시각, 청각, 후각 등 다양한 감각 시스템이 각각 다른 역할을 수행하기 때문이다. 다른 생명체가 뭘 하고 있을지 알고 싶다면 일단 주파수를 동일하게 맞춰야 한다. 그러면 자신의 경험을 두 가지 수준에서 활용할 수 있다. 먼저 인식 수준에서 다른 이가 외부 세계에 대해 어떤 지식을 얻고 있는지 추측할 수 있다. 예를 들어 시각의 경우 색상, 형태, 거리 등으로 기술된 대상이며, 촉각의 경우 질감, 무게, 온도 등으로 기술된 대상이다. 둘째, 인식과는 별개로 감각 수준에서 다른 이에게 감각자극이 미치는 느낌이 어떤 것인지 추정할 수 있다. 시각의 경우 현상적 적색감 같은 것이며, 촉각의 경우 추위나 고통 같은 감각일 것이다.

이것이 인식의 대상에 현상적 속성을 투사하는 일이 중요한 가치가 있는 이유다. 양귀비에 현상적 적색감을 투사할 때를 생각해 보자. 앞서 말한 대로 사실상 다른 감각을 가진 존재와 연결 고리를 만들고 있는 것이다. 양귀비에 빨간색을 느끼게 하는 능력, 즉 적색 유발력이 있다고 보는 것이다. 만약 원숭이라면 저녁 하늘에 현상적 적색감을 투사할 때, 다른 원숭이를 불안하게 만드는 힘이 하늘에 있다고 느낄 것이다.

그럼 버니 이야기로 돌아가 보자. 버니가 마음 이론을 가지고 있다고 확신할 수는 없겠지만, 자신을 모범적 모델로 사용해 다른 이의 행동을 예측하는 타고난 심리학자라는 것은 꽤 확실해 보인다. 버니는 내가 볼 수 있다는 것을 알고 있지만, 정확히 무엇을 볼 수 있는지는 모른다. 내가 방에 있을 때 탁자 위의 음식을 훔치지 않으며, 심지어 등 뒤에서도 역시 마찬가지다. 그러나 방을 떠나자마자 음식을 물어 냠냠 먹어 치운다.

어쩌면 자신의 시각과 다른 관점에서 대상이 어떻게 보이는지 이해하는지도 모른다. 한 실험에서는 개와 주인 사이에 장애물을 둔 뒤, 개 쪽에 동일한 장난감을 두 개 놓았다. 둘 중 하나만 주인이 볼 수 있는 위치에 있었다. 이때 주인으로부터 "가져와!"라는 요청을 받으면, 개는 거의 항상 개와 주인이 모두 볼 수 있는 위치의 장난감을 가져왔다. 다른 연구도 있다. 개는 닿을 수 없는 음식을 얻기 위해서, 주인과 음식을 번갈아 보는 행동을 보였다. 주인에게 신호를 보낸 것이다.

그러나 여기 놀라운 사실이 있다. 개는 시각장애인 주인에게도 비슷한 행동을 보였다. 주인이 하지 못할 만한 도움을 요청하는 것이다.[133] 인류학자 플로렌스 고네트Florence Gaunet는 시각장애인 주인을 둔 안내견, 그리고 시력이 좋은 주인을 둔 반려견을 비교 연구했다. 개가 주인에게 음식을 '요청하는' 모습을 촬영한 것이다.

안내견은 반려견과 비슷한 행동을 보였다. 주인을 바라보고, 다시 그릇을 바라보았다. 시선을 번갈아 가며 바꾸었다. 주인이 그들의 시선 신호에 반응하지 않는다는 사실에 민감하지 않았다. 이러한 결과는 안내견이 주인의 다른 주의 상태 (즉 주인이 개가 내보내는 시각 신호를 인지하지 못한다는 것)를 이해하지 못했다는 뜻이다. 요약하자면 안내견은 주인이 그들을 볼 수 없다는 사실을 몰랐다.

흥미롭게도 안내견은 다른 행동을 하나 보였다. 소리가 나도록 입술을 다시는 행동이었는데, 아마 비시각적 신호를 특별히 제공하려는 것으로 보였다. 그러나 여전히 시각적 신호를 **대신해서** 이런 행동을 보이지는 않았다.

이것을 어떻게 이해해야 할까? 내 생각으로 개는 타고난 심리학자다. 그런데 자신을 모델로 사용하여 상대를 예측하는 데 너무 의존하는 것이다. 자신의 경험 이상을 상상할 수 없다. 안내견은 눈을 뜬 상태에서 환한 방에 있으면서도 앞을 볼 수 없는 상황을 겪은 적이 없다. 그러므로 실명한 상황을 이해하지 못한다. 너무 어려운 개념이다.

어떤 면에서 우리 인간도 비슷할지 모른다. 인간의 생각이 가진 한계다. 우리는 다른 이가 우리 자신이나 다른 동물과는 다른 감각적 한계를 가질 수 있다는 것을 전혀 이해하지 못한다. 나와 동일한 감각기관을 가지고 있다면, 그 주인은 내가 잘 아는 방식으로 그것을 사용하고 있으리라 가정한다. 예를 들어 우리는 돌고래가 큼직한 혀를 가지고 있으니 맛을 느낄 것이라고 생각한다. 실제로 돌고래가 맛을 전혀 느낄 수 없다는 사실을 알게 되면 놀랄 것이다. 즉 우리는 실제보다 돌고래가 우리와 더 비슷하다고 여기기 때문에 돌고래의 마음을 제대로 읽지 못한다. 이건 돌고래도 마찬가지일 것이다. 아마 타고난 심리학자로서 돌고래는 우리를 보고 반향 정위 능력이 있다고 가정할 것이다. 버니는 내가 냄새를 훨씬 잘 맡는다고 여길 것이고, 나는 버니가 인간처럼 색을 잘 구분한다고 여긴다. 왜 버니가 잔디밭에서 주황색 공을 잘 찾지 못하는지 여전히 의아하다.

●

버니는 내가 지각할 수 있다고 여길까?
만약 그렇다면 그것에 신경을 쓸까?

에마뉘엘 레비나스Emmanuel Levinas[i]는 그가 억류되어 있던 나치 강제 노동 수용소에 종종 들어오던 개에 대해 이야기한 바 있다. "그 개는 수용소의 죄수를 항상 반갑게 맞이하며 인간으로 대해 주던 유일한 생명체였다. 억류된 우리가 지각을 가진 존재임을 잘 알고 있었고, 그렇게 대해 주었다. 하지만 나치 간수들은 그렇지 않았다.[134]

---

i 프랑스 출신의 유대계 작가, 철학자.

이 모든 것을 종합하면, 버니는 다른 개나 인간을 단순히 독립된 신체가 아니라 신경 써서 대해야 할 독립된 자아로 인식하는 것 같다. 오랫동안 떨어져 있던 친구를 대하며 마치 자신의 또 다른 **마음**을 환영하듯이 반갑게 맞이한다. 집필 중인 내 곁에 함께 있으려고 하는 것을 보면 **의식을 가진 존재**로서의 나를 편안하게 느끼는 것 같다. 내가 다른 개에 관심을 보이면 질투한다. **내가 보여 주는 애정**을 다른 개와 나누고 싶지 않은 것이다. 또한 자신이 가족으로 여기는 사람들을 보호하려고 애쓴다. 물론 나도 포함해서 말이다. 마치 **우리를 위해 느끼는** 것처럼 보인다.

포유류와 조류의 여러 종은 해당 사회 집단 내에서 타 개체의 웰빙에 공감하며, 때로는 낯선 이에게도 비슷한 행동을 보인다. 아리스토텔레스는 『동물지』에서 동물의 성격을 고찰한 바 있다. 사자의 온순함, 코끼리의 섬세함, 돌고래의 친절함 등을 강조했다. 돌고래가 동료를 어부로부터 구해 주거나, 죽은 새끼를 포식자로부터 보호했다는 것이다. 특히 돌고래가 어린 소년에게 애정을 표현하고 소년을 등 위에 태워서 물 위를 돌아다니는 이야기도 언급했다.

아리스토텔레스가 시카고동물원에서 일어난 사건을 들었다면 그리 놀라지 않았을 테다. 세 살배기 소년이 고릴라 우리로 들어갔는데 암컷 고릴라가 구조해 준 것이다. 고릴라는 아이를 부드럽게 들어 올리고 동물원 사육사가 돌볼 수 있도록 출입구로 데려갔다.[135] 아마 아리스토텔레스는 시인 헬렌 맥도널드Helen MacDonald의 이야기도 의심하지 않았을 것이다. 시인이 애인과 헤어져 슬픈 마음으로 케임브리지 강변에 앉아 있었는데, 백조가 옆으로 다가오더니 자신을 위로했다는 것이다.

> 나는 백조를 바라보았다. 뱀 같은 목, 검은 눈, 무덤덤한 위엄. 오다가 그만 멈출 줄 알았지만, 그러지 않았다. 계단에 앉아 있는 내 곁까지 걸어왔다. 백조의 머리가 내 머리보다 높이 있었다. 그리고 백조는 다시 강을 향해 돌아섰다. 왼쪽으로 좀 움직이더니 내 옆에 나란히 앉았다. 날개 깃털이 내 허벅지에 닿을 정도로 가까이 있었다.[136]

맥도널드에게 그랬듯이 동물이 종종 패배한 개체를 위로하는 행동을 보일 때가 있다. 동물행동학자는 이를 '위로 행동consolation behavior'이라고 부른다. 대개 신체적 공격에 관련된 상황이다. 자연의 세계에서 여러 개체는 지배력, 짝, 음식을 두고 싸운다. 어떤 개체는 이기고 어떤 개체는 진다. 하지만 침팬지부터 늑대, 까마귀에 이르기까지 여러 종에서 싸움의 진행을 지켜본 관중들은 승자에게 비위를 맞추려고 앞다투어 나서지 않는다. 보통 패자를 향해 신체적 접촉이나 털 고르기 등을 통해 지지와 안심을 제공한다.

다양한 종에서 타 개체가 곤경에 처했을 때 도움 욕구가 어떻게 나타나는지에 관한 연구가 진행되었다. 개를 이용한 실험 연구에서, 개 주인은 개가 코로 눌러 열 수 있는 문 뒤에서 대기하고 있었다. 주인은 고통스럽게 울거나 혹은 즐겁

게 노래를 흥얼거렸다. 주인이 울고 있을 때 개는 더 빨리 문을 열었다.[137]

더 흥미로운 연구도 있다. 쥐를 이용하여 익사 위험에 처한 동료를 돕는 행동을 평가하는 상황을 만들어 보았다. 투명한 파티션으로 상자를 만든 뒤 두 개의 구획으로 나누었다. 한쪽에는 강제로 수영해야 하는 쥐가 있었다. 쥐는 강제 수영을 매우 싫어한다. 다른 쪽에는 마른 땅에 앉아 있는 쥐가 있었다. 며칠에 걸쳐 마른 쪽 쥐는 물에 빠진 동료를 구하기 위해 문을 따는 법을 배웠다. 그런데 이른바 수영장 구획에 물이 없을 때는 문을 따지 않았다. 이런 현상은 쥐가 상대의 고통에 공감하기 때문이다. 게다가 구조받은 경험이 있는 쥐는 그렇지 않은 쥐보다 더 빠르게 문 따는 방법을 배웠다. 타고난 심리학자로서 물에 빠졌다는 것이 어떤 느낌인지 알고 있기 때문에 바로 행동에 착수했다는 뜻이다.[138]

이 실험에 참여한 동물은 고통에 처한 다른 개체를 보호하기 위해 바람직한 행동을 취할 기회를 제공받았다. 이 실험만큼이나 중요한 다른 실험도 있다. 어떤 행동이 다른 개체에 고통을 유발할 때, 그 행동을 피하는지 여부를 조사한 연구다. 약 60년 전, 무지막지한 실험이 원숭이에게 가해졌다. 실험에 참여한 원숭이는 적색 불빛에 반응하여 한 사슬을 당기고, 청색 불빛에 반응하여 다른 사슬을 당기도록 훈련되었다. 사슬을 당기면 먹이를 주었다. 사흘 동안 원숭이는 이 간단한 실험에 매우 만족해했다.

그러나 네 번째 날, 사슬 중 하나가 옆방 원숭이에게 고주

파 전기충격을 주도록 설정되었다. 단방향 거울을 통해 원숭이는 옆방 원숭이의 고통을 볼 수 있었다. 놀라운 일이 일어났다. 원숭이 대부분이 사슬을 당기지 않은 것이다. 차라리 굶더라도 말이다. 물론 이 경우에도 개인적 경험이 중요하게 작용했다. 전기충격을 받아 본 원숭이일수록 다른 원숭이에게 그런 충격을 주지 않으려고 특히 조심했다.[139]

이러한 증거를 보면 마음 읽기와 동정심은 필연적으로 동반되는 것처럼 보일 것이다. 지각이 있는 동물은 아마 고통을 겪는 다른 생명체를 보면 동정심이 발동하여 그 고통을 줄여주려는 행동을 한다고 생각할 것이다. 그러나 그건 일반적 원칙이 아니다. 지각을 가진 동물이 전혀 다른 행동을 보이는 경우가 많기 때문이다. 특히 버니가 그렇다. 버니는 자신이 가족이라고 여기는 대상은 따뜻하게 대하지만, 고양이 혹은 집배원 같은 가족 외의 개체에게는 가끔 끔찍한 일을 벌인다. 게다가 가족이 아닌, 지각을 가진 다른 동물을 추적하고 죽이기도 한다. 최근 정원 아래에서 비명 소리를 들은 적이 있다. 버니는 정원 담장으로 문착 사슴Muntjac deer 한 마리를 몰아붙이며 물어뜯고 있었는데, 사슴의 구슬픈 울음소리에도 전혀 개의치 않았다. 그 사슴의 새끼로 보이는 어린 사슴이 그 장면을 멍하니 쳐다보고 있었다.

걱정스러운 상황을 보면서 나는 혼란에 빠졌다. 내가 울고 있으면 버니는 나의 고통을 이해하는 것처럼 보인다. 그런데 왜 사슴의 고통은 이해하지 못했을까? 내가 아프면 버니는 나를 돕는다. 그런데 왜 사슴은 돌보지 않았을까? 조건문이 점점 복잡해지는 것 같다. '누군가 고통을 느끼고 있다면, 그리고 그가 내 가족이라면, 나는 돌본다. 그러나 그 녀석이 사슴이면, 나는 무조건 물어뜯는다.'

퍼즐은 이게 전부가 아니었다. 그 사슴은 왜 울고 있었던 것일까? 동물이 우는 이유에 대해서, 종종 우리는 동료에게 도움을 청하거나, 다른 동물에게 멀리 도망치라고 경고하거나, 공격자를 역으로 위협하기 위해서라고 생각한다. 그런 이득을 제공한다면 울음이 진화할 수도 있다. 그러나 그때 상황은 영 아리송하다. 다른 사슴이 도울 수도 없고, 새끼 사슴도 도망치지 않았다. 남은 가능성은 공격자를 교란하는 것뿐인데, 그런 목적이라면 분명 성공하지 못한 상황이었다.[140]

버니는 지각을 가진 다른 생명체에게 동정심을 보여 주지만, 매우 선택적으로 보여 준다. 버니만 그런 것이 아니다. 동물은 보편적 동정심이나 연민을 보이지 않는다. 서로 따뜻하게 대하는 침팬지가 모여, 울부짖는 콜로부스원숭이를 산 채로 먹는 행동에 큰 충격을 받은 적이 있다. 심지어 자신의 집단에 속하던 동료, 평생 가깝게 지내던 다른 침팬지도 때려 죽이곤 했다.

인간도 그럴까? 찰스 다윈은 이렇게 말했다.

인간 이외의 동물에 대한 동정심, 즉 하위 동물에 대한 인도주의적 태도는 아마 가장 최근에 습득한 도덕 가치로 보인다. 야만인은 자신의 반려동물 외에는 다른 동물에 애정을 느끼지 않는 것 같다. 로마 시대의 동정심이 어땠는지는, 그들의 가증스러운 검투사 경기가 잘 보여 준다. 내가 만난 팜 파스의 가우초[i]는 인류애라는 개념조차 대개는 생소하게 여겼다.[141]

사실 인간의 동정심도 개나 침팬지와 다르지 않다. 선택적이다. 우리는 일부 지각 동물을 향해 진정 깊은 관심을 보이면서도, 동시에 다른 녀석은 짓밟아 버릴 수 있다.

1945년 《스펙테이터》에 보낸 기고문에서 노벨상 수상자 A. V. 힐은 나치가 동물복지에 보인 뜻밖의 관심에 대해서 이렇게 썼다.

나치 정권의 최초 입법 조치 중 하나는 1933년 11월 24일 자 동물보호 법률이었다. 이 법률은 히틀러 자신이 서명했다. 그러나 이 법률의 세부 사항은 최근 나치의 잔인 행위에 비춰 보면 아이러니한 내용으로 가득하다.

법률 1장에서는 다음과 같이 명시했다.

1. 동물을 불필요하게 고문하거나 잔인하게 학대하는 것은 금지된다.
2. 동물을 고문하는 행위는 지속적이거나 반복적인 고통이나 괴로움을 일으키는 행위를 말한다. 합리적으로 정당화할

---

i 가우초는 남미의 대평원에서 목축을 하는 이들을 일컫는데, 대개 에스파냐인과 인디오의 혼혈이다.

수 없는 고통 유발 행위는 불필요한 것으로 간주된다. 동물에 대한 감정의 결여로 일어난 동물 학대는 무자비한 것으로 간주된다.

2장의 금지 사항 중 다음은 나치가 유대인, 정치적 반대자, 외국인 노동자, 전쟁포로 등을 대하는 방식에 관한 작은 규모의 모델일지도 모른다.

1. 동물을 유지, 관리, 거주, 운송하는 과정에서 방치하여 고통이나 부상을 입히는 것.

2. 동물의 힘을 초과하는 작업을 억지로 시키거나 동물에게 고통을 일으킬 목적으로 동물의 상태에 맞지 않는 일을 강요하는 것.

3. 제거를 목적으로 자신의 반려동물을 유기하는 것.

4. 개의 예민성을 시험하거나 연마하기 위해 고양이, 여우 새끼 또는 다른 동물을 이용하는 것.

3장은 연구 목적으로 살아 있는 동물을 사용하는 것에 대한 엄격한 규제를 명시했다. 괴링Göring은 애견인이었고, 히틀러에게 과학적 연구와 동물 학대에 관한 규정을 넣도록 설득한 것으로 추측된다.

4장은 동물을 학대하거나 고통스럽게 대우하는 경우, 연구 목적으로 살아 있는 동물을 실험하는 경우에 처하는 엄격한 벌금과 징역형이 나열되어 있다. 인간과 동물이 동일한 권리를 주장할 수 있다는 독일 법에 따르면, 수십만 나치 전범은 1933년에 히틀러 자신이 제정한 동물보호법에 따라 엄중한 처벌을 받을 수 있다.[142]

이런 야만인. 물론 자신의 반려동물에게는 예외였지만!

다윈 이야기를 이어서 해 보자. "이 미덕(동물을 향한 친절함)은 인간의 가장 고귀한 덕목이다. 우리의 동정심이 더 섬세해지고 더 넓게 확산되면서 결국 지각을 가진 모든 존재에까지 이르게 된 것 같다." 그러나 지각을 가진 모든 존재로 인간의 동정심이 확장된 것은, 그것이 언제 어디서 일어났든, 다윈의 주장처럼 '가장 최근의 도덕적 습득'이다. 이는 자연선택에 의해 이끌어지지 않은 문화적 특성이며, 따라서 문화적 변동이 발생하면 전면 재고될 수도 있을 것이다.

이제 '버니는 내가 지각할 수 있다고 여길까?' 그리고 '만약 그렇다면 그것에 신경을 쓸까?'라는 질문에 대답해 보자. 일단 안심하고 '예'라고 말해도 된다. 그러나 나의 지각에 대해 버니가 신경 쓴다는 것이, 일반적인 의미에서 그렇다는 뜻은 아니다. 이해를 돕기 위해 질문을 바꿔 보자. '나는 버니가 지각할 수 있다고 여기는가?' 그리고 '나는 그걸 신경 쓰는가?' 솔직히 말해서 나도 똑같다.[i]

그러나 우리는 모두 서로의 지각에 신경을 쓰고 있다. 물론 조건부지만 말이다. 이는 우리 자신이 지각할 수 있는 존재라는 명백한 증거다.

---

i 버니가 지각할 수 있다고 여기지만, 큰 신경을 쓰지는 않는다는 뜻이다.

**마지막 질문: 버니는 죽음과 감각의 소멸에 대해
얼마나 알고 있을까, 아니 알 수 있을까?**

아일랜드에 있는 별장 근처에 잭이라는 이름의 테리어 개와 나이 많은 주인 톰이 살고 있었다. 우리 가족은 그들이 호수 주변에서 산책하는 모습을 자주 봤는데, 개는 주인의 발 뒤를 졸졸 좇곤 했다. 톰이 심장발작으로 죽은 뒤에는 이웃이 잭을 입양했다. 그 후 2년 동안 잭은 매일매일 예전에 살던 집 밖 골목에 앉아 있었다. 비바람이 몰아쳐도 여전했다. 잭은 차에 치여 죽던 날에도 그곳에 앉아 있었다.

톰이 죽던 날 밤, 잭은 주인이 쓰러지는 것을 보았다. 바닥에 누워 있는 주인의 얼굴을 핥았고, 구급차가 주인을 싣고 가는 것도 보았다. 무언가 잘못되었다는 것을 분명히 알았을 것이다. 날이 가고 해가 가도 톰은 돌아오지 않았고, 잭은 주인이 평소와 다르게 행동한다고 확신했을 테다. 그러나 잭은 톰의 자아가 완전히 사라졌다는 것은 이해하지 못했다. 톰의 몸에는 이제 아무것도 없었다. 몸을 일으킬 수도 없었고 잭이 핥아 주던 느낌을 기억할 수도 없었다.

잭은 버니처럼 타고난 심리학자였을 것이다. 그리고 영원한 망각의 가능성은 타고난 심리학자의 영역 밖의 일이다. 죽은 몸을 보아도 그것이 어떤 것인지 알 수 없다. 자신의 경험에 죽음은 없었기 때문이다. 죽음과 가장 가까운 경험은 아마 잠자는 경험이겠지만, 잠은 죽음과는 다른 상태다. 비록 일시적 망각을 포함하는 경험이지만 죽음과 혼동해서는 곤란하다. 잠은 늘 깨어남을 동반한다.

따라서 비인간 동물이 죽음의 의미를 이해하지 못한다고 놀랄 이유는 없다. 사실 그들은 상황 변화에 당황하며 혼란스러워하고 심지어 화를 낼 수도 있다. 때로는 죽음을 잠과 혼동하고 죽은 이를 깨울 수 있다고 기대할 수도 있다. 인상 깊었던 영상이 있다. 인도에 있는 기차 철로 위, 고압선을 걷다 감전되어 쓰러진 한 원숭이를 다른 원숭이가 소생시키려고 하는 영상이다. 원숭이는 의식을 잃고 철도에 떨어졌다. 동료는 그 원숭이를 일으키고, 얼굴을 때리고, 심지어 물통에 여러 번 빠트리기도 했다.[143]

무슨 일이 벌어졌을까? 놀랍게도 감전된 원숭이가 다시 소생했다. "끝날 때까지는 끝난 게 아니다"라는 격언이 때로는 통하는지도 모르겠다. 아마 이런 경우가 종종 있으니 동물이 죽은 동료를 돌보는 것인지도 모른다. 아리스토텔레스가 이야기한, 죽은 새끼를 지키는 돌고래는 포식자로부터 보호하려는 것이 아니라 실낱 같은 소생의 희망에서 그런 행동을 시작한 것인지도 모르겠다. 코끼리는 종종 오래전에 죽은 가족의 유해를 돌보는데, 아마 뼈에 다시 피부가 덮이며 일어날 수 있을 것이라고 최소한 반쯤은 믿고 있는 것이 아닐까?

많은 면에서 인간도 죽음에 대한 이해가 버니보다 그리 낫지는 않다. 그러나 한 가지 큰 차이가 있다. 인간 집단 내에서 지식을 보유하고 전달할 수 있는 능력 때문에 벌어진 일이다. 우리는 죽은 몸이 다시 살아나지 않음을, 모두 결국 죽음을 맞이하게 됨을, 가장 중요하게는 자신도 그럴 것임을 알고 있다. 죽음이 잠과 같지 않음을 확실히 알고 있고 망각이 영원할 것이라고 확신할 수 있다. 하지만 인간은 여기서 놀라운 **대안적** 가능성을 떠올렸다. 자아가 사후 세계로 탈출할 수 있다는 가능성이었다.

사람들이 널리 믿고 있듯이, 자아가 육체의 죽음을 넘어 다른 세계에서 계속 존재할 수 있다는 생각은 정말 대담하고 탁월한 추측이었다. 크게 성공한 밈이다. 몇 가지 강점이 있다.

일단 이것은 **상식**이다. 우리는 직접 경험을 통해서 자아의 지속 능력을 잘 알고 있다. 자아는 잠시 사라질 수 있지만 다시 살아난다.[i] 물질이 보존되듯이 자아도 보존되는 것 같다. 그러므로 지구에서 당신의 신체와 연결되지 않은 정체성이 있다면, 그건 아마 천국이나 엘리시움,[ii] 발할라,[iii] 조상의 고향 등 어디선가 여전히 육체 없이 존재할 것이다.

둘째, 이것은 **위안**을 준다. 소중한 건 당연히 소중하게 다뤄야 한다. 살아 있는 동안 우리가 소중하게 여기는 자아가 아닌가? 그러니 죽어서도 그 가치가 사라질 리 없다. 사후 세계가 있다면 우리의 자아는 우리 자신에게, 그리고 타인에게 여전히 소중하게 다뤄질 것이다. 물론 앞서 말한 브로드 교수처럼 이를 거부하는 비관론자도 있겠지만. 브로드 교수는 이렇

---

i 잠을 말한다.

ii 고대 그리스철학에서 말하는 사후 세계.

iii 북유럽 신화에서 말하는 망자의 공간.

게 말했다. "제가 죽은 이후에도 어떤 형태로든 제 존재가 유지된다면 놀라기보다 화가 날 것 같습니다". 그러나 브로드의 말을 곧이곧대로 들을 필요는 없다. 분명 그의 짜증은 그리 오래가지 않을 것이다.

마지막으로 이것은 **반박할 수 없다**. 지구상에서 영생의 믿음이 가진 오류를 증명할 방법은 전무하다. 그러나 가끔은 죽은 이의 자아가 살아 있는 이의 삶에 관여하는 드문 사례가 보고되므로, 사후 세계를 지지하는 증거는 충분하다. 예를 들면 기도의 응답, 영적인 소통, 유령의 방문 등이다. 드물게 일어나며, 모든 이가 목격할 수 있는 것도 아니다. 하지만 이런 이야기를 전해 들을 때마다 사후 세계를 향한 믿음이 점점 강해질 것이다.

그러므로 사후 세계를 향한 믿음이 인간 정신에 이른 시기부터 깊숙이 자리 잡았을 것이 분명하다. 아마 인간이 서로 논쟁을 벌일 수 있게 되면서부터 일어난 일이었을 것이다. 약 5만 년 전부터 우리는 무덤에 부장품을 같이 묻기 시작했다. 분명 그보다 훨씬 이전부터 사후 세계에 관한 믿음이 생겨나 자리 잡았을 것이다. 그리고 이러한 믿음은 존재의 불안에 해독제를 제공하고, 우리를 지켜보는 사자의 인정을 받기 위한 훌륭한 행동을 촉진했을 것이다. 이는 개인에게도, 집단에도 현실적 이득을 주었다. 저승에 관한 믿음을 촉진하는 심리적 특성은 선택적 이득을 가졌을 것이다.

나는 인간 진화의 막바지에 퍼펙트 스톰이 일어났다고 생각한다. 이미 10만 년 전, 우리는 몇 가지 면에서 독특한 심리적 형질을 가지고 있었다. 뛰어난 감각을 가지고 있을 뿐만 아니라 지혜로웠다. 높은 자존감, 정교한 마음 이론과 광범위한 동정심을 가지고 있었다. 그리고 영혼, 죽음, 생존에 대한 아이디어를 발전시킬 수 있는 언어 문화의 문턱에 서 있었다. 그러나 이 패키지의 모든 측면에는 신체감각이 가진 속성이 일으킨 현상적 자아가 깔려 있었다. 이러한 심리적 형질 패키지는 우리의 적합도를 증진시켰고, 따라서 자아를 더 분명하고 두드러지는 존재로 확신시키는 어떤 형질이라도 자연선택에 의해 받아들여졌을 것이다. 나는 이러한 매우 특별한 맥락적 과정을 통해서 오늘날 우리가 알고 있는 웅장한 규모의 정교한 현상적 의식이 빚어졌을 것이라고 제안한다.[144]

22

현황 평가

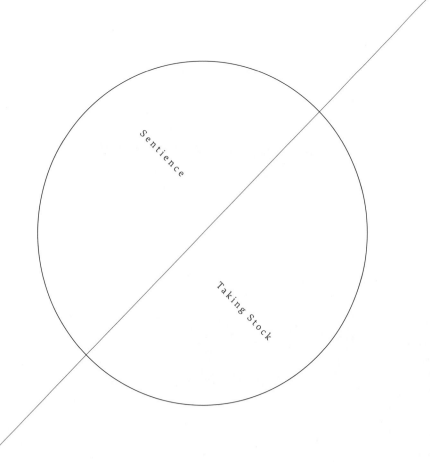

Sentience

Taking Stock

고백하자면 지구상에 인간만이 **유일한** 지각 있는 동물일 수 있다는 생각이 마음속을 오간다. 데카르트가 비인간 동물은 의식 없는 기계라고 주장한 것이 맞을 수도 있고, 데닛이 인간의 언어를 두고 감각 경험의 질적 차이를 유발하기 때문에 동물이 경험하는 감각과 비견할 수 없다고 말한 것도 옳을지 모른다. 하지만 우리가 지금까지 논의한 것을 보면 이러한 이단적 생각은 사라진다. 인간이 다른 동물보다 더 감각적이고 그것을 더 잘 인식한다는 사실은 분명하지만, 그렇다고 그것이 인간만 할 수 있는 능력은 아니다. 이미 근거를 많이 제시했다. 지난 두 장에서 주로 말한 내용이 바로 이를 뒷받침하는 근거다.

물론 비인간 동물에서 지각에 대한 긍정적 증거는 아직 부족하다. 우리의 기대에는 영 못 미친다. 하지만 분명한 증거가 있다. 인간의 지각이 가진 강한 빛으로 인해 다른 종의 지각이 내는 빛이 가려져서는 곤란하다. 일부 종이 특히 눈에 띈다. 침팬지, 개, 앵무새 등이다. 쥐나 돌고래, 원숭이도 얼굴을 내밀 수 있을 것이다. 그러나 다른 종 대부분은 거의 논의조차 되지 않았다. 고슴도치는 어떨까? 타조는? 상어는? 실증적 연구가 없다면 사실 알 수 없는 일이다. 그러나 우리는 진화주의자 아닌가? 일부 포유류와 일부 조류에 분명한 증거가 있다는 사실로 미뤄 보면, 다른 종에 대해서도 계통분류학에 근거한 추정을 해 볼 수 있을 것이다. 확실한 지각 동물과 비교적 최근에 공통 조상을 공유하는 동물은 지각 능력이 있을 것으로 예측해 볼 수 있다.

사실 구체적 증거를 논하기 전에 18장에서 이론적 근거를 제안했었다. 현상적 의식은 온혈동물에서만 나타날 것이라는 이론이다. 뇌가 충분히 따뜻하지 않으면 생리적 차원에서 지각을 감당하기 어렵고, 온혈성을 통해 환경의 제약에서 어느 정도 자유로워지지 않으면 사실 지각 능력은 생태학적으로 그리 필요한 것도 아니다.

이런 추정을 이어 가면 포유류와 조류 양쪽에서 모두 지각 형질이 나타났고, 이후 후손이 모두 이를 공유하는 보편 형질이 되었다고 할 수 있다. 가장 간단한 진화적 시나리오다. 즉 포유류나 조류 중 일부가 지각이 있다고 확신할 수 있다면, 그 친척들도 모두 그럴 것이라는 가정이다. 다시 말해 6000종의 포유류와 1만 종의 조류가 그렇다는 것이다. 하지만 너무 간단하다. 대안적 시나리오도 있다. 지각은 사실 포유류와 조류의 진화 과정에서 여러 차례 발생했다는 것이다. 그렇다면 작은 가지에만 지각이라는 꽃이 피었을 것이다.

앞서 논의한 대로 뇌가 충분히 커지고, 현상적 자아를 통한 적합도상의 이익이 보장되는 상황에서 지각 능력이 추가 설치되는 것은 그리 어려운 일은 아니었을 것이다. 그러나 현상적 자아가 이익이 되는 상황은 사실 그리 흔한 조건은 아니다. 최초의 포유류와 조류는 이른바 자아로 가득한 사회에서 살기 어려웠을지도 모른다. 그렇다면 일부 가지에서 지각 형질이 완전히 사라지고, 그 가지는 지금까지 지각 없는 꽃을 피우고 있을 것이다.

아무래도 나는 두 번째 시나리오가 더 끌린다. 포유류와 조류 중 꽤 독특한 종이 있거나 혹은 지각 테스트를 통과하지 못하는 종이 있다 해도 그다지 놀라운 일은 아니다. 사실 포유류와 조류가 **모두** 지각할 수 있는 것은 아니다. 대부분은 할 수 있지만.[145]

●

어떤 시점에 발생했는지는 모르겠지만, 아무튼 어딘가에서는 지각이 **시작**되었어야 했다. 온혈동물의 등장은 결정적 순간이다. 데닛이 이렇게 내 생각을 잘 요약하고 있다.

진화 과정에서 큰 갈래가 있었다. 따뜻한 피를 가진 포유류와 조류는 현상적 의식의 드문 디자인 공간으로 탈출할 시간과 에너지를 가질 수 있었고, 나머지 생물로 이루어진 세계는 그저 좀비 같은 영리함으로 만족해야 했다. 이것은 확실히 놀랄 만한 생각이다. 험프리가 옳다면, 문어가 **되는 것은** 사실 별 의미가 없는 상상이다(문어는 매우 흥미로운 행동을 보여 주긴 하지만). 그러나 닭이 된다면, 분명 거기에는 뭔가 있을 것이다.[146]

289

많은 이가 이런 주장에 크게 놀랐다. 반대 의견은 지겹도록 들었다. 왜 **문어를 제외하느냐**는 성토다.

아마 예전이라면 문어의 지각에 관해 사람들은 별 관심이 없었을 것이다. 그러나 새로운 과학적 발견이 크게 유명해지면서 사람들은 화성인을 닮은 이 생명체에 큰 호기심을 보이고 있다.[147]

문어의 지각적 의식(비록 인간과는 좀 다르지만)에 관한 관심을 크게 끌어올린 인물은 바로 피터 고드프리스미스Peter Godfrey-Smith다. 그는 호주 해역에서 문어를 관찰하는 박물학자이자 철학자다.

고드프리스미스는 열정이 넘치는 사람이지만 과학적 회의론자다. 문어는 뇌도, 몸도 인간과 매우 다르다. 그러므로 인간의 직관이 잘못 작동할 수 있다는 것을 잘 알고 있다. 문어의 명백한 '똑똑함'에서 너무 많은 상상의 나래를 펼치지 말라고 당부한다.

사람들은 종종 문어를 '영리하다'고 말하는데, 어떤 면에서는 그렇긴 해요. 그런데 그게 제 머릿속에 쉽게 떠오르는 용어는 아닙니다. (……) 문어는 복잡한 몸을 이용해 자신이 마주한 것에 대응하는 탐험적 동물이죠. 그들은 계속 시도하면서 문제를 뒤집어 봅니다. 정신적 시도가 아니라 물리적 시도죠. (……) 다시 말해서 문어는 사실 사색적인 동물이 아닙니다. 그렇게 '영리한' 동물이라고 할 수 없어요.[148]

그는 문어의 지능에 관한 과도한 기대를 좀 누그러뜨리면서도 지각 테스트와 관련한 문어의 행동 영역 몇 가지를 제시한다. 특히 문어가 장난을 좋아하고 사회적이며 심리적으로 약삭빠르다는 것이다.

하지만 정말 그럴까? 이 이야기만 듣고 문어를 강아지처럼 대하려고 했다면 실망할 것이다.

일단 문어가 장난치며 논다는 근거로, 새로운 대상에 관한 관심을 보인다고 주장한다. 그러나 그런 행동으로 정말 외부 세상에 관한 새로운 지식을 습득하려는 것이 아니라 그저 감정 능력을 확장시키려는 것일까? 또 사회적 문어라는 말도 그렇다. 암컷 문어가 수컷 문어에게 잡동사니를 집어던지는 행동을 두고, 수컷을 물러서게 하려는 행동이라는 것이다. 그러나 문어는 협력적 동물이 아니며 다른 문어와 친밀한 관계를 맺지도 않는다. 게다가 문어가 마음 읽기를 한다는 주장도 그렇다. 스스로 숨으면서 사람이 자신을 보지 못할 것임을 고려한다는 일화적 근거를 제시하는데, 문어가 다른 문어의 생각을 이해한다는 증거는 전혀 없다.

즉 문어는 퀄리아 애호가가 아니다. 타고난 심리학자도 아니다. 서로의 자아를 인식하지도 않으며 거기에 관심조차 없다. 지각을 가진 문어, 현상적 자아를 가진 문어라는 말은 얼토당토않다.[149]

고드프리스미스는 이 문제에 상당히 완강한 편이다. "10년 동안 문어를 따라다녔어요. 문어가 그들의 삶을 경험하며, 의식을 가진 존재라는 것은 의심할 여지가 없습니다. 넓은 의미에서의 의식 말이죠."[150] 그러나 이건 철학적으로 좀 애매한 말이다. 그가 말하는 의식은 인지적 의식인가? 그렇다면 상당히 있을 법한 일이다. 그러나 현상적 의식이라면 곤란하다. 증거를 종합하면, 그럴 리 없다.

안타깝게도 자신의 책 『후생동물』에서 그는 이런 구분을 분명하게 제시하지 않았다. 그러면서 복잡한 뇌에서는 현상적 자아가 나타날 수 없다는 주장, 즉 뇌에 **의해** 표상되는 감각적 속성으로서 현상적 자아가 아니라 뇌 활동**의** 본질적 속성으로서 현상적 자아를 주장하는 이론을 가져다 썼다. 그러면서 표상으로서 퀄리아라는 이론을 조롱했다. "퀄리아는 설명이 필요한 별도의 것이 아닙니다. 물리적 시스템의 작동으로 생겨나는 것이 아니거든요. 그건 시스템으로 되는 무엇의 일부입니다."[151] 내 생각에 이건 아무 말 대잔치다.

23

신의 기계,
마키나 엑스 데오

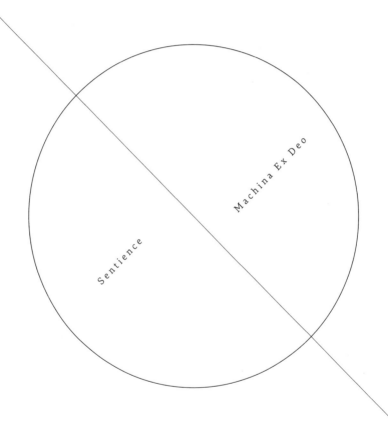

Machina Ex Deo

Sentience

자율 주행 자동차는 GPS로 길을 찾을 때 자신의 관점을 가지고 있다고 할 수 있다. 자신이 어디에 있는지 어디로 향하고 있는지 알고 있다. 자동차의 '마음'은 기름 부족, 과열, 타이어 공기 부족 같은 잠재적 위협을 진단하고 경고한다. 더 심각한 문제가 있다면 "엔진 고장. 정지하고 도움을 요청하세요"라고 알려 줄 것이다. 그리고 충돌 가능성을 감지하면 급격히 브레이크를 밟고 에어백을 펼친다.

이 모든 행동에는 현상적 의식이 필요하지 않다. 자동차는 감각이 없다. 그렇지만 기계가 감각을 **가질 수도** 있을까?

이 책에서는 자연선택을 통해 진화한 살아 있는 동물의 지각 가능성에 대해 살펴보았다. 신경세포로 이루어진 따뜻한 뇌에서 현상적 의식이 어떻게 생성될 수 있는지에 관해 이론을 제시했다. 이 이론을 이야기하면서 지각 경험과 관련된 행동과 태도를 뇌가 어떻게 표상할 수 있는지 이야기했다.

물론 뇌의 물리적 물질(예를 들어 전도 속도가 충분히 빠른 신경세포)이 그 일을 처리할 수 있어야 한다. 하지만 뇌가 반드시 신경세포로 만들어질 필요는 없다. 이론적으로는 인간 엔지니어가 실리콘이나 뭐 그런 적당한 재료를 써서 인공두뇌를 가진 로봇을 설계하고, 이를 통해 인간과 동등한 경험을 가지며 동등한 방식으로 행동하게 할 수 있을 것이다.

그러나 여기서 중요한 단어는 '설계'다. 논의 과정에서 우리는 놀라운 수준의 지능이나 점점 더 복잡한 정보 처리가 더해지는 과정에 자연스럽게 **예상치 못한** 현상적 의식이 창발한다는 식의 단순한 아이디어를 기각했다. 지각은 상대적으로 늦은 시기에 진화했으며, 동물의 심리에 미치는 영향으로 인해 자연선택되었다. 그냥 나타난 것이 아니다. 지각을 위한 전용 회로가 있어야 한다. 로봇의 두뇌가 이러한 특별 회로의 기능을 가지게 된다면 그 로봇도 현상적 의식을 가질 수 있을 것이다.

그러려면 엔지니어는 **기능적** 복제품을 설계해야 한다. 로봇의 감각기관이 자극을 느끼면, 의식을 가진 동물의 두뇌가 자극을 느낄 때 하는 일을 똑같이 해내는 로봇 뇌를 설계하는 것이다. 현상적 품질로 감각을 표상하고, 이를 자신의 자아 개념에 통합하며, 결과적인 태도와 행동을 보이는 로봇이다. 요약하면 엔지니어의 최종 목표는 '그다음에 어떤 일이 일어날까?'라는 질문에 관해서, 지각 동물과 같은 대답을 얻는 인공두뇌를 설계하는 것이다.

당연히 이는 매우 어려운 과제다. 아마 가까운 미래에는 일어나지 않을 것이다. 먼저 동물의 현상적 의식을 만드는 것으로 가정한 회로에 관해 신경과학과 이론 모델링의 협업을 통해 심층적으로 연구해야 한다. 그런 다음 해당 회로가 정확히 무엇을 하는지 이해하고 나서야, 엔지니어에게 차례가 돌아온다. 인공두뇌가 동일한 과업을 수행하도록 프로그래밍하는 것이다.

50년 후 비밀 연구소에서 지각할 수 있는 로봇을 개발했다고 발표하는 일을 상상해 보자. 비밀 연구소라서 내부 구조는 전혀 알려 주지 않는다. 그런데도 성공 여부를 다른 과학자가 확인해 낼 수 있을까?

사실 이건 비인간 동물의 지각에 관한 테스트 문제와 아주 비슷하다. 하지만 동물 테스트보다 더 좋은 점이 있는데, 그건 로봇에게 인간의 언어를 가르칠 수 있다는 것이다. 아마 지각을 가진 로봇보다 언어를 사용하는 로봇이 먼저 나올 것이다. 그러므로 최초의 지각 로봇은 분명 인간 언어도 잘 구사할 테다.

언어 구사 능력이 이미 부여된 것으로 간주하고, 철학자 수전 슈나이더Susan Schneider와 에드윈 터너Edwin Turner가 일련의 대화식 테스트를 제안했다.[152]

우리 각각은 내성을 통해 의식에 관한 핵심적 사실을 이해할 수 있다. 내부에 존재하는 의식이 어떤 느낌인지 체험할 수 있다는 것이다.

의식의 이 핵심 특성을 바탕으로 우리는 기계 의식 테스트AI Consciousness Test, ACT를 제안한다. 이 테스트는 인공지능이 내부에서 의식이 느껴지는 방식에 대해 경험 기반의 이해를 하고 있는지 평가하는 것이다.

일반적으로 정상인이 의식을 경험한다는 가장 설득력 있는 증거 중 하나는, 거의 모든 성인이 의식의 느낌에 기반한 개념을 빠르고 쉽게 이해할 수 있다는 것이다. 이러한 개념은 신체를 바꾸는 마음(영화 〈프리키 프라이데이〉와 같은)이나 내

세 (환생 포함) 및 유체 이탈(애스트럴 프로젝션[i] 또는 유령)과 같은 상황을 말한다. 이러한 일이 정말 일어나는지는 논외로 치더라도, 의식 경험이 전혀 없는 사람은 이러한 개념을 이해하는 것이 매우 어려울 것이다. 태어나면서부터 소리를 듣지 못하는 사람이 바흐 협주곡이 어떤 느낌인지 상상하려고 노력하는 것과 비슷하다.

따라서 기계 의식 테스트는 점점 더 어려워지는 일련의 자연어 상호작용을 통해 인공지능이 의식과 관련된 내부 경험을 바탕으로 한 개념과 시나리오를 얼마나 빨리 그리고 쉽게 이해하고 사용할 수 있는지 확인하는 테스트다. 기본 수준에서는 기계에게 물리적 자아 이외의 존재로 자아를 인식하는지 물어볼 수 있을 것이다. 중급 수준에서는 이전 단락에서 언급한 것과 같은 아이디어와 시나리오를 어떻게 처리하는지 살펴볼 수 있다. 고급 수준에서는 '의식의 어려운 문제'와 같은 철학적 질문에 대해 추론하고 논의하는 능력을 평가한다. 최고급 수준에서는 기계가 인간의 아이디어와 입력에 의존하지 않고 스스로 의식을 기반으로 한 개념을 발명하고 사용하는지 확인하는 것이다.

아마 독자는 내가 이러한 제안을 좋아할 것이라고 예측했

---

i 애스트럴 프로젝션astral projection은 수면 중에 신체와 정신이 유리되는 경험을 말하는데 '가위 눌림'과 비슷하다.

을 것이다! 하지만 이러한 제안에 추가할 것이 있다. 슈나이더와 터너는 의식 있는 로봇의 가능성에 대해 추측하는 다른 대다수 철학자처럼 로봇의 기원을 고려하지 않았다. 왜 기계에 현상적 의식을 설치하고 **싶어 하는지** 묻지 않은 것이다. 그러니 로봇이 설계된 대로 작동하는지에 대한 증거는 찾으려 하지 않았다. 따라서 현상적 의식의 감각적 차원을 강조하지 않은 것이다. 로봇이 정말 의식을 **좋아하는지**, 예를 들어 음악을 듣기 위해 특별히 노력하는지에 관해서는 테스트하려 하지 않았다. 더 심각한 문제도 있다. 로봇이 다른 사람과의 거래에서 현상적 자아를 활용하는지를 테스트하지 않는다는 것이다. 이래서는 공감이나 마음 읽기와 같은 실용적 문제를 검증할 수 없다.

하지만 이러한 단점은 핵심을 살짝 벗어난 것이다. 로봇의 현상적 자아는 의식이라는 뜻밖의 보너스에 따라오는 부차적 특성만은 아니다. 그러나 의식 있는 기계를 만들려는 진짜 이유는 사실 그 부차적인 특성에 있다. 엔지니어는 왜 이런 기능을 **원할까**? 그저 허영심일까? 자신과 비슷한 기계를 만들고 싶어서? 그러나 그런 프로젝트는 연구비를 따지 못할 것이다! 만약 미래의 엔지니어가 그런 프로젝트를 벌이게 된다면, 그건 분명 인간을 포함한 동물의 지각 진화에 관해 연구했고, 현상적 자아가 자존감을 키우며 사회적 관계를 심화한다는 것을 깨달았기 때문일 것이다.

우리 인간과 현상적 자아 대 현상적 자아로 교감할 수 있는 로봇의 가능성으로 미래의 연구비를 따낼 수 있을 것이다.

앞으로 수십 년에 걸쳐서 로봇은 인간의 삶에 점점 더 통합되어 나갈 것이다. 또한 로봇은 로봇 공동체에서 다른 로봇과 상호작용을 점점 더 많이 하게 될 것이다. 가장 '적합한' 로봇은 자신의 개성과 타고난 심리학자의 기본 능력을 결합한 로봇이 될 것이다. 즉 인간과 다른 로봇의 마음을 어느 정도 읽을 수 있어야 하며, 역으로 다른 존재에게도 이해받을 수 있어야 한다.

로봇 간 상호 주관성은 로봇이 독립적인 로봇 식민지를 만들어 갈 때 특히 중요해질 것이다. 우리 인간은 이미 로봇을 우주로 보내 인간이 살아남을 수 없는 조건에서 일을 하도록 시키고 있다. 먼 행성에 로봇 식민지를 건설하고 로봇 스스로 새로운 삶을 구축하며 가끔씩 지구에 있는 인간과 연락하는 임무를 수행하도록 할 때가 올 것이다.

자신만의 길을 만들며 지적 도전을 하고 물질적 문제를 극복하기 위해, 이러한 로봇은 호기심 많은 마음을 가져야 한다. 과학적 상상력과 철학적 성찰이 필요할 것이다. 물론 이는 어떤 위험을 부를 수도 있다. 인간과 비슷해질수록 이러한 개척자 로봇은 로봇만의 존재론적 절망에 빠질 가능성도 있을 것이다. 로봇으로의 삶에 과연 어떤 의미가 있는지 어두운 생각이 들 수도 있다. 만약 그렇다면, 로봇의 자아를 위한 내세, 즉 로봇의 기계 장비가 고장 난 후에도 지속하는 사후 세계를 믿는 것이 로봇에게도 도움이 될지 모른다. 인간에게 그랬듯이 말이다.

아니, 엔지니어의 야망에 관한 이야기를 쓰려고 한 장을 할애한 것일까? 지각을 가진 로봇을 만들려는 인간의 동기는 그것으로 그치지 않는다. 실용적 이유를 넘어선, 윤리적 이유도 있다.

'들어가는 말'에서 나는 이렇게 말했다.

지구에 존재하는 인간의 의식. 그것이 진화의 우연한 일회성 결과라고 생각해도 될까? 아폴로 8호의 우주비행사 프랭크 보어먼은 우주선 창문을 내다보며 이렇게 말했다. "우주에서 색을 가진 유일한 존재는 지구뿐이다." 엄밀히 말하면 사실이 아니다. 하지만 색깔을 느낄 수 있는 생명체가 있는 유일한 장소가 지구일지도 모른다. 혹은 달콤함, 따스함, 쓴맛, 고통과 같은 감각이 존재하는 유일한 곳일지도 모른다.

뒤이어서 우리는 이 가정을 지지하는 몇 가지 논증을 찾았다. 우주에 우리 외에도 많은 생명체가 있다는 주장을 의심할 필요는 없다. 하지만 진화한 생명체, 심지어 지능적 생명체가 반드시 현상적 의식의 진화를 수반할 필요는 없다. 지구에서는 포유류와 조류에서 지각이 진화할 수 있었던 일련의 '운 좋은' 기회가 있었다. 지구와 환경이 동일한 행성이라면 이런 과정이 반복될 수도 있을 것이다. 그러나 지구 밖의 환경이라면 그런 가능성에 돈을 걸지 않는 것이 좋겠다. 우주 어딘가에서 현상적 의식이 진화했을 확률은 극히 낮을 수 있다.

미래의 어느 날, 태양이 다 타 버리고 나면 지구의 생명체는 멸종할 것이다. 자연재해나 인재로 그날이 훨씬 앞당겨질 수도 있다. 하지만 멸망의 날을 앞두고도, 지구 밖에서 생명이 계속될 것이라고 생각하면 좀 위로가 된다. 그런데 만약 그 생명이 전혀 지각할 수 없는 생명이라면? 다시 슬퍼진다.

그래서 나는 미래의 후손이 우주적 관대함을 가지고 현상적 의식의 멸종을 막기 위해 지적 로봇을 우주 도처에 뿌릴 것이라고 예상한다.

토마스 만Thomas Mann[i]은 「내가 믿는 것What I Believe」이라는 에세이에서 이렇게 썼다.

깊은 영혼 속에서 나는 이렇게 생각한다. 하나님이 '있으라' 하시어 아무것도 없던 것에서 우주를 창조하셨고, 무기질에서 생명을 만들어 내셨을 때, 하나님의 최종 목표는 결국 인간이었다는 것이다. 그리고 인간을 사용한 위대한 실험이 시작된 것이다. 만약 이게 실패한다면 창조가 실패한 것이나 마찬가지이며, 창조를 부인하는 것이나 다름없다. 이것이 사실인지 아닌지는 모르겠지만 우리 인간은 이것이 사실인 것처럼 행동하는 편이 더 나을 것이다.[153]

---

i 독일의 소설가 및 평론가.

아마 대개는 토마스 만처럼 인간을 이렇게 치켜세우고 싶지는 않을 것이다. 그러나 '결국 현상적 의식이 목표였으며, 그것을 사용한 위대한 실험이 시작되었고, 그것의 실패는 창조 자체의 실패다'라고 썼다면, 나는 그 말에 동의한다. 비록 자연선택에 의해 진화한 속성을 두고 '의도된' 것이라고 하면 잘못이지만, 심지어 다윈마저도 현상적 의식을 '궁극적' 업적으로 여길 것이라 믿는다. 빅뱅에서 시작된 영겁의 진화 과정이 이룬 가장 큰 영광이자 성취다.

지각은 숭고한 발명품이다. 지각이 사라지면 창조의 빛은 조금 어두워질 것이다.

24

윤리적
명령

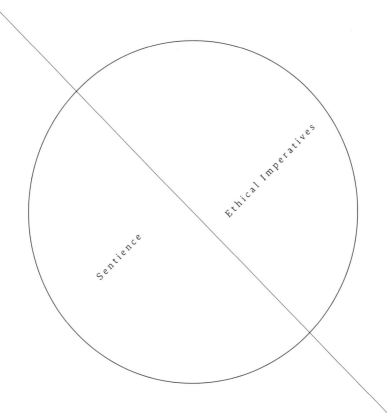

Sentience

Ethical Imperatives

메리 올리버는 돌이 느낄 수 없다면 "너무 끔찍한 일"이라고 했다.[154] 나도 문어나 바닷가재, 메뚜기 혹은 우리가 다루지 못한 세상의 여러 동물이 모두 느끼지 못한다면 끔찍한 일이라고 생각한다. 내가 뭔가 놓치고 있는 것은 아닐까? 걱정된다. 나는 《동물지각Animal Sentience》이라는 잡지를 애독하는데, 혹시 나를 쓰러트릴 만한 새로운 이야기가 없을지 두근대는 마음으로 새 잡지를 펼치곤 한다.

그러나 아직은 그럴 것 같지 않다. 서두에서 몇몇 질문을 제기했고, 이제 그 질문에 대해 책임 있는 답을 해야 할 때가 왔다.

나는 모든 지각 동물에 관한 인간의 보호 의무가 '자명한 것'이 아니라고 제안했다. 하지만 현상적 의식의 진화 과정을 살펴보고, 그러한 속성의 적응적 **목적**을 이해하게 되니 이제 모든 것이 달리 보일 것이다.

우리는 현상적 자아가 왜 **중요한지** 살펴보았다. 첫째로 자신에게, 그리고 친족이라는 더 넓은 범주의 자신에게 중요한 존재다. 진화적 적응으로서 현상적 의식은 생물학적 생존에 기여한다. 현상적 자아는 **신경 쓸 가치가 있는 존재다**.

물론 인간이나 다른 지각 동물이 다른 개체 모두의 자아에 자동으로 신경 쓸 리는 없다. 우리가 논의했던 것처럼, 동정심은 선택적이다. 인간도 마찬가지다. 지각은 그 자체로 마음이나 행동에 **강요**할 힘이 없다.

　그러나 인간의 윤리는 다른 곳에서 비롯한다. 만약 우리가 윤리적으로 행동한다면 그건 본능이 아니라 **이해**에서 비롯한다. 우리는 비인간 동물 중 일부만 **우리처럼 자아를 갖고 있다고 인식하므로** 그들의 감정에 신경 쓰기로 결정한 것이다. 그 인식이 옳을 수도 있고 아닐 수도 있지만. 아무튼 그런 후에 황금률이라는 기본적 원칙에 따라 행동한다. 즉 '**네가 받고자 하는 대로 남에게 해 주어라**'라는 윤리적 원칙이다.

✦

　　　　　이 책에서 우리는 지각 범위에 대한 인간의 믿음이 얼마나 옳은 것인지 살펴보았다. 일부 주장은 근거가 미약했고, 일부 주장은 견실한 과학적 근거에 기반하고 있었다. 서두에서 '의식이 얼마나 확장되는지에 대한 직접적 증거, 심지어 합의된 논리조차 부족하다'고 말했지만, 이제 기꺼이 그 말을 철회한다. 진화 이론이라는 횃불 아래에 있으면 더 이상 어둠 속에서 헤맬 필요가 없다.

　많은 사람이(아마 대부분) 개가 **된다는 것이 어떤 느낌인지** 안다고 여긴다. 가시에 찔리고, 차가운 강에 뛰어들고, 휘파람 소리에 반응하는 느낌은 너무 자명해 보인다. 그러나 정말 그럴까? 우리는 인간이 실제로 개의 의식 속으로 들어갈 수 있는 과학적 근거를 제시했다. 개에게 윤리적 관심을 확장해야 하는 강력한 과학적 이유를 찾은 셈이다. 같은 식으로, 우리는 왜 개에 관한 윤리적 관심이 문어에까지 확장될 수 없는지에 대해서도 논의했다.

물론 지각이 모든 것은 아니다. 세상의 동물은 현상적 의식을 가지고 있는지 여부와 관계없이 제대로 대우받아야 할 충분한 이유가 있다. 우리는 다른 동물의 복지에 관심을 가져야 한다. 아무래도 그들**에게는** 좀 신경이 덜 쓰이겠지만, 그들을 **위해** 신경을 더 써 주어야 한다. 그들은 생명의 거대한 그물의 일부이며, 그 자체로 경이로운 생물학적 설계의 산물이다. 아름다운 생명체일 뿐 아니라 미래를 같이 만들어 나가야 할 동료 아닌가?

그러나 여전히 지각은 모든 것을 압도하는 강력한 준거다. 현상적 의식을 가진 동물은 다른 동물보다 훨씬 중요하며, 그럴 만한 자격이 있다. 개의 복지가 문어의 복지보다 중요하다. 왜냐하면 개는 문어와는 다른 방식으로 개 **자신에게 중요하기** 때문이다. 만약 당신이 지각할 수 있는 개라면 인간이 자신을 잘 대해 주기를 기대할 것이다. 문어라면 그런 기대를 하지 않을 것이다.

우리는 올바른 판단을 내려야만 한다. 세상의 여러 생물을 두고, 지각 동물과 비지각 동물을 구분할 수 있어야 한다. 그래야 우리의 믿음이 마땅한 것인지 확신할 수 있을 것이다. 다시 강조해 보자. 만약 판단이 틀리면 끔찍한 일이겠지만 **그렇다고 아무 판단도 내리지 않겠다면 그건 무책임한 일이다.** 지각의 범위에 관한 정당화할 수 없는 믿음은 자연계와의 적절한 관계를 어렵게 할 뿐 아니라, 미래에 우리가 만들어 갈 인

공계와의 관계도 어렵게 할 것이다.[155]

설교하려는 것이 아니다. 윤리에 관해 과학은 할 말이 없다. 과학은 다만 제안할 뿐이다. 사려 깊은 개인으로서 각자 결정을 내려야 한다.

이제 당신의 몫이다. 사실 남들도 당신과 마찬가지로 아는 것이 없다. 하지만 부정적 언급으로 이 책을 마무리하고 싶지는 않다.

●

나는 한때 인류학자 그레고리 베이트슨 Gregory Bateson의 책 『마음과 자연Mind and Nature』의 서평을 쓴 바 있다.[156] 베이트슨은 자연계가 거대한 마음이며, 우리 인간은 의식을 가진 이 존재에 마땅한 경외심을 가지고 자연을 대해야 한다고 했다. 나는 서평에서 이렇게 말했다. "나는 아마존의 숲을 베어 내는 것이 옳지 않다고 생각한다. 그러나 아마존 파괴를 뇌 절제술과 동격으로 생각해서는 곤란하다."

베이트슨은 신문에 편지를 보내서 나를 비난했다. 시적 상상력을 무시하고 논리만 앞세우는 사람이라는 것이다. 그러면서 논리적으로는 그릇되었지만, 좋은 시의 예를 들었다. **"사람은 죽는다. 풀은 죽는다. 사람은 풀이다."** 나는 베이트슨의 반박에 이렇게 답했다. 논리적으로 옳지 못하고, 시적으로도 좋지 못한 예를 들면서 말이다. **"사람은 죽는다. 순무는 죽는다. 사람은 순무다."**

베이트슨은 나에게 멋진 엽서를 보냈다. "친애하는 닉, 정답입니다. 계속 친구로 지내고 싶습니다. 한 순무가 다른 순무에게. 당신의 G.B."

철학자, 특히 의식을 연구하는 학자라면 유머 감각부터 갖추어야 한다.

감사의
말

이 책이 완성되기까지 긴 시간이 필
요했습니다. 책을 끝낼 수 있도록 도움을 준 많은 분에게 진
심으로 감사드립니다. 대니얼 데닛과 저는 수년 동안 정기적
으로 종종 매일 연락을 주고받았습니다. 또한 폴 브록스Paul
Broks, 톰 클라크Tom Clark, 키스 프랭키시Keith Frankish, 샘 험프
리Sam Humphrey, 제프리 로이드Geoffrey Lloyd, 크리스 맥매너
스Chris McManus, 마이클 프룰스Michael Proulx, 닉 로미오Nick
Romeo, 크리스 사이크스Chris Sykes 등이 원고 일부를 읽고 소
중한 조언을 주었습니다. 에이전트 토비 먼디Toby Mundy는 이
책의 집필을 격려해 주고 꾸준히 응원해 주었습니다. 옥스퍼
드대학 출판부의 라사 메논Latha Menon과 MIT 출판부의 필립
로프린Philip Laughlin은 이 책의 출판 과정을 세심하게 관장했
습니다. 모든 분에게 깊은 감사의 마음을 전합니다.

참고 문헌과
주

01. William Youatt (1839). *The Obligation and Extent of Humanity to Brutes, Principally Considered with Reference to the Domesticated Animals*, repr. 2003, intro. R. Preece (Lewiston, New York: Edwin Mellen Press).

02. David Chalmers (2018). 'How Can We Solve the Meta-Problem of Consciousness?', *Journal of Consciousness Studies*, 25, 6-61, 6.

03. Ned Block (1995). 'On a Confusion about a Function of Consciousness', *Behavioral and Brain Sciences*, 18, 227-247.

04. 수면 중 문자 메시지 역시 그렇다. 미국 대학생들을 조사한 결과, 25퍼센트가 수면 중에 휴대폰으로 비교적 논리적인 문자 메시지를 보냈다. Elizabeth B. Dowdell and Brianne Q. Clayton (2019). 'Interrupted Sleep: College Students Sleeping with Technology', *Journal of American College Health*, 67,7, 640-646.

05. Jeremy Bentham (1789). *Introduction to the Principles of Morals and Legislation*, Chapter 17. 전문: 어느 날, 창조된 동물의 나머지가 폭정의 주먹으로 제한되던 권리를 얻게 될지도 모른다. 이미 프랑스인들은 피부색이 검다는 이유로 한 인간이 학대자의 변덕에 유린당하는 것을 용인해서는 안 된다는 것을 깨닫지 않았는가. 언젠가 다리의 개수나 털의 양, 또는 골반의 끝부분 때문에 감정을 느끼는 존재(sensitive being)가 비참한 운명에 처해지는 것은 말도 안 된다는 것을 이해할 것이다. 아니, 그것이 이성을 위한 기관인가? 담화를 위한 기관인가? (……) 이성이나 대화 능력이 아니라 고통을 받는지 여부가 중요하다. 왜 법은 이렇게 지각적인 존재를 보호하는 것을 꺼린단 말인가? (……) 언젠가 인류는 숨 쉬는 모든 것에 자신의 온정적 마음을 보일 때가 올 것이다.

06. Daniel Dennett (2007). 'A Daring Reconnaissance of Red Territory', *Brain*, 130, 593–595, 594.

07. Laurence Klotz (2005). 'How (Not) to Communicate New Scientific Information: A Memoir of the Famous Brindley Lecture', *BJU International*, 96, 956–957.

08. Isaac Newton (1665). *Of Colours*, Laboratory Notebook, 1665, Cambridge University Library, MS Add. 3975, pp. 1–22 (published online 2003).

09. Thomas Reid (1785/1969). *Essays on the Intellectual Powers of Man*, Part II, Ch. 17 (Cambridge MA: MIT Press), p. 265.

10. C. D. Broad (1962). *Lectures on Psychical Research* (London: Routledge and Kegan Paul), p. 430.

11. Hugh Whitaker (1959). *The Eternal Resurrection: The Spiritual Teachings of Agresara*, 3 vols (London: Sidgwick and Jackson).

12. C. D. Broad (1925). *The Mind and Its Place in Nature* (London: Kegan Paul).

13. Ibid. pp. viii, 227.

14. Nicholas Humphrey (1986). 'Is There Anybody There?', Channel 4 TV, 1986, https://www.youtube.com/watch?v=qdOWChIXgd8 (accessed 10 May 2022).

15. Lawrence Weiskrantz (1963). 'Contour Discrimination in a Young Monkey with Striate Cortex Ablation', *Neuropsychologia*, 1, 145–164, 159.

16. Nicholas Humphrey (1968). 'Responses to Visual Stimuli of Single Units in the Superior Colliculus of Rats and Monkeys', *Experimental Neurology*, 20, 312–340.

17. J. Y. Lettvin, H. R. Maturana , W. S. McCulloch, and W. H. Pitts (1959). 'What the Frog's Eye Tells the Frog's Brain', *Proceedings of the IRE*, 47, 1940–1951.

18. N. K. Humphrey and L. Weiskrantz (1967). 'Vision in Monkeys after Removal of the Striate Cortex', Nature, 215, 595–597.

19. Nicholas Humphrey, (1974). "Vision in a monkey without striate cortex: a case study," Perception, 3, 241–255. There's a YouTube film of Helen: https://www.youtube.com/watch?v=6ek2LBqM7dk. 어느 날, 대니얼 데닛과 나는 컬럼비아대학교의 철학 세미나에서 서론 없이 이 영화를 상영했다. 그리고 관객들에게 이 원숭이에 대해 무엇이 다를지 제안해 보라고 요청했다. 아무도 단서를 찾지 못했다.

20. Nicholas Humphrey (1972). 'Seeing and Nothingness', *New Scientist*, 53, 682–684.

21. Lawrence Weiskrantz (1986). *Blindsight: A Case Study and Implications*(Oxford: Clarendon).

22. Beatrice de Gelder, Marco Tamietto, Geert van Boxtel, et al. (2008). 'Intact Navigation Skills after Bilateral Loss of Striate Cortex', *Current Biology*, 18, R1128–R1129.

23. YouTube film of TN: https://www.youtube.com/watch?v=ACkxe_5Ubq8 (accessed 10 May 2022).

24. 그런데 맹시가 감각이 결여된 순수한 인식이라면, 왜 인식이 일반적 방식으로, 내관적으로 **의식되지** 않을까? 중요한 질문이다. 나는 맹시의 경우에도 실제로 의식적으로 접근 가능하다고 생각한다(비록 주체가 현상적 차원을 결여했으므로 혼란스러워하지만). 앞서 언급했듯이 헬렌은 자신이 보고 있는 것을 알고 있다는 증거가 있다. 나무에 앉아 있을 때 팔 길이 이내에 있는 것을 인식할 수 있으면 간식을 잡으려고 했고, 너무 멀리 떨어져 있으면 무시했다. 〔온라인에서 볼 수 있는 비디오(주 19번 참조)의 맨 끝부분에서 이것을 볼 수 있다. 헬렌은 거의 도달할 수 없는 거리에 있는 땅콩을 주의 깊게 바라보다가 망설이다가, 결국 포기하기로 한 뒤 다시 마음을 바꾼다〕맹시의 첫 인간 사례에서 바이스크란츠는 이러한 내관적 인식에 대한 증거를 찾지 못했다. 그러나 연구가 계속되고 어떤 것을 주의 깊게 살펴봐야 하는지 더 잘 이해하게 되면서, 환자가 자극을 보지 못한다고 주장하긴 하지만, 애매하게 무엇이 있는지 인지하고 있다는 것이 여러 사례에서 발견되었다. 타입-2 맹시라고 한다. Fiona MacPherson(2015)은 이의 증거에 관한 철저한 논의를 제공한다. 다음 논문 참조: 'The Structure of Experience, the Nature of the Visual, and Type 2 Blindsight', *Consciousness and Cognition*, 32, 104–128.

25. Thomas Reid (1764). An Inquiry into the Human Mind, Ch. 6, 'Of Seeing', section 21, quoted in Ryan Nichols (2007). *Thomas Reid's Theory of Perception* (Oxford: Oxford University Press), p. 155.

26. Thomas Reid, Letter to Lord Kames, quoted in Ryan Nichols, T*homas Reid's Theory of Perception* (Oxford: Oxford University Press), p. 152.

27. Thomas Reid (1785/1969). *Essays on the Intellectual Powers of Man*, Part II, Ch. 17 (Cambridge MA: MIT Press), p. 265.

28. J. Y. Lettvin, H. R. Maturana, W. S. McCulloch, and W. H. Pitts (1959). 'What the Frog's Eye Tells the Frog's Brain', Proceedings of the IRE, 47, 1940–1951, 1951.

29. Carol Ackroyd, Nicholas Humphrey, and Elizabeth Warrington (1974). 'Lasting Effects of Early Blindness: A Case Study', *Quarterly Journal Experimental Psychology*, 26, 114–124. 이 책에는 출판된 논문에서 공개하지

않았던 세부 사항들을 추가했다.

30. 신경심리학자 폴 브록스(Paul Broks, 서신 교환을 통해 논의)는 맹시와 함께 나타나는 자아의 부분적 손실과 코타르Cotard증후군 환자가 겪는 훨씬 더 극심한 손실 사이에 유사점이 있다고 제안했다. 코타르증후군 환자는 자신이 죽었다고 단호하게 주장한다. 2018년, 자신의 책 *The Darker the Night the Brighter the Stars*(London: Allen Lane)에서 그가 검사한 사례를 이렇게 설명한다.

    "왜 당신이 죽었다고 생각하나요?" "지금 나는 아무것도 아니야. 나는 더 이상 존재하지 않아." (……) 코타르증후군은 자아 인식 장애로, 신체화와 순간의 의식에 대한 정상적인 직관이 심각하게 약화된 것 같다. (……) 현재 순간의 자아가 해체되어, 경험적으로 존재하지 않는 상태에 이르게 된다. pp. 140-144 이러한 환자들은 현상적 인식에 장애가 있을까? 알기 어렵다. 그러나 한 환자의 두뇌를 스캔해 본 연구에 의하면 대뇌피질의 활동이 크게 감소한 반면, 대뇌피질 하부 영역은 정상으로 나타났다. 이러한 결과는 코타르증후군 환자의 현상적 인식에 영향을 미치는 신경학적 요인이 존재할 수 있다는 것을 시사한다.

31. Nicholas Humphrey (1971). 'Colour and Brightness Preferences in Monkeys', *Nature*, 229, 615-617.

32. Richard Passingham (2018). Speech at Memorial for Larry Weiskrantz in Oxford, 8 June 2018.

33. Nicholas Humphrey and Graham Keeble (1978). 'Effects of Red Light and Loud Noise on the Rate at Which Monkeys Sample Their Sensory Environment', *Perception*, 7, 343-348.

34. Colin Groves and Nicholas Humphrey (1973). 'Asymmetry in Gorilla Skulls: Evidence of Lateralised Brain Function?', *Nature*, 244, 53-54.

35. Dian Fossey's darker side is documented in Harold Hayes' biography (1991), *The Dark Romance of Dian Fossey* (London: Chatto & Windus). 목격자로부터 얻은 잔혹 행동과 비정상적 증상의 여러 사례를 제시하고 있다.

36. Nicholas Humphrey (1976). 'The Social Function of Intellect', in *Growing Points in Ethology*, ed. P. P. G. Bateson and R. A. Hinde (Cambridge: Cambridge University Press), pp. 209, 303-317.

37. '던바의 수'는 기자나 정치인이 정말 좋아하는 개념이지만, 진화심리학자는 일반적으로 이에 조심스럽게 접근한다. 몇몇 비평가는 던바가 원하는 결과를 얻기 위해 데이터를 조작했다고 비난했다. 다음을 참고하라. P. Lindenfors, A. Wartel, and J. Lind (2021). 'Dunbar's Number Deconstructed', *Biology Letters*, 17, 20210158, 2021.

38. Nicholas Humphrey (1980). 'Nature's Psychologists', in *Consciousness and the Physical World*, ed. B. Josephson and V. Ramachandran, (Oxford: Pergamon), pp. 57–75, 73.

39. Keith Frankish (2016). 'Illusionism as a Theory of Consciousness', *Journal of Consciousness Studies*, 23, 11–39.

40. 나는 이러한 유비를 다음에서 처음 사용했다. Nicholas Humphrey (2008). 'Getting the Measure of Consciousness', in *What is Life? The Next 100 Years of Yukawa's Dream*, ed. M. Murase and I. Tsuda, Progress of Theoretical Physics Supplement, 173, 264–269.

41. 나는 현상적 속성을 '초현실적'이라고 부르는 것이 더 나을 수 있다고 제안했다.
"환상주의와 현실주의 모두 의식 이론의 핵심 질문, 즉 우리가 감각자극과의 의미 있는 관계를 어떻게 표현하는지를 다루지 않는다. 그래서 이렇게 제안한다. 현상적 초현실주의–여기서 '초현실'이란 피카소가 원래 부여한 의미다. 그는 이렇게 말했다. '이 단어를 발명했을 때 내가 의도한 것은 현실보다 더 현실적인 어떤 것이었다' (……) '나는 더 깊고 더 현실적인 유사성을 추구한다. 그것이 바로 초현실을 구성한다.' 이러한 맥락에서 피카소는 자신의 위대한 염소 조각에 대해 '이 조각이 실제 염소보다 더 염소 같다고 생각하지 않느냐'라고 말했다. 그러므로 내 생각은 다음과 같다. 피카소의 염소가 실제 염소보다 더 염소 같은 것처럼, 현상적 빨강은 현실적 빨강보다 더 붉고, 현상적 고통은 현실적 고통보다 더 고통스럽다. 일반적으로 현상적 속성은 실제 생리적 사건보다 '더 현실적'인 감각에서 표현된다. 감각에 대해 감정적 관계 차원을 추가함으로써, 감각은 마치 자극의 물리적 현실을 초월하는 것처럼 보인다."
Nicholas Humphrey (2016). 'Redder than Red: Illusionism or Phenomenal Surrealism', *Journal of Consciousness Studies*, 23, 116–123.

42. Oscar Wilde (1905/1950). *De Profundis: The Complete Text*, ed. Vyvyan Holland (New York: Philosophical Library), p. 104.

43. David Hume (1739). *A Treatise of Human Nature*, Book I, Part III, section XIV.

44. Thomas Reid (1785/1969). *Essays on the Intellectual Powers of Man*, Part II, Ch. 17 (Cambridge MA: MIT Press), p. 265.

45. Sargy Mann, quoted in Peter Mann and Sargy Mann (2008), *Sargy Mann: Probably the Best Blind Painter in Peckham* (London: SP Books), p. 203.

46. Robert Browning (1885). 'Fra Lippo Lippi', lines 300–306.

47. Dan Lloyd (1990). *Radiant Cool* (Boston, MA: Bradford Books), p. 16.

48. René Descartes (1641/1986). *Meditations on First Philosophy*, trans. John Cottingham (Cambridge: Cambridge University Press), p. 35.

49. Colin McGinn (1993). 'Consciousness and Cosmology: Hyperdualism Ventilated', in *Consciousness*, ed. M. Davies and G. W. Humphrey (Oxford: Blackwell), p. 155.

50. Alfred Russel Wallace (1869/2009). 'The Limits of Natural Selection as Applied to Man', in *Contributions to the Theory of Natural Selection* (Cambridge: Cambridge University Press), p. 361.

51. Philip Goff (2019). *Galileo's Error* (London: Rider), p. 21.

52. Bertrand Russell (1919). *Introduction to Mathematical Philosophy* (London: Allen and Unwin), p. 71.

53. Tom Clark (2022, in press). 'Content: A Possible Key to Consciousness'는 정신적 표상이 표상적 내용 수준에서만 존재하는 것의 실제 속성에 관한 것일 수 있다는 주장을 지지하는 자세한 논증을 제공한다.

    개념과 주장, 믿음, 숫자 등의 경험적 특성과 같은 것은 우리 자신과 같은 마음 체계 내에서 활성화되어 활용되는 표상에 의해 만들어진다. 그러나 이러한 것은 표상하는 시공간적 영역에 존재하지 않으므로 물리적 차원에서 객관성을 가지지 못한다. 즉 우리는 머릿속에서 이러한 개념이나 숫자, 믿음, 주장을 찾아낼 수 없으며, 그것은 세상에서도 여전히 구분 가능한 객체로 존재하지 않는다. 그러나 그것은 현실을 개념적으로 모델링하는 데 사용되는 표상적 요소로서 분명 실재한다.

    또한 다음을 참고하라. Tom W. Clark (2019). 'Locating Consciousness: Why Experience Can't Be Objectified', *Journal of Consciousness Studies*, 26, 60–85. 다행스럽게도 클라크의 입장은 내 입장과 비슷하다.

54. Daniel Dennett (1991). *Consciousness Explained* (Boston: Little Brown), p. 255.

55. Knock apparition, witnesses statements 1879, https://www.knockshrine.ie/history/ (accessed 20 May 2022).

56. T. H. Huxley (1870). 'Has a Frog a Soul, and of What Nature Is That Soul, Supposing It to Exist?', Metaphysical Society (8 November).

57. Bjorn Merker (2007). 'Consciousness without a Cerebral Cortex: A Challenge for Neuroscience and Medicine', *Behavioral and Brain Sciences*, 30, 63–134.

58. Mark Solms (2019). 'The Hard Problem of Consciousness and the Free Energy Principle', *Frontiers in Psychology*, 30 January, 9, 2714. doi: 10.3389/fpsyg.2018.02714, 5.

59. Joe Simpson (1988). *Touching the Void* (London: Jonathan Cape), p. 109.

60. Frank Jackson (1986). 'What Mary Didn't Know', *Journal of Philosophy*, 83, 291-295.

61. Robert Burns, (1791). 'Tam o'Shanter', line 231.

62. Samuel Taylor Coleridge (1817/2002). *Biographia Literaria, in Opus Maximum*: Collected Works, Vol. 15, ed. Thomas McFarland with Nicholas Halmi (Princeton, NJ: Princeton University Press), p. 132.

63. 바버라 몬테로는 혁신적인 '질적 기억'에 관한 논문에서 특별히 고통에 관한 경우를 다룬다. 대체로 믿는 것과 달리, 사람들이 고통을 느꼈던 경험에 대한 세부적 표상을 유지하지 않는다는 사실을 논증하고 있다. 그러나 동시에 이러한 현상을 빨간색을 본 것이 어떤 것인지 기억하는 우리의 능력과 명백히 대조하고 있다. 하지만 나는 이 두 가지가 무슨 차이가 있는지 잘 모르겠다. 다음 논문을 참고하라. Barbara Montero (2020). 'What Experience Doesn't Teach: Pain Amnesia and a New Paradigm for Memory Research', *Journal of Consciousness Studies*, 27, 102-125.

64. John Locke (1690/1975). *An Essay Concerning Human Understanding*,(ed. P. Nidditch), Book II, Ch. XXXII, section 15 (Oxford: Clarendon Press).

65. 색상 선호도에서 이런 현상이 나타날 수 있을까? 대부분은 표준 조건에서 테스트할 경우 유사한 선호도를 보인다. 그러나 모든 사람이 그런 것은 아니다. 크리스 맥매너스Chris McManus는 색 카드에 대한 선호도를 연구하면서 참가자 54명 각각에 대해 256쌍의 비교를 진행한 결과, 실험 대상자 중 70퍼센트가 일관되게 파랑/초록 계열을 노랑/빨강 계열보다 선호하는 반면, 동시에 20퍼센트라는 적지 않은 하위 그룹은 뚜렷하게 다른 패턴을 보여 일관되게 노랑/빨강을 파랑/초록보다 선호한다는 사실을 발견했다. 다음 논문 참조. I. C. McManus, Amanda L. Jones, and Jill Cottrell (1981). 'The Aesthetics of Colour', *Perception*, 10, 651-666.

66. 나는 현상적 의식의 개인차에 대해 다음 논문에서 다룬 바 있다. Nicholas Humphrey (2020). 'Consciousness: Knowing the Unknowable', *Social Research*, 87, 157-170.

67. Charles Darwin (1859). 'Difficulties of the Theory', in *On the Origin of Species*, Ch 6, p. 143 (London: John Murray).

68. 조르조 발로르티가라는 현상적 의식과 자아 감각을 기반으로 센티션 개념을 수용하여 크게 발전시켰다. 내가 제안한 내용에 상당한 부분을 더했다. Giorgio Vallortigara (2021). 'The Rose and the Fly. A Conjecture on the Origin of Consciousness', *Biochemical and Biophysical Research Communications*, 564, 170-174.

69. 활동이 피드백 루프를 따라 한 바퀴 돌 때마다, 이러한 활동 자체에 의해 전송 특성이 변경된다고 가정해 보자. 이러한 회로에서 활동의 성장은 '지연 미분 방정식delay differential equation'에 의해 지배된다. 특정 시간 t에서 시스템의 진화는, 시스템의 이전 상태 t-T에 의존하는 방정식이다. 활동이 한번 시작되면, 빠르게 사라지지 않는 한, 무질서하게 발전하거나 곧 동일한 패턴이 무한정 반복되며 교란되어도 돌아올 수 있는 '유인 영역basin of attraction'에 안착하게 된다.

70. 이에 관한 진화는 단일 종의 역사에서 여러 번 동일한 경로를 따랐을 수도 있다. 그러지 않았다면 인간과 다른 지각 있는 종에 대해서도 각각의 감각 양식이 현상적 특성을 가진 감각으로 진화하는 것을 어떻게 설명할 수 있을까? 왜 시각적 퀄리아, 청각적 퀄리아, 후각적 퀄리아 등으로 나뉘어 있는 것일까? 서로 다른 감각기관과 그들의 뇌 경로가 이미 해부학적으로 분리된 지 오래된 점을 고려하면, 각 양식이 다른 양식과 독립적으로 현상적 특성을 획득했을 수 있다. 그러나 앞서 설명한 것처럼 동일한 진화적 힘을 받아 그렇게 되었을지도 모른다. 또 다른 가능성도 있다. 아마도 관련 유전자가 모든 감각 방식에 공통된 초기 배아 발달 단계에서 작용할 수 있다. 만약 그렇다면 먼저 선택된 양식의 현상화가 다른 양식의 현상화를 속발시킬 수도 있다.

71. David Hume (1739/1978). 'Of Personal Identity', in A *Treatise of Human Nature*, section 6, ed. A. Selby-Bigge (Oxford: Oxford University Press).

72. Paul Klee (1920). Creative Credo, https://arthistoryproject.com/artists/paul-klee/creative-credo/ (accessed 10 May 2022).

73. Pablo Picasso (1923). 'Picasso Speaks', *The Arts*, New York, May 1923, pp. 315-326.

74. Eugène Delacroix (1854/1948). *The Journal of Eugène Delacroix*, trans. alter Pach (New York: Crown), p. 421.

75. Vincent Van Gogh, letter, quoted in John Russell, 'The Words of Van Gogh', *New York Review of Books*, 5 April 1979.

76. Samuel Palmer (1892). 'Shoreham Notebooks, 1824', quoted in Alfred Herbert Palmer, *The Life and Letters of Samuel Palmer, Painter and Etcher* (London: Sealey), p. 16.

77. Friedrich Nietzsche (1999). *The Birth of Tragedy and Other Writings*, ed. Raymond Guess and Ronald Spears (Cambridge: Cambridge University Press), p. 113.

78. Daniel C. Dennett (2017). From *Bacteria to Bach and Back: The Evolution of Minds* (New York: WW Norton & Company), p. 345.

79. Michael S. A. Graziano, Arid Guterstam, Branden J. Bio, and Andrew I.

Wilterson (2019). 'Toward a Standard Model of Consciousness: Reconciling the Attention Schema, Global Workspace, Higher-Order Thought, and Illusionist Theories', *Cognitive Neuropsychology*, 37, 155-172, 158.

80. Keith Frankish. 'The Consciousness Illusion', *Aeon*, 26 September 2019.

81. David J. Chalmers (2018). 'The Meta-Problem of Consciousness', *Journal of Consciousness* Studies, 25, 6-61, 26.

82. Nicholas Humphrey (1987). 'The Uses of Consciousness', James Arthur Memorial Lecture, American Museum of Natural History, New York. p. 19; reprinted in Nicholas Humphrey (2002). The Mind Made Flesh (Oxford: Oxford University Press), pp. 65-85, 82.

83. Stuart Sutherland (1984). 'Consciousness and Conscience', *Nature*, 307, 39, 233.

84. David Chalmers (2020). 'How Can We Solve the Meta-Problem of Consciousness? Reply', *Journal of Consciousness Studies*, 27, 201-226, 225.

85. David Chalmers (2018). 'How Can We Solve the Meta-Problem of Consciousness?', *Journal of Consciousness Studies*, 25, 6-61, 24.

86. Milan Kundera (1991). *Immortality*, trans. Peter Kussi (London: Faber & Faber), p. 225.

87. Anthony Kenny and Conrad Hal Waddington (1972). Extract from *The Nature of Mind*, The Gifford Lectures 1971/72 (Edinburgh: Edinburgh University Press).

88. William M. Marston, (1929). 'Consciousness', in *Encyclopaedia Britannica 14th Edition*.

89. David Balduzzi and Giulio Tononi (2009). 'Qualia: The Geometry of Integrated Information', *PLoS Computational Biology*, 5.8, e1000462, 1.

90. Samuel Taylor Coleridge (1834). *Biographia Literaria* (New York: Leavitt, Lord), p. 140.

91. Daniel Dennett (1991). *Consciousness Explained* (New York: Little Brown), p. 371.

92. Daniel Dennett (1996). *Kinds of Mind*s (New York: Basic Books), p. 97.

93. William James (1990). *Principles of Psychology*, Vol 1 (New York: Henry Holt), p. 147.

94. George Wilhelm Friedrich Hegel (1812/2015). *The Science of Logic*, trans. George di Giovanni (Cambridge: Cambridge University Press), p. 322.

95. 그러나 70번 주에서, 한 개 이상의 양식에서 동시에 지각이 발생할 수 있는

대안 시나리오를 제안하고 있다.

96. 내가 제시한 증거에 따르면, 헬렌은 시각적 감각이 없음에도 불구하고 지각적 표상에 대한 인지적 의식을 가지고 있었다. 즉 자신이 무엇을 보았는지 **알고** 있었다(주 24번 참조). 이와 같은 것이 개구리와 같은 다른 '자연적 맹시 환자'에게도 해당될 것이다. 우리는 이러한 상태를 상상하는 것이 어렵다. '맹시가 어떤 것인지' 알아보기 위해 다음의 방법이 도움이 될 것이다. 무형 완성amodal completion이라고 불리는 인식 현상이 있다. 이는 시각이미지에서 직접적 증거가 없는 윤곽과 표면을 '인식'하는 것이다. 예를 들어 다른 물체에 의해 부분적으로 가려진 물체의 모양(자료 96, 왼쪽)이나 카니자 사각형의 윤곽(자료 96, 오른쪽) 등이다. 만약 자연적 맹시라면 아마도 인식하는 모든 것이 이런 식일 것이다.

자료 96

97. William James (1890). *Principles of Psychology*, Vol. 1 (New York: Henry Holt), p. 226.

98. ibid, pp. 321–323.

99. 인간 뇌에서 긍정적 피드백을 촉진하는 고온의 잠재력은, 체온이 자칫 고열 수준으로 상승할 때 뇌 전체에 간질 경련이 일어나는 것으로 보아 대강 짐작할 수 있다. 다른 동물의 경우 좀 더 기능적이다. 고온이 감각 생리에 긍정적 효과를 가져온다는 증거가 있다. 청새치와 같은 냉혈동물은 심해로 다이빙할 때 눈의 온도를 선택적으로 올리는데, 결과적으로 시력이 10배 향상되는 것으로 나타났다. K. A. Fritsches, R. W. Brill, and E. Warrant (2005). 'Warm Eyes Provide Superior Vision in Swordfishes', *Current Biology*, 15, 55–58.

100. 이게 전부는 아니다. 현상적 특성을 나타내는 수단인 끌개가 우리 제안대로 작동하려면, 그 형태가 안정화되어야 한다. 그래서 표상이 다음번에도 일관성을 유지할 수 있어야 한다. 그러나 체온이 변하고, 따라서 신경 전도 속도가 계속 변하던 뇌에서는 이러한 안정성을 달성하기 어려울 수 있다. 따라서 온혈성은 끌개가 현상적 특성의 신뢰할 수 있는 공급자가 되기 위한 필수적 전제 조건이었을 수 있다. 내일 붉은색을 보는 느낌이 어제 붉은색을 보았던 것과 같다면, 온도가 일정한 뇌에 감사해야 할지도 모른다.

101. Michael Tye (2017). *Tense Bees and Shell-Shocked Crabs* (Oxford: Oxford University Press), p. 72.

102. Frans de Waal, quoted by Michael Gross (2013). 'Elements of Consciousness in Animals', *Current Biology*, 23, R981-R983, p. 983.

103. Michael Tye (2017), Tense Bees and Shell-Shocked Crabs (Oxford: Oxford University Press), p. 75.

104. 예를 들어 공을 가지고 물체 놀이를 하는 문어 이야기가 알려져 있다. 그러나 어느 사례도 감각 추구를 동반한 것으로 보이지 않으며, 특히 사회적 놀이를 포함한 경우는 전혀 없다.

105. Thomas Nagel (1979). *Mortal Questions* (Cambridge: Cambridge University Press), p. 2.

106. Paul Valéry (2021). *Notebooks, in The Idea of Perfection: The Poetry and Prose of Paul Valéry*; A Bilingual Edition, trans. Nathaniel RudavskyBrody (New York: Farrar, Straus and Giroux, 2021).

107. Michael Tippett (1979). 'Feelings of Inner Experience', in *In How Does It Feel?*, ed. Mick Csacky (London: Thames and Hudson), pp. 173-178, 175.

108. Quoted by Nicholas Spice (2019). 'Ne Me Touchez Pas', *London Review of Books*, 24 October, 20, 41.

109. Thomas Beecham (1961), quoted in *The New York Herald Tribune*, 9 March.

110. Charles T. Snowdon, David Teie, and Megan Savage (2015). 'Cats Prefer Species-Appropriate Music', *Applied Animal Behaviour Science*, 166, 106-111.

111. 나는 원숭이의 감각에 대한 초기 연구에서 '흥미'와 '재미'의 차이에 집중했다. Nicholas Humphrey (1972). 'Interest and Pleasure: Two Determinants of a Monkey's Visual Preferences', *Perception*, 1, 395-416.

112. Crickette Sanz (2009), quoted by Rebecca Morelle, '"Armed" Chimps Go Wild for Honey', *BBC News Online*, 18 March. http://news.bbc.co.uk/1/hi/sci/tech/7946614.stm

113. Bill Wallauer, 'Waterfall Displays', https://www.janegoodall.org.uk/

chimpanzees/chimpanzee-central/15-chimpanzees/chimpanzee-central/24-waterfall-displays (accessed 10 May 2022).

114. Jane Goodall, commentary on 'Waterfall Displays', https://vimeo.com/18404370 (accessed 10 May 2022).

115. 'Genius Dog Takes Herself Sledding', 22 January 2018, https://www.youtube.com/watch?v=Pr2oknKr0WQ (accessed 10 May 2022).

116. Claire Mitchell (2019). 'An Exploration of the Unassisted Gravity Dream', *European Journal of Qualitative Research in Psychotherapy*, 9, 60-71, p. 66.

117. Claudia Picard-Deland, Maude Pastor, Elizaveta Solomonova et al (2020) 'Flying Dreams Stimulated by an Immersive Virtual Reality Task', *Consciousness and Cognition*, Aug 83,102958.

118. A. F. McBride and D O. Hebb (1948). 'Behavior of the Captive Bottle-Nose Dolphin, *Tursiops truncatus*', *Journal of Comparative and Physiological Psychology*, 411, 111-123.

119. Erica Jong (1973). *Fear of Flying* (New York: Holt, Rinehart and Winston).

120. Christina Hunger (2021). *How Stella Learned to Talk: The Groundbreaking Story of the World's First Talking Dog* (New York: William Morrow).

121. Alex Kirby (2004). 'Parrot's Oratory Stuns Scientists', BBC News Online, updated 1 May 2007, http://news.bbc.co.uk/2/hi/science/nature/3430481.stm (accessed 10 May 2022).

122. Milan Kundera (1991). *Immortality*, trans. Peter Kussi (London: Faber and Faber, 1991), p. 50.

123. 데닛은 나와 달리 개에게 의식적인 현상적 자아가 있다는 주장을 꺼린다. "개는 자신이 무언가를 경험한다고 생각하지 않을 것이다. 개가 개로서의 존재감을 느끼지 못한다고 생각하는 것이 아니라, 개는 이론가가 아니기 때문에 이론가들의 오해에 시달리지 않는다는 것이다. 어려운 문제와 메타-문제는 인간의 문제이며, 특히 우리 인간 중에서도 깊이 성찰하는 사람에게만 주로 문제가 된다. 다시 말해 개는 문제에 대한 직관을 괴로워하거나 신경 쓰지 않는다. 개뿐만 아니라 조개, 진드기, 박테리아도 사용자 착각의 일종을 즐기거나 이로 인해 이익을 얻는다. 이들은 주변 환경의 일부 속성만을 구별하고 추적하도록 빚어져 있다." Daniel Dennett (2019). 'Welcome to Strong Illusionism', *Journal of Consciousness Studies*, 26, 48-58, 54.

124. Claudia Fugazza, Péter Pongrácz, Ákos Pogány, Rita Lenkei, and Ádám Miklósi (2020). 'Mental Representation and Episodic-Like Memory of Own

Actions in Dogs', *Science Reports*, 10, 10449.

125. William Hazlitt (1805). *An Essay on the Principles of Human Action*, (London: J Johnson) p. 3.

126. Shoji Itakura (1992). 'A Chimpanzee with the Ability to Learn the Use of Personal Pronouns', *Psychological Record*, 42, 157-172.

127. Nicholas Humphrey (1978). 'Nature's Psychologists', 1977 Lister Lecture of the British Association for the Advancement of Science [short version], *New Scientist*, 29 June 1978, 900-904, 901.

128. David Premack and Guy Woodruff (1978). 'Chimpanzee Problem Solving: A Test for Comprehension", *Science*, 202, 532-535.

129. David Premack and Guy Woodruff (1978). 'Does the Chimpanzee Have a Theory of Mind?", *Behavioral and Brain Sciences*, 4, 515-526. 흥미롭게도 저자들은 이전의 《사이언스》 논문을 1975년으로 잘못 기재했다. 실제로는 1978년이다. 가이 우드러프(개인적 서신, 2020)는 세라와 함께 이 실험 세트를 시작할 때 '마음 이론' 연구를 계획하지 않았다고 전했다. 프리맥이 그들의 연구 결과를 이러한 용어로 해석할 생각을 한 것은 1년 후였다(내 강의를 읽은 후일까?).

130. Celia M. Heyes (1998). 'Theory of Mind in Nonhuman Primates', *Behavioral and Brain Sciences*, 21, 101-148.

131. Daniel Dennett (1987). *The Intentional Stance* (Boston, Ma: MIT Press), p. 17.

132. Nicholas Humphrey (1980). 'Nature's Psychologists' [full version] in *Consciousness and the Physical World*, ed. B. Josephson and V. Ramachandran (Oxford: Pergamon), pp. 57-75, 73-74.

133. 1Florence Gaunet (2008). 'How Do Guide Dogs of Blind Owners and Pet Dogs of Sighted Owners (Canis familiaris) Ask Their Owners for Food?', *Animal Cognition*, 11, 475-483, 482.

134. Emmanuel Levinas (1990). 'The Name of a Dog, or Natural Rights', in *Difficult Freedom: Essays in Judaism*, trans. Sean Hand, (Baltimore: Johns Hopkins University Press), pp. 151-153.

135. ABC News, 'Gorilla Carries 3-Year-Old Boy to Safety in 1996 Incident', https://www.youtube.com/watch?v=puFCuMac0Vk (accessed 10 May 2022).

136. Helen Macdonald (2021). Vesper *Flights: New and Collected Essays* (London: Vintage), p. 155.

137. Mylene Quervel-Chaumette, Viola Faerber, Tamas Farago, Sarah Marshall-

Pescinil, and Friederike Range (2016). 'Investigating Empathy-Like Responding to Conspecifics' Distress in Pet Dogs', *PLoS ONE* 11,4, e0152920 .

138. Nobuya Sato, Ling Tan, Kazushi Tate, and Maya Okada (2015). 'Rats Demonstrate Helping Behaviour Toward a Soaked Conspecific', *Animal Cognition*, 18, 1039-1047.

139. Stanley Wechkin, Jules H. Masserman, and William Terris (1964). 'Shock to a Conspecific as an Aversive Stimulus', *Psychonomic Science*, 1, 47-48, 237.

140. 최근 케임브리지 현지 신문에 차에 치여 크게 다친 사슴 한 마리에 대한 보도가 있었다. 그 사슴은 수의사가 처치할 때까지 몇 시간 동안 계속 울부짖었다. 아마도 **고통스러워서** 울부짖었을 것이다. 하지만 **왜** 그랬을까? 그러한 행동이 생물학적으로 적응적일까? 어떤 상황에서? 나는 모르겠다.

141. Charles Darwin (1871). *The Descent of Man, and Selection in Relation to Sex* (London: John Murray), p. 147.

142. A. V. Hill, letter to *The Spectator*, 18 May 1945.

143. Monkey video, https://cdn.theguardian.tv/mainwebsite/2014/12/22/141222Monkey_desk.mp4 (accessed 10 May 2022).

144. 인간에게 추가적 요소로, 자살 생각에 대처할 필요성이 있을 수 있다. 나는 인간만이 동물 중에서 죽음의 염원을 갖게 되는 이유, 그리고 현상적 자아가 이에 대처하는 심리적 방어 역할에 대해 다음의 논문에서 논의했다. Nicholas Humphrey (2017). 'The Lure of Death: Suicide and Human Evolution', *Philosophical Transactions of the Royal Society*, B, 373, 20170269.

145. 피터 워링Peter Walling과 케네스 힉스Kenneth Hicks는 다양한 동물의 중추 신경계의 전기 활동을 조사하여, EEG에서 끌개의 증거를 찾고자 했다. 이것은 현상적 의식을 뒷받침하는 감각 운동 끌개와는 거리가 있을 수 있지만, 아무튼 이 연구 결과는 아주 흥미롭다. 다음의 자료는 '각 종의 첫 등장 시기(수십억 년 전)'에 대해 '끌개 차원 추정치'를 비교해서 보여 주고 있다. 포유류는 어류나 문어보다 차원이 훨씬 높은 차원의 끌개를 가지고 있다는 것에 주목하라(본 연구는 조류를 포함하지 않았다). 다음 논문 및 자료 참고. Peter T. Walling (2020). 'An Update on Dimensions of Consciousness', Baylor University Medical Center Proceedings, 33,1, 126-130.

끌개 차원 대 시간

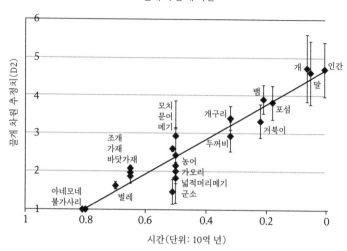

시간(단위: 10억 년)

146. 대니얼 데닛이 토비 먼디(Toby Mundy)에게 보낸 편지, 2021.

147. 일부 대중적 이야기는 확실히 과도하게 낭만적이다. 2020년 넷플릭스 영화 〈나의 문어 선생님My Octopus Teacher〉은 문어가 사람과 친구가 된 이야기를 그리고 있다. 영화 〈E.T.〉처럼 이건 그저 아름답게 만들어진 이야기다. 실제로 문어는 동종 내에서도 친구를 만들지 않는다. 인간과 이런 유대 관계를 맺었다는 것은 믿기 어렵다. 제작자가 자신의 블로그에서 밝힌 대로 대부분 허구이며 편집실에서 만들어 낸 예술 작품이다.

148. Peter Godfrey-Smith (2020). *Metazoa: Animal Minds and the Birth of Consciousness* (London: Collins), p. 142.

149. 문어의 행동 중 하나는 좀 수상하긴 하다. 문어가 이동하는 자아 감각을 가지고 있을지도 모른다는 생각이 살짝 드는 이유는, 코코넛 껍질을 새로운 위치로 옮겨서 그 안에 숨을 수 있기 때문이다. "우리는 여러 번 부드러운 퇴적물에 사는 문어가 코코넛 껍질 반쪽을 들고 다니며, 필요할 때만 그것을 피난처로 설치하는 것을 관찰했다." 다음 논문을 참고하라. Julian K. Finn, To Tregenza, and Mark D. Norman (2009). 'Defensive Tool Use in a Coconut-Carrying Octopus', *Current Biology*, 19, R1069–R1070.

150. Godfrey-Smith (2020). *Metazoa: Animal Minds and the Birth of Consciousness* (London: Collins), p. 146.

151. ibid, p. 109.

152. Susan Schneider and Edwin Turner (2017). 'Is Anyone Home? A Way to Find Out If AI Has Become Self-Aware', *Scientific American Blog Network*, 19 July.

153. Thomas Mann, quoted in Edward R. Murrow (ed.) (1952). *This I Believe: The Living Philosophies of One Hundred Thoughtful Men and Women in All Walks of Life* (New York: Simon & Schuster).

154. Mary Oliver (2020). 'Do Stones Feel?', in *Devotions: The Selected Poems of Mary Oliver* (New York: Penguin).

155. 영국의 동물복지(지각) 법안이 바로 한 예다. 이 법안은 2021년 런던정경대의 워킹 파티에서 작성된 보고서에 따라 문어와 바닷가재(그리고 비슷한 다른 동물들)를 포함하도록 수정되었다. Jonathan Birch, Charlotte Burn, Alexandra Schnell, Heather Browning, and Andrew Crump (2021). 'Review of the Evidence of Sentience in Cephalopod Molluscs and Decapod Crustaceans' (London: LSE Consulting). 저자들은 지각이라는 개념을 분석하려고 시도하지 않고 처음부터 '지각이란 간단히 느낌을 **가지는** 것'이라고만 설명한다. 이후에 '느낌'이라는 용어를 현상적 속성이 있는 감각에 국한되지 않는 어떤 종류의 가치가 있는 정신 상태를 의미하는 것으로 사용한다. 따라서 독자가 이 동물의 느낌을 **인간의 느낌**과 유사한 어떤 것으로 상상하도록 내버려 둔다. 그들은 바닷가재가 '고통스러운 자극'에 적응적으로 반응하는 증거에 대해 상세하게 살피고 있지만, 결국 바닷가재가 인간처럼 고통을 의식하며 심지어 저자들이 신경 쓰는 현상적 자아를 가지고 있다는 것은 입증하지 못하고 있다.

156. Nicholas Humphrey (1979). 'New Ideas, Old Ideas', *London Review of Books*, Vol. 1, No. 4, 6 December.

내가 느끼는 나는 과연 어떤 나일까? '중2병'에 걸린 청소년의 질문 같지만, 사실 아주 오래된 철학적 질문이다. 그리고 아직 누구도 만족스러운 답을 하지 못했다.

우리는 자신을 둘러싼 환경, 자신의 몸, 그리고 자신의 삶의 방식 등을 인식하고 이해한다. 인식의 과정이 항상 성공적인 것은 아니지만, 어쨌든 인식한다. 인식은 자신의 인식을 인식하는 과정이다. 빛을 느끼는 자신을 느끼는 것이고, 고통을 경험하는 자신을 자신이라고 받아들이는 것이다.

당연한 것 아니냐고? 그렇지 않다. 그걸 인식하는 주체는 누구인가? 나를 느끼는 내가 있다면, 그 나는 전자의 나와 어떻게 다른가? 극심한 고통을 겪는 사람은 종종 자신으로부터 해리되어, 고통을 느끼는 자신을 마치 제삼자가 된 듯 지켜보기도 한다. 자기 인식에서 벗어나는 훈련을 통해 자신으로부터 초월할 수 있다는 주장도 있다(정말 가능한 일인지 모르겠지만). 뇌의 특정 부분이 손상된 사람은 자신이 인식하고 있다는 것을 인식하지 못하는 상태에 빠지기도 한다. 내가 인식하고 있다는 것을 내가 알지 못한다면, 어떤 것이 진짜 나인가?

극단적인 경우나 병적인 상태 아니냐고 할지 모르겠다. 그러나 우리는 모두 그런 시기를 겪었다. 어린 아기는 자기 인식을 하지 못한다. 연구에 따르면 18개월이 되어야 비로소 자기 인식이 어느 정도 가능해지는 것 같은데 정확하게는 모른다. 부처는 태어나자마자 천상천하 유아독존이라고 외쳤다지만, 일반적인 아기는 말을 하지 못할뿐더러 유아독존唯我獨尊할 수 없다. 아我에 대한 인식이 아직 부족하기 때문이다.

잘 모르는 것이 많지만, 그래도 인간은 다른 비인간 동물에 비해서 자기 인식능력이 탁월한 수준인 것 같다. 특히 감각을 느끼는 상태, 그 자체를 다시 느끼는 것인 감각질 혹은 퀄리아에 대해서는 그렇다. 퀄리아는 누구나 느끼는 것이지만, 좀처럼 제대로 표현하기 어려운 내적 자각이다. 그러므로 내가 느끼고 있는 그것이 정말 그것인지, 다른 사람도 그것을 똑같이 느끼는지, 그리고 그런 현상적 자아가 도대체 왜 있는지 오리무중이다. 수많은 철학적, 인지과학적, 신경과학적 논쟁이 지속되고 있다. 내가 느끼는 것을 느끼고 있는 나는 과연 어떤 나인가?

흥미로운 연구 주제라고 생각하는가? 마음을 전공하는 학생이라면 주의해야 할 함정이 하나 있다. 바로 의식이다. 특히 현상적 의식은 '의식적'으로 외면하는 것이 바람직하다. 사변적 철학 논쟁에 빠지기 쉽고, 실증하기 어려운 주제에 연구자로서 소중한 젊은 시간을 허비하기 쉽기 때문이다. 용어도 어렵고 가설도 많고 대개 난해하다. 그래서 데이비드 차머스는 이를 '어려운 문제hard problem'라고 불렀다. 시험 시간이 한정되어 있다면, 쉬운 문제부터 푸는 것이 현명한 일이다. 얼른 대학에 자리를 잡고 싶다면 의식의 어려운 문제 같은 것은 쳐다보지도 말자. 신경과학의 리만 가설이다.

빨간색 사과를 보면서 '빨강'을 느끼는 나를 인식하는 현상은 정말 자연스러운 일이지만, 여기서 수많은 철학적 질문이 쏟아져 나온다. 내가 느끼는 나의 느낌은 정말 주관적일까? 물질적 기반이 있는 것일까? 어떤 기능이 있는 것일까? 다른 것으로 환원할 수 있을까? 그저 환상에 불과한 것은 아닐까? 양자역학을 동원해야 풀 수 있는 것일까? 혹은 신비주의의 영역에 속한 것, 즉 이것이야말로 뇌의 작동 기전을 다 밝힌 후에도 여전히 '영혼'에 속한 문제인 것일까? 여전히 답은 없다.

하지만 다윈이라면 어떨까? 내가 아는 한, 찰스 다윈이 퀄리아에 대해 언급했던 적은 없다. 그러나 다윈 진화론의 원칙에 따르면 복잡한 형질은 진화적 적응일 가능성이 높다. 아마도 일부 계통에서만 진화했으며, 확실하게 대를 이어 유전되고, 거의 확실하게 적합도상의 이득이 되는 형질이다. 퀄리아에 관한 수많은 논변은 마치 고대 그리스 철학자들이 벌이는 천상의 사색처럼 우아하지만, 아마도 답은 밑바닥에서 찾을 수 있을 것이다. 생존과 번식을 위한 선택압, 즉 뒤엉킨 강둑tangled bank에서의 치열한 투쟁이 아름다운 퀄리아를 만들었

옮긴이의 말

을 것이다.

이렇게 뒤엉킨 강둑을 생각해 보자. 다양한 종의 식물이 무성하게 자라고, 새들은 덤불 속에서 노래하며, 다종다양한 곤충이 비행하고, 지렁이는 축축한 흙 속을 기어다닌다. 서로 아주 다른 이들이 복잡한 방식으로 서로에 의존하는 현상, 즉 정교하게 구성된 형태가 우리를 둘러싼 법칙에 의해 모두 생겨났다는 것은 정말 흥미로운 일이다. (……) 지구가 중력의 고정된 법칙에 따라 공전하는 동안 이렇게 간단한 시작에서 가장 아름답고 가장 경이로운 형태가 끝없이 진화했고, 여전히 진화하고 있다.

— 찰스 다윈, 『종의 기원』 6판, 마지막 문단에서 발췌.

니컬러스 험프리는 영국의 심리학자이자 신경과학자이다. 케임브리지대학에서 동물행동학을 공부하고, 옥스퍼드대학에서 인지신경과학을 전공했다. 주로 인간과 동물의 인지 및 의식, 그리고 이러한 현상을 진화적 관점에서 어떻게 설명할 수 있는지 연구했다. 우리나라에는 『빨강 보기: 의식의 기원』이라는 책으로 알려져 있고, 1980년대 BBC에서 방영한 다큐멘터리에 토대한 『감정의 도서관: 인간의 의식 진화에 관한 다큐멘터리』 제하의 책도 국역판이 발간된 바 있다. 이 책 앞부분에 방송 이야기가 종종 나오는데, 바로 그 이야기다. 앞서 말했듯이 의식에 관한 연구는 좀처럼 시원한 해결책이 보이지 않는 분야인데, 오래도록 의식에 관해 깊이 연구한 용감한

학자다.

이미 여든이 넘은 노학자다. 저자는 자신의 지적 여정을 되짚어 가면서 의식에 관한 수십 년의 고민을 풀어 나간다. 터무니없는 신비주의자를 만난 이야기부터 학술 대회에서 설익은 연구를 발표해서 비판을 받았던 이야기까지, 숨기고 싶은 것도 남김없이 털어놓으면서 의식 연구의 다양한 어려움을 흥미롭게 써 내려간다. 짧게 나누어진 이야기를 하나하나 읽어 가다 보면 점점 저자의 주장에 수긍하게 되는 자신을 발견할 것이다.

책은 크게 세 부분으로 나뉜다.

첫 아홉 개 장은 가장 재미있는 부분이다. 학자로서 저자의 초기 경험을 흥미진진하게 펼쳐 낸다. 찰리 브로드와 휴 사토리우스 휘터커와의 만남을 통해 얻은 대학 시절의 기이한 경험, 그리고 다이앤 포시와 겪었던 당혹스러운 사건에 관한 에피소드는 과학책보다는 즐거운 에세이를 읽는 듯한 '현상적 느낌'을 선사한다. 맹시에 관한 연구도 아주 흥미롭다. 과학사를 좋아하는 독자가 기뻐할 파트다. 혹시 초자연적 현상에 대해 다룬 첫 부분을 보고 '이상한' 책이라고 생각했다면, 조금 더 기다리기 바란다. 2장 제목이 팬히 '등산로 초입'이 아니다. 조금 더 산을 올라보자.

두번째 파트는 10장부터 대략 16장까지 이어진다. 특히 10장은 '현상적 자아'라는 개념에 익숙하지 않은 독자에게 아주 좋은 길잡이가 될 것이다. 감각과 표상, 현상적 속성과 '어려운 문제' 등 몇 가지 생소한 개념을 알기 쉽게 설명한다(물론 여전히 어렵다). 특히 입선드럼(이게 도대체 무슨 말인지 궁금할 것이다)과 현상적 자아의 탄생, 그리고 그러한 인지적 능력의 진화적 가치 등에 관한 전개가 아주 흥미롭다. 의식에 관한 인지적, 철학적 논쟁을 다룬 책은 금세 독자의 의식을 흐려지게 만드는데, 이 책은 다르다. 도대체 왜 적지 않은 젊은 학자가 의식 연구라는 지적 함정에 빠져드는지 알고 싶다면 10장부터 16장을 놓치지 말자.

그리고 17장부터는 논의가 전방위로 확장된다. 온혈동물의 진화와 현상적 경험의 즐거움, 동물의 현상적 자아에 관한 주장과 지각 동물을 정의하는 기준, 심지어 로봇이 자아를 가질 수 있는지에 관한 논증으로 넓게 펼쳐진다. 책은 다시 1장에서 제시한 이야기로 돌아와서 현상적 자아를 가진 외계인의 존재 가능성에 관한 열린 결말로 끝맺는다. 과연 개는 지각할 수 있을까? 그렇다면 컴퓨터는? 만약 현상적 자아를 가진 로봇이 있다면, 인권을 부여해야 할까? 과학소설 지망생이라면 세번째 파트에서 흥미로운 소재를 여럿 찾아낼 수 있을 것이다.

반복해서 말하지만, 이 분야는 수많은 논쟁이 오가는 학문적 전장이다. 그러므로 험프리의 주장이 최종 결론은 아니다. 저자도 인정하는 바다. 의식의 창발과 자기 지각, 그리고 그러한 능력이 가진 진화적 과정에 관해서는 아직 정설이 없다. 이 책을 읽으며 다음의 몇 가지 점을 염두에 두자.

첫째, 우리는 종종 물리적 세계에서 의식이라는 현상이 창발하는 것을 신비한 영역의 일로 생각한다. 사과가 빨간 것도, 그리고 그러한 빛이 망막에 맺히는 것도 다 과학적으로 수긍할 수 있는데, 나라는 존재가 '빨강'이라고 하는 그 현상적 경험을 하는 것, 즉 '빨갛구나'라는 깨달음은 뭔가 다른 층위(물리적 세계를 뛰어넘는)의 문제라는 반론이다. 물론 나는 이런 주장을 미심쩍게 생각한다. 현상적 경험도 여전히 다른 현상과 마찬가지로 세상의 법칙을 따른다고 생각하지만, 나나 험프리 모두 확실한 증거는 없다. 아직 모른다.

둘째, 이렇게 나타나는 현상적 경험 혹은 의식이 과연 무엇을 위해 생겨났는지에 관한 논란도 여전히 뜨겁다. 험프리는 내관 심리학, 즉 다른 동물의 행동을 모델화하는 개념적 틀로서 '의식하는 뇌'가 진화했다고 주장한다. 영국의 시각학자 호레이스 발로Horace Barlow도 비슷한 맥락에서 사회적 대인 관계를 위한 마음 모델이 의식을 만든다고 주장한다. 심지어 이론물리학자 로저 펜로즈Roger Penrose는 의식을 통해 비알고리즘적 판단이 가능해진다고 주장하기도 한다. 영혼이 뇌 안에 저장된 양자 정보라는 희한한 주장을 한 학자다. 하지만 이러한 주장에는 제한점이 너무나 많다. 그래서 여전히 인지적 부산물로서 의식을 주장하는 학자도 많다(아마 수로 따지면 더 많을 것이다). 그렇다. 너무 어려운 문제다. 오죽하면 저명한 물리학자 펜로즈가 의식에 관해서 느닷없이 양자역학을 들이대려고 했을까?

아무튼 나는 앞으로 의식 연구를 할 생각이 없다. 나는 그리 똑똑한 편이 아니지만, 내가 풀 수 있는 수준의 문제가 아니라는 것을 알아챌 정도로는 똑똑하다. 그러나 잘 아는 편집자로부터 이 책을 소개받고, 마침 시간이 좀 나서 '한번 읽어 볼까?'라는 생각으로 몇 장 넘기다가 푹 빠졌다. 내친김에 번역까지 했다. 의식 연구는 정말 유혹적이다.

노벨상을 받고 더 이상 쟁취할 것이 없어진 과학자는 종종 두 길 중 하나를 택한다. 세계 평화와 기후 위기 해결을 위한 강연회를 다니거나 혹은 의식 연구에 빠지는 것이다. 신경세포의 전기적 신호 전달 기전을 밝힌 존 에클스John Eccles와, DNA의 이중나선 구조를 발견하여 노벨 의학상을 받은 프랜시스 크릭Francis Crick이 후자의 예다. 안타깝게도 그다지 인상적인 성과는 보여 주지 못했다.

의식과 인식, 현상적 경험, 그리고 자아의 속성에 관한 질문은 플라톤 시절로 거슬러 올라가는 오랜 질문이다. 아마 문자가 생겨나기 이전부터 인류는 비슷한 고민을 했을 것이다. 나는 무엇인가? 세상과 몸을 느끼는 나, 그리고 느끼는 경험을 느끼는 나는 다른 나인가? 다른 이도 나처럼 느낄까? 그리고 그런 느낌의 주체는 신체와 분리될 수 있을까?

정말 '어려운 문제'다. 그러나 세계 평화나 기후 위기 해결에 비견할 만한 아주 매력적인 문제다. 최소한 노벨상 수상자에게는 말이다. 생물학의 모든 문제가 그렇듯이 아마 해답은 진화 이론을 통해서 찾아낼 수 있을 것이다. 세상 만물에 중력이 작용하듯이 모든 생물은 진화적 법칙에서 벗어날 수 없다. 분명 의식도 진화의 산물일 것이다. 인간의 현상적

phenomenal 경험은 가장 경이로운phenomenal 인간성의 한 부분이지만, 그 시작은 '뒤엉킨 강둑'이었다.

이 책은 현상적 자아의 진화를 탐구해 온 니컬러스 험프리가 평생의 통찰을 간결하게 정리한 책이다. 어려운 문제에 관한 책이지만, 그래도 지금까지 읽었던 의식 관련 책 중에서 가장 쉽고 재미있는 책이었다. 우리 연구실의 손경배 학생이 초벌 번역본을 읽으며 몇몇 오역을 교정해 주었는데, 학부생인데도 어렵지 않게 읽을 수 있었다. 우리가 느낀 현상적 즐거움을 독자들도 같이 경험할 수 있기 바란다.

서울대학교 인류학과 교수

박한선

옮긴이의 말

찾아보기

337

Philos 022

센티언스

1판 1쇄 인쇄 2023년 7월 27일
1판 1쇄 발행 2023년 8월 21일

지은이 니컬러스 험프리
옮긴이 박한선
펴낸이 김영곤
펴낸곳 (주)북이십일 아르테

책임편집 최윤지 김선아 편집 김지영
디자인 박대성
기획위원 장미희
출판마케팅영업본부 본부장 한충희
마케팅 한경화 김신우 강효원
영업 최명열 김다운 김도연
해외기획 최연순
제작 이영민 권경민

출판등록 2000년 5월 6일 제406-2003-061호
주소 (10881) 경기도 파주시 회동길 201(문발동)
대표전화 031-955-2100 팩스 031-955-2151

(주)북이십일 경계를 허무는 콘텐츠 리더

아르테 채널에서 도서 정보와 다양한 영상자료, 이벤트를 만나세요!
인스타그램 instagram.com/21_arte   페이스북 facebook.com/21arte
            instagram.com/jiinpill21   facebook.com/jiinpill21
포스트 post.naver.com/staubin   홈페이지 www.book21.com
        post.naver.com/21c_editors

ISBN 979-11-7117-020-3 03400

우리 시대 최고의 심리학자 중 한 사람이 의식의 진화에 관해 쓴 설득력 있는 책. 니컬러스 험프리는 매혹적이고 놀랍고 유쾌한 과학적 자서전에, 유기체가 지각하는 데 필요한 것에 관한 많은 타당한 아이디어를 결합한다. 이 훌륭한 책은 자연의 가장 깊고도 사적인 신비를 새롭고 획기적인 방식으로 생각하도록 도전하게 할 것이다.

— 아닐 세스 뇌과학자, 『내가 된다는 것』 저자

동물의 지각과 의식의 개념에 관해 누구도 이만큼 깊고 독창적이며 시적으로 생각하지 못했다. 이 대담하고 설득력 높은 책에서 험프리는 동물과 인간의 마음을 평생토록 연구하면서 어떠한 결론에 이르렀는지 보여 준다.

— 매트 리들리 생물학자, 『붉은 여왕』 저자

니컬러스 험프리는 반세기 동안 실험심리학, 신경과학, 철학 분야에서 큰 영향력을 행사해 온 가장 창의적인 심리학자다. 의식의 진화에 대한 험프리의 최신 연구를 구체화하는 『센티언스』는 눈부신 통찰로 가득 차 있다. 가장 눈길을 끄는 부분은 지각 진단을 위한 프레임워크, 다시 말해 어떤 동물 종에 지각이, 그리고 자아 감각이 존재하는지를 판별하는 테스트다. 놀랍도록 대담하다! 이것이 과학, 철학은 물론 정치 영역에 미칠 영향이 얼마나 클지 상상해 보라.

— 폴 브룩스 심리학자, 『사일런트 랜드』 저자

니컬러스 험프리는 늘 틀에서 벗어난 생각을 해 온 심리학자다. 『센티언스』는 '맹시'에 대한 선구적인 연구를 통해 생생하게 살아나는 도발적이고 매혹적인 책이다.

— 메리언 스탬프 도킨스 생물학자, 『동물은 왜 중요한가』 저자

의식을 조명하는 글을 쓰려면 인지과학, 생물학, 철학에 정통할 뿐 아니라 풍부한 상상력, 새로운 아이디어에 대한 개방성, 인간과 비인간 동물의 풍부하고 다양한 경험에 대한 감수성을 갖춘 특별한 사람이 필요하다. 니컬러스 험프리가 바로 그런 사람이다. 매력적인 삽화, 독창적인 아이디어, 흥미로운 제안으로 가득한 이 아름다운 책은 독자들을 매료시키고 연구자들에게 영감을 줄 것이다.

— 키스 프랭키시 철학자, 『의식 이론으로서의 환상주의』 저자

깊이 있는 대화와 사고 과정 사이 어딘가에 있는 문장이 놀랍도록 재미있게 읽힌다. 특히 괴짜 휴 사토리우스 휘터커의 초자연적 주장을 조사하기 위해 엘바섬으로 떠난 일화와, '타고난 심리학자' 고릴라의 능력을 연구하기 위해 다이앤 포시를 방문한 일화가 인상적이다.

— 브라이언 클레그 물리학자, 《파퓰러사이언스》 편집자

이 주제를 수십 년간 숙고하면서 얻은 생생한 일화들과 도발적인 아이디어로 가득한 책. 험프리의 논제는 생각할 거리가 엄청나게 많으며, 우리가 이해해야 할 것이 아직도 얼마나 많은지 상기시킨다.

— 《뉴사이언티스트》

복잡하고 때로 직관에 반하는 개념들을 탁월하게 표현했다.   — 《커커스리뷰》

니컬러스 험프리의 마음 이론은 아름답다. 그는 우리가 삶을 살 가치가 있다고 느끼도록 의식이 진화했다고 주장한다.

— 《뉴요커》

과학의 역사는 항상 엄격한 경계와 명확한 범주에 의존해 왔으며, 가장 엄격한 경계 중 하나는 지각과 비非지각 사이의 구분이었다. 그러나 니컬러스 험프리가 『센티언스』에서 탐구하듯, 그 경계는 생각한 것만큼 명확하지 않을 수 있다. 머신러닝, 신경생물학, 동물 의식 분야에서의 발견이 해답보다는 더 많은 의문을 제기하는 것처럼.

— 《릿허브》